碳酸盐岩沉积学与层序地层学

[荷] Wolfgang Schlager 著

朱永进 王小芳 倪新锋 刘玲利 付小东 郑剑锋 等译

沈安江 审校

石油工业出版社

内 容 提 要

本书详细介绍了碳酸盐沉积物产生环境、沉积作用及相关的层序地层学结构差异性。对我国碳酸盐岩的研究具有重要的借鉴意义和指导作用。

本书偏重于基础地质研究，适合从事碳酸盐岩油气勘探开发研究工作的科研人员阅读。

图书在版编目（CIP）数据

碳酸盐岩沉积学与层序地层学／（荷）沃尔夫冈·施莱格（Wolfgang Schlager）著；朱永进等译. —北京：石油工业出版社，2021.1

书名原文：Carbonate Sedimentology and Sequence Stratigraphy

ISBN 978-7-5183-4273-0

Ⅰ. ①碳… Ⅱ. ①沃… ②朱… Ⅲ. ①碳酸盐岩-沉积学②碳酸盐岩-层序地层学 Ⅳ. ①P588.24

中国版本图书馆 CIP 数据核字（2020）第 202998 号

Carbonate Sedimentology and Sequence Stratigraphy
by Wolfgang Schlager
© 2005 by SEPM（Society for Sedimentary Geology）

This edition of *Carbonate Sedimentology and Sequence Stratigraphy by Wolfgang Schlager*, *ISBN 1-56576-116-2* is published by arrangement with SEPM（Society for Sedimentary Geology）.

出版发行：石油工业出版社
（北京安定门外安华里 2 区 1 号　100011）
网　　址：www.petropub.com.cn
图书营销中心：（010）64523544
编辑部：（010）64523620
经　　销：全国新华书店
印　　刷：北京中石油彩色印刷有限责任公司

2021 年 1 月第 1 版　2021 年 1 月第 1 次印刷
889×1194 毫米　开本：1/16　印张：13.5
字数：380 千字

定价：150.00 元
（如出现印装质量问题，我社图书营销中心负责调换）

《碳酸盐岩沉积学与层序地层学》
翻译人员

朱永进　王小芳　倪新锋　刘玲利　付小东

郑剑锋　李文正　张天付　张　友　俞　广

熊　冉　黄理力　贺训云　吕学菊

目　　录

1 相邻学科的要点

1.1 引言

解析地球演化历史是地质学的核心任务。然而，理解过去事件的起因与结果需要来自其他学科的投入，通过这些学科可以直接研究事件过程，而不需要从不完整的历史记录中重建它们。引言章节总结了来自邻近学科的非常有限的基本概念。很遗憾这些概念没有完整列出。本书并没有试图涵盖所有的概念，而是仅选择了那些与本书主题强相关的，但对地质学而言还没有达到足够重要的程度，以至于它们未能涵盖在地质学的引言或课程中。

1.2 海洋学的一些基本原理

1.2.1 海洋水体的分层性

海水的密度随着温度和盐度的变化而变化。在地球重力场的影响下，密度大的海水下沉，密度小的海水上浮，这就形成了密度分层的层状海洋（Weyl，1970；Open University，1989a，b）。以此为依据，可以区分出三个密度层（图1.1）。

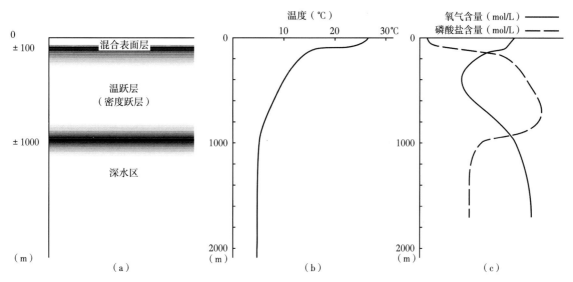

图 1.1　热带和温带海洋上部水体分层

（a）海洋水体的主要分层；（b）温度剖面（实线）显示出混合层中的低梯度、温跃层最上部的极高梯度、温跃层下部的高梯度和大洋深部海水的低梯度；（c）溶解氧和磷酸盐（一种营养）物质的浓度特征曲线。这些曲线反映出水体密度分层、与大气的气体交换和有机质增长与腐化之间的相互作用。氧气和海水营养水平是细分碳酸盐生产环境的关键参数，详情请参见正文

表层海水层：波浪和水流动力足够强而阻止了恒久的密度梯度的形成，表层海水层也因此得到很好的混合，并在氧气和其他化学催化剂的作用下与大气保持平衡。

温跃层：随着海水深度增加密度稳定增加，垂向混合受到极大的抑制。

海洋深部水体层：海水密度向深部缓慢增加，垂向密度梯度很小，所以容易受到水平洋流的扰动。三个海水密度层均在不断循环。表层海水层的循环主要受风的驱动，深部海水层循环则表现为全球性的环流系统，在微小密度梯度的影响下缓慢移动。

表层海水层与深部海水层通常能够很好地分离，但它们也在特定的、明确的区域内进行水体交换。在北大西洋北部和南极洲周缘，表层海水层密度明显增大，以至于它下沉与深部海水进行融合。与此相反，受风和科里奥利力驱动，沿着非洲和美洲西面的岸线的表层海水远离海岸，进而使得温跃层和深部海水上升。由于深部海水极低的密度梯度，南极洲洋流的深部海水也上升至了表面。南北半球的相反方向的科里奥利力驱使表层海水远离赤道，在赤道太平洋附近形成了更为平缓的上升流。图 1.2 为上升流形成机制的示意图。

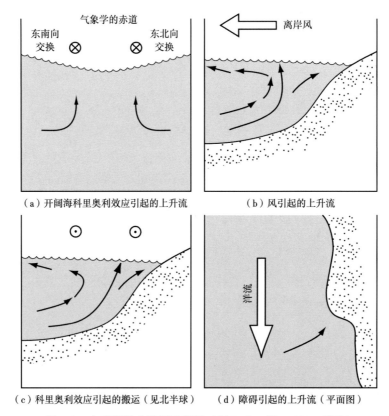

图 1.2　上升流形成机制示意图（据 Pipkin 等，1987，修改）

(a) 沿着赤道的埃克曼输送驱使表层海水向相反方向移动；（b）离岸风使表层海水远离海岸带，露出更深层的海水层。（受空间的限制，埃克曼输送方向与风向之间很快由初始的大角度夹角变为相互平行）；（c）由平行海岸的风或表面环流引起的埃克曼输送驱动表层海水层远离滨岸并暴露出更深层海水层（图中展示的情况是北半球）；（d）平行海岸波浪被海岸线上的海岬阻碍可形成局部上升流

埃克曼输送是大气与海洋之间所有相互作用中一个重要的原理：吹过海面的风在表层海水层形成一个近似垂直于风向的洋流。在北半球，这一洋流向风的右边移动，在南半球则向左边移动。

当用现代海洋类比古海洋时，应当注意温度对现代海洋海水密度分层的影响比盐度更大。温度成为主控因素的原因是两极的冰盖。在过去，当冰盖不甚发育时，盐度则似乎是海水密度分层的主导因素（Hay，1988）。

1.2.2 现代海洋表层循环

海洋表层循环对表层温度、盐度和营养物质的分布有很大的影响，而这些分布特征又是控制碳酸盐沉淀和沉积的重要控制因素。笔者将研究现代海洋循环特征，进而去获取解释古海洋循环的指导性原则。更多细节讨论，详见 Weyl（1970）、Broecker 和 Peng（1982）、Open University（1989a，b）、Emiliani（1992）。

大气与海洋表层之间的因果关系始于太阳，它对地球赤道带的加热明显多于极地地区。因此，赤道附近空气受热上升，流向极地高纬度，变冷、下沉，并重新流回赤道附近地球表面。这一简单的循环模式急需两项必要的修改。

地球旋转中科里奥利力使得气流发生偏转，初始从极地向赤道流动的气流受科里奥利效应影响将从东向西移动。在北半球表现为向右，南半球则向左。与之相反的是，从赤道向极地方向的气流则转为向东流动。

由于大气层顶部的快速冷却和地球自转的速度，每个半球的单个循环体系难以维持。单个循环体系细分为三个亚循环体系，气流上升和下降特征如图 1.3（a）所示。三个亚循环体系引发每个半球的三大信风带——低纬度地区偏东向信风、温带地区偏西向信风和副极地地区偏东向信风。

极地与赤道之间的三个信风带引起海洋中的表面环流。如果地球完全被水覆盖，将看到在极地地区全球环流表现为自东向西移动，盛行西风的温带则自西向东，在亚热带信风区又重新表现为自东向西流动。赤道附近，风弱且不规律，海洋表面流也比较弱。目前陆块的分布严重阻碍了全球环流的形成。太平洋和大西洋虽均从北极延伸至南极，但其西部和东部被大陆或群岛所限制。印度洋以同样的方式延伸至半个地球多一点。因此值得思考的海洋模型是从两极之间南北延伸，但东西有大陆为边界的海洋（图 1.3b；Weyl，1970）。在这个模型中，由风场引起的纬度环流受阻形成的圆形洋流成为涡流。亚热带涡流是最大的海洋环流，在两个半球均有分布，海水在信风区向西流，在西风带折返向东。较小的副极地涡流圈则在温带的西风带和副极地的东风带共同作用下形成。在赤道地区，模型海洋表现出两个窄的、逆时针方向海洋涡流，这两个涡流与海洋西边边界的水碰撞向东返回赤道无风区。

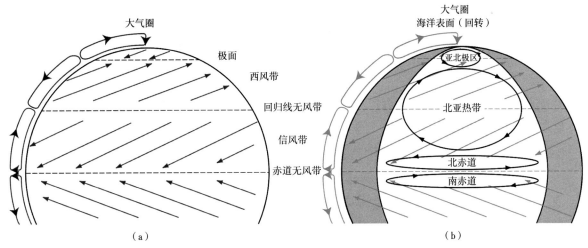

图 1.3　Weyl（1970）的海洋表面循环模型

（a）大气圈在每个半球都分为三个亚循环体系。在不自转地球的北半球，这三个亚循环体系将在北半球表面形成赤道和回归线无风带之间的北向风、回归线无风带与极地之间的南向风及极地地区的北向风。科里奥利力将这些风向右偏转，从而产生目前观察到的风场。（b）图（a）所示的风场在海洋表层形成剪切作用并在那里引发环流。由科里奥利力引发的埃克曼输送效应使得海洋表面环流偏离北半球的风矢量右侧。结果是信风引发向西流动环流、盛行西风引发向东流动环流及极地地区向西流动环流。在现代海洋盆地，南北向发育的海岸阻碍了大多数环流，并使得它们偏转，所形成的圆形回流，称之为涡流

图 1.4 描绘了全球海洋的真实表面洋流，展现出 Weyl（1970）提出的模型海洋环流的大部分特征。最明显的差异出现在南极洲附近，南北陆地的遮挡不发育使得南极环流得以发育，是一个全球环流。此外，狭窄的赤道涡流和分离它们的逆流在大西洋发育较弱，该地区因两侧大陆的边界形状奇特造成赤道体系指向西北西—东南东。在印度洋，印度板块形态使得北部亚热带涡流变形，季风环流扰乱信风系统。

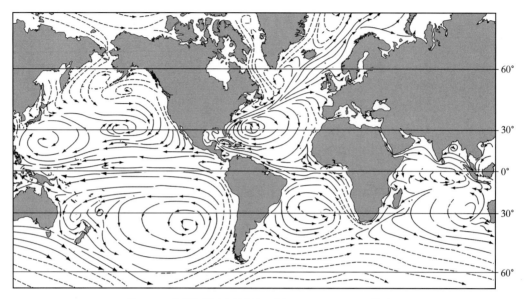

图 1.4　现代海洋表层循环（据 Strahler，1971，修改）

尽管因为海洋盆地的形状而造成一些扭曲，Weyl 模型中表层循环的主要特征是存在的，
在南部南极周围，涡流循环被全球循环的南极环流所取代

由于陆地和海洋上的空气加热和冷却差异性，季风会在不同季节里反转方向。位于温带纬度范围的大面积陆地之上的空气在冬季变冷和密度增加，高压亚循环体系形成，气流从中涌出从而产生风。相反，夏季的空气是热而轻的，低压亚循环体系形成后从邻近海洋吮吸气流，在那里，季风方向的反转可能形成反向的海洋表面流。目前，最强的季风存在于南亚和印度洋之间。

图 1.4 表明，当今世界海洋呈现出 Weyl（1970）提出的侧向限制的"回旋海洋"环流特征及全球环流。古海洋学研究表明，地质历史中大陆、群岛和岛弧位置的不断变化也改变了同期洋流循环模式。然而，似乎通过适当的调整，海洋涡流和全球环流的概念对于重建过去（洋流特征）非常有用，包括重建浅水碳酸盐沉积。

1.2.3　现代海洋深部循环

现代海洋深部循环的主要驱动力是在北大西洋北部和南极陆架上形成的高密度冷水。高密度海水下沉并为主要洋盆提供深部和底部水体。一级循环样式是最深的高密度水体形成于大西洋，并经过印度洋流向太平洋，再通过上升流和海洋表层环流返回至初始形成区（图 1.5；Broecker 和 Peng，1982；Open University，1989b）。

这种流动样式迫使三大主要海洋持续大规模地交换表层和深部海水。然而对于三大海洋而言，这种交换产生的结果非常不同，并且导致与碳酸盐沉积相关的水体化学性质的差异性。大西洋提供深部海水并接受表层海水，太平洋接受深部海水并提供表层海水，印度洋的情况位于二者之间。由于表层海水一般贫营养物质，深部海水则相对富集，大西洋相对太平洋而言是亏损营养物质的。图 1.6 描述了溶解物"盆地—盆地分馏"原理。

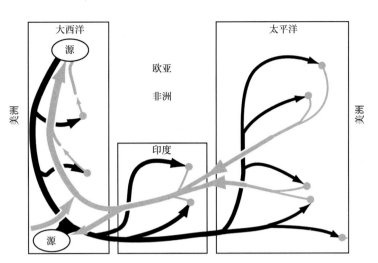

图 1.5　现代海洋深水循环（据 Broecker 和 Peng，1982，修改）

深部海水（黑色箭头）起源于北大西洋北部和南极陆架，并流经三大洋。回流则以表层循环（灰色箭头）形式发生。
所有路径极其简化。深部水体在上升流区域上升至海洋表面，主要是大陆西侧（点）和南极洋流

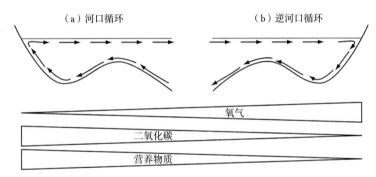

图 1.6　盆地与盆地之间营养物质、氧气和二氧化碳的分异特征

（据 Berger 和 Winterer，1974；Broecker 和 Peng，1982，修改）

（a）河口循环。海洋盆地像河口一样循环，它向世界海洋贡献表层海水并接收深部海水。因此，其深水年龄较大，
二氧化碳和营养物质丰富，氧气含量低。现代实例：太平洋。（b）逆河口循环。海洋盆地像一个超盐度的潟湖。它
贡献深部海水并接受表层海水。其深部水体年龄小，富氧气，二氧化碳和营养物质持续亏损。现代实例：大西洋

　　深层循环的另一个副作用是碳酸盐溶解性随深度发生变化。大西洋深部海水相对年轻，因此仍然富含氧气（从在海面消耗的时间开始算）和贫乏二氧化碳，因为海水没有时间去氧化更多的有机质。相反，太平洋深部海水年龄较老，氧气含量低，二氧化碳浓度高，因为长时间的氧化有机质且没有机会吸收大气中的氧气。大西洋深部海水低 CO_2 浓度导致了高碳酸盐饱和度和碳酸盐补偿深度（CCD）位置较低（在 CCD 面，碳酸盐沉降速率等于碳酸盐溶解速率的深度）。太平洋地区情况则恰恰相反。那里因深部水体年龄较大，富含二氧化碳，因此相对于钙系碳酸盐而言极其不饱和。这增加了溶解速率并升高了碳酸盐补偿深度。图 1.7 清楚地显示了大西洋和太平洋之间的碳酸盐补偿深度的差异。

1.2.4　表层海水中温度、盐度、营养物和光照的分布

　　海洋表层的温度、盐度和营养成分是控制碳酸盐生产的重要因素。其分布主要受控于太阳辐射的纬度差异和表层海水循环的模式。一级趋势是随着纬度增加、温度降低，盐度最大值出现在回归线无风带，回归线无风带对应陆地沙漠带。自回归线无风带向极地和赤道方向，盐度降低。在赤道

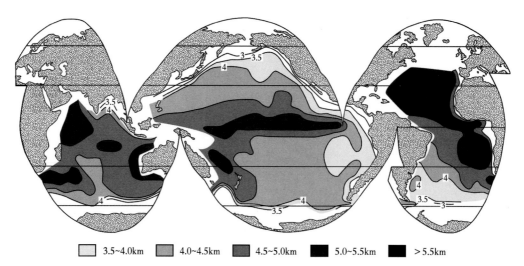

| | 3.5~4.0km | | 4.0~4.5km | | 4.5~5.0km | | 5.0~5.5km | | >5.5km |

图 1.7　现代海洋碳酸盐补偿深度（CCD）分布特征（据 Berger 和 Winterer，1974，修改）
取决于深海沉积物的碳酸盐含量。CCD 形成了一个起伏巨大的面。这个面在大西洋相对较深，在太平洋相对较浅，在印度洋则处于中等深度。不同洋盆之间的差异取决于盆地—盆地分馏。在这三个大洋中，由于高有机质生产力和相伴的 CO_2 产生，使得 CCD 面在洋盆边缘变浅。太平洋缓慢的赤道上升流增加浮游生物碳酸盐的生成，从而导致 CCD 面的降低

高强度降雨稀释了表面海水。涡流的影响如下所述表现出更多变化。

亚热带涡流对碳酸盐沉积特别重要，因为它们对营养物浓度和表层生产力的影响大（图 1.8）。基本规则是，上升流区域生产力最大，而老的表层海水区域则生产力最低。因为涡流中心位于干旱的回归线，科里奥利力迫使海水流向涡流中心，从而产生一个充满老的、营养贫乏的高盐度海水区域。整个涡流中心代表了海洋中温暖的、营养贫乏的沙漠。

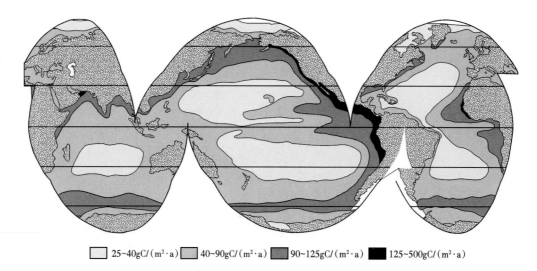

| | 25~40gC/（m²·a） | | 40~90gC/（m²·a） | | 90~125gC/（m²·a） | | 125~500gC/（m²·a） |

图 1.8　依据磷酸盐的分布、纬度和与海岸的距离计算得到的海洋表层有机质生产力（据 Berger，1989，修改）
值得注意的是亚热带环流圈中的极小值（"海底沙漠"）和沿岸上升流的极大值，尤其是沿面向西的海岸。高生产力区也出现在全球环绕的南极洋流中，因为密度梯度非常低，所有深度的水都很容易混合。碳酸盐生产受养分浓度的强烈影响

亚热带涡流的东部外围代表着另一个极端。它的流动模式是风和科里奥利力驱使表层海水远离大陆，结果导致冷的、营养丰富的海水上涌。在涡流的西部外围，风和科里奥利力方向相反，上升流较弱。

在赤道带，两个半球的科里奥利力的方向相反引起表层海水分离和中等高的营养水平的缓慢上

升流。上升流和强降雨降低了海水盐度。

光是光合作用的基础，也就是说生物生长依赖水中溶解的营养物质和来自太阳的能量。通过光合作用的生物生长是海洋食物链的开始。此外，许多碳酸盐沉积物是作为光合作用的副产物而形成的。

随水体深度增加光的衰减特征遵循简单的指数函数：

$$I_z = I_0 \cdot e^{-kz}$$

式中，I_0 和 I_z 分别为海平面和深度 z 处的光线辐照度；k 为取决于水体浊度的衰减系数。例如，k 在高悬浮泥砂负荷或浮游生物生产力高的地区较大；k 在清澈低生产率的水域，如亚热带涡流中心很小（图 1.9）。

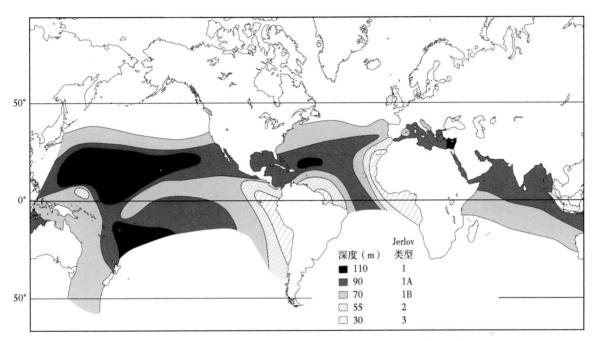

图 1.9　基于 Jerlov（1976）的光学水体分类粗略估算的透光区深度
亚热带地区涡流区域的透光区最深，向高纬度地区逐渐变浅。透光区在赤道上升流区域和
靠近热带河流排放区也相对较浅（亚马逊河）

1.3　碳酸盐矿物和化学的基本原理

碳酸盐沉积物的物质主要来源于海洋的溶解载荷，而源自相对老的碳酸盐岩侵蚀的数量非常小。沉淀反应可以归纳为：

$$Ca^{2+} + 2HCO_3^- \longrightarrow CO_2 + H_2O + CaCO_3$$

沉淀沿着生物和非生物路径进行。碳酸盐的沉淀、保存和转化受其矿物学特征影响很大。三种矿物大量出现：文石、方解石和白云石（图 1.10）。在实践中，方解石进一步细分为相当纯净的方解石（也称为低镁方解石）和镁方解石（或高镁方解石）。镁方解石通常定义为具有超过 4%（摩尔分数）的 $CaCO_3$ 被 $MgCO_3$ 交代的方解石（Tucker 和 Wright，1990；Dickson，2004）。这个基于观察到的溶解度变化确定的交代边界是合理的（图 1.11）。达到 $MgCO_3$ 的交代比例后，镁似乎没有显著影响方解石的溶解度。因此，将边界确定为 4% 是很实用的。然而，应该注意的是方解石中镁含量是

7

一个摩尔分数为0~30%的连续变化范围。

	矿物		同型替代	密度（g/cm³）
文石	$CaCO_3$	菱形	Sr，Na	2.94
方解石	$CaCO_3$	菱面体	Mg，Sr，Na	2.72
镁方解石	$CaCO_3$	菱面体		
	5%~44%的Ca^{2+}被Mg^{2+}取代			
白云石	$CaMg（CO_3）_2$	菱面体	Sr，Na，Fe	2.89

图 1.10　常见碳酸盐矿物的化学成分、晶体和密度

　　方解石、文石和白云石在溶解度方面差异很大，这些差异在沉积学方面非常重要。在海水中（以及一些孔隙水中），三者溶解度的大小顺序是文石>方解石>白云石。如前所述，镁方解石的溶解度取决于镁的含量。从摩尔分数为4%起，溶解度随着镁含量增加而稳定增加（图1.11）。高于摩尔分数为12%的$MgCO_3$的镁方解石比文石更加易溶，$MgCO_3$含量较低的镁方解石则比文石溶解性差（Morse 和 Mackenzie，1990；Morse，2004）。

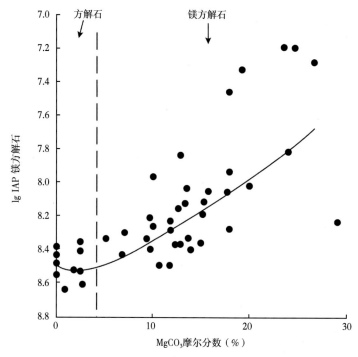

图 1.11　方解石溶解度与$MgCO_3$含量的关系图（据 Mackenzie 等，1983，修改）
曲线反映出一些实验结果的总体趋势，不同实验由不同符号表示。以离子活性产物为交会参数，$MgCO_3$含量
自摩尔分数为4%向上，溶解度逐渐增加。虚线：方解石和镁方解石均普遍接受的边界

　　虽然存在这个溶解度大小的顺序，但令人惊讶的是，热带海洋中碳酸盐沉积物主要由文石和方解石组成，只有少量白云石，原生白云石只在特殊环境中形成。冷水碳酸盐岩富含方解石，但仍含有较高比例的文石和镁方解石。造成矛盾的原因是绝大多数沉积是受生物体控制或诱导的，大多数非生物反应被反应动力学所抑制。因此，热动力学在预测海洋环境中碳酸盐沉积反应是一个可靠性较差的指标。几乎所有的海洋表面水相对于方解石和白云石都是过饱和，但应当发生的沉淀反应被

各种原因阻止。非生物反应最终确实发生了，如海洋环境中形成的纤维状胶结物，沉积文石或镁方解石，而不是热力学预期的矿物方解石和白云石。

文石和镁方解石在大多数海洋环境中是亚稳态的，即由于前述反应动力学的影响，它们沉淀和存在相当长的时间。然而，在地质时间尺度上，方解石和白云石通过成岩交代了文石和镁方解石。交代过程是通过溶解—沉淀反应进行，而不是固态反转。这意味着在不同成岩环境中可以产生孔隙或破坏孔隙及化学成分的重置。

大多数镁方解石和文石在不到1Ma的时间内被方解石和白云石交代而消失。虽然从方解石至白云石还有一个仍然存有争议（慢得多）的转换，因为海洋化学的演化可能发生叠加（Morse 和 Mackenzie，1990；Veizer 和 Mackenzie，2004）。地层记录中大的白云岩岩体似乎是在埋藏成岩过程中相对较早地取代了石灰岩，即沉积后数百万年到数千万年。在沉积环境中形成的白云石量很小，在这些环境中形成的白云石通常是由微生物引起的（Machel，2004）。

1.4　生态学

海洋碳酸盐的沉淀和沉积与海洋生物密切相关。生态学（生物与环境的关系研究）为研究碳酸盐沉积的科学家提供了一些非常有用的概念。以下是挑选的部分概念。

1.4.1　S形生长规律

生物群落的生长遵循S形曲线，包括缓慢的起始阶段、快速生长阶段和减速的最终阶段，最后一个阶段生物群落生长达到一个与生长空间承载能力相平衡的稳定状态（图1.12）。逻辑方程是产生S形生长曲线的数学表达式（图1.13）。该方程描述了生物群落内在增长率与生长空间极限之间的相互作用。在增长的早期阶段，生长空间实际上是无限的，生长率曲线如下：

$$dN/dt = rN$$

式中，N为生物群落的个体数量；t为时间；r为个体的内在繁殖率。这种关系导致指数增长。可以通过引入N/K，即群落数量N与其生长空间的承载能力K的比值，表示生活空间有限大小所产生的增长的局限性。从而得到修正逻辑方程：

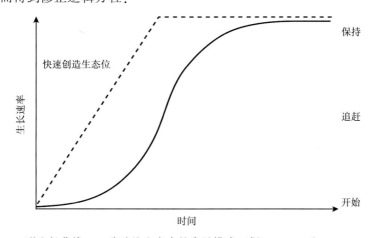

图 1.12　S形生长曲线——碳酸盐生产中的常见模式（据 Neumann 和 Macintyre，1985）

在新的生活空间中生物群体发育存在三个阶段：第一阶段，发育滞后于生长空间的增加；第二阶段，生物群落发育超过生长空间的变化；第三阶段，生物群落的发育受限于生长空间的增加率。S形曲线源自这三个阶段的生长特征。大多数碳酸盐体系遵守这种模式，右边的术语被广泛应用于描述碳酸盐生长的三个阶段

$$dN/dt = rN(1-N/K)$$

该方程的解决方案是 S 形曲线,如图 1.12 所示。初始增长率非常接近指数,因为有限的生长空间上的增长下降 N/K 是微不足道的。随着 N/K 的增加,增长率逐渐偏离指数趋势。当 N/K 接近 1 时,它们接近零,即恒定的生物群落规模。

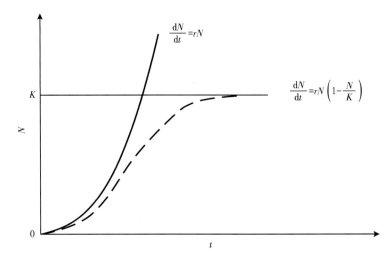

图 1.13 指数增长(粗体)和由逻辑方程(虚线)控制的增长(据 Townsend 等,2003,修改)
在自然体系中,随着生物群落规模接近空间或其他资源的限制,指数增长的初始阶段通常让位于减速增长,直至为零增长。逻辑方程通过应用一个快速增加校正产生 S 形生长以符合指数增长。这种校正包括生物群落规模 N 和环境承载能力 K 的比值

这一逻辑方程是生成 S 形曲线的最简单方程之一。它是 19 世纪发现的,用于模拟生物群落的增长。如果群体中的各个组成部分存在某种竞争的话,它也适用于非生物系统。在碳酸盐岩沉积学中,该方程可用于描述碳酸盐生产系统的生长和纯机械堆积。

1.4.2 生物的生存策略

逻辑方程及其 S 形生长曲线引发生物碳酸盐生产中的另一个重要课题——生物的不同生存策略。通常生物体的可用能源和其他资源是有限的,需要在生长和繁殖之间进行分配。换句话说,生物需要决定生长多、繁殖少;或者生长少、繁殖多(Townsend 等,2003)。MacArthur 和 Wilson(1967)介绍了与这些变换相对应的两种极端生存策略。有一些有机体生命短暂、相对较小,如杂草,迅速出现在开阔的栖息地,增殖更替迅速。它们被称为 r 型生物体,因为它们大部分时间都处于 r 主导期,接近图 1.13 中生长曲线的指数部分。另一种极端类型的生物体,如森林中的大树,生活在资源有限的竞争激烈的环境中。这些生物体生长快、生命长,并且繁殖缓慢且在生命的后期繁衍,它们被称为 K 型生物体,因为它们的大部分时间都处于生长曲线 K 的主导部分。

1.4.3 食物链和营养水平

无论生命存在于地球任何地方,生物体形成了互动网络,将植物与吃草者、捕食者和猎物等联系起来(Townsend 等,2003)。在特定生态系统中的所有相互作用形成食物链。食物链通常是从光合作用开始,绿色植物中有机组织的生长来自太阳的能量和溶解的无机化学物质。或者,食物链也可以从化学合成开始,细菌通过氧化甲烷、硫化氢或其他物质而生长。海洋碳酸盐生产几乎总是以光合作用为起点。

在食物链起点的生物被称为自养生物（自给自足），而食物链下游的生物依赖于其他生物体获取食物，被称为异养生物。

海洋环境中光合生产率，也就是初级生产率，取决于光照强度和溶解营养物质的浓度，如磷、氮或碳。图1.8展示了世界海洋营养物质浓度的一级分布模式。高生产率区域分布在主要的海洋盆地边缘，赤道存在一个高生产率带，南极洲周缘存在另一个区域环带。最后，生产率最低值出现在各大洋盆中心部分，尤其是在亚热带地区的洋盆。对比图1.8和图1.4发现，洋盆生产率特征主要反映了海洋的表面循环模式——高生产率发生在那些深部海水通过上升流带来丰富营养物质至表层的地区，生产力最低的区域则出现在长期保持在表面的水体。更具体地说，海洋盆地周边的高生产率环带与沿海上升流区域相吻合，赤道带生产力特征则反映了科里奥利力在北半球和南半球作用相反而产生的缓慢上升流，南极周围高生产力带则由南极的上升流所产生。最后，生产率最低区域位于亚热带涡流中被风和科里奥力影响的老的、营养物质缺乏的咸的表层水体。除了海洋养分，从陆地上输入的有机质也可能引起近海地区的高生产力。

生态学家已以不同类别的形式细分了海洋中连续的营养水平。图1.14展示一个分类方案（Hallock，2001；Mutti和Hallock，2003）：将营养水平划分为四个类别。其中三个（营养不良、中等营养和正常营养环境）出现在海洋的区域尺度上，分别对应亚热带涡流、赤道带分离区和沿岸的上升流区域。富营养类别代表了海洋中局部可能发生的极端情况。

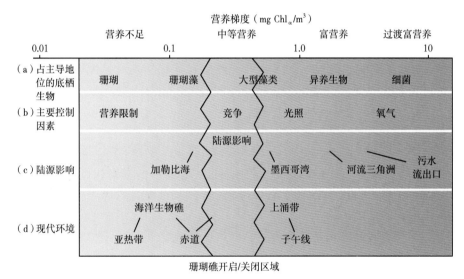

图1.14　海洋表层水的养分浓度及其对海洋生物群落的影响（据Hallock，2001，修改）
营养水平以水平轴上每立方米海水中叶绿素毫克量来表示。垂向上，由营养水平变化引起的各种改变：（a）主要的底栖生物；（b）影响底栖生物群落的局限性类型；（c）陆源输入的养分水平（典型案例）；（d）现代海洋环境

底栖生物群落和底栖生物分泌的碳酸盐沉积物是图1.14中所展示的海洋营养水平的敏感指示剂。一个重要的信息是分泌碳酸盐的底栖生物的首选栖息地是营养不良和中等营养的环境。尤其是珊瑚礁可在海底沙漠中繁盛生长，过量营养物则容易导致其死亡。

1.4.4　生命和光

光对于海洋中的生命是很珍贵的东西，因为大多数海洋食物链都是从光合作用开始的。阳光在穿过水体时逐渐被吸收，透光层占据了水体的最上层部分。虽然从透光层至无光带的变化很平缓，但海洋生态学家已经定义出从光照到黑暗的连续变化中两个特别重要的光照水平面——透光区的底面和光饱和区的底面（图1.15）。

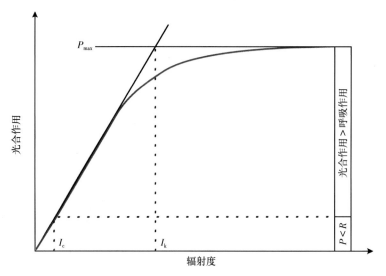

图 1.15　辐射（光能通量）和光合作用速率（红色）（据 Vijn 和 Boscher，书面通信）
定义了两个重要的光照程度，I_c 为呼吸耗氧量（等于光合作用产生氧），定义了透光区的下限；I_k 定义光饱和区域的下限，低于这个下限，光就为限制生长的因素。P_{max} 为系统的最大光合作用速率

　　光饱和区是光线非常丰富的最上面的水层，这里的光不是生长限制因素。该区域的深度对于不同的生物体是不同的。透光带是通过光合作用产生氧气的速率不小于呼吸消耗氧速率的水层。透光层是大多数底栖生物分泌碳酸盐的地点，因此对碳酸盐岩沉积学来说是最重要的。在现代海洋中，透光层的下限位于 30~150m 之间。图 1.9 展示透光区的厚度随海洋生产力、河流排放和纬度变化而变化。

1.4.5　物种多样性和环境

　　生态系统中物种的数量是一个基础问题，无法通过一个简单的答案和评价来回答，超出了本书的讨论范围（Townsend 等，2003）。这里笔者仅讨论一个多样性变化的例子——多样性作为盐度的函数，它与碳酸盐岩沉积学密切相关。
　　图 1.16 显示物种多样性具有两个最大值，一个在正常盐度海水中，另一个在淡水中。多样性在

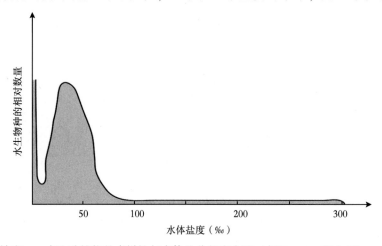

图 1.16　盐度效应——水生动植物的多样性与水体盐分的交会图（据 Remane 和 Schlieper，1971，修改）
多样性的峰值出现在两个最稳定的环境中——淡水和开阔海海水。局限海洋环境的特征是盐度变化大，这减少了物种的多样性。温度变化具有类似的效应并倾向与盐度变化一起发生

微咸和超咸的环境中很低。多样性最大值对应于通常可用于地球表面的两个盐度范围可能不仅仅是巧合：淡水是持续由大气中水蒸气冷凝供应，正常盐度海水在海洋中大量存在。相对于物种进化和灭绝速率，通过地球化学循环的海水成分变化速度是非常缓慢的。不管图 1.16 中造成盐度—多样性关系的原因如何，该模式提供了确定碳酸盐岩沉积环境受限程度的有效工具，即环境与开阔海交换程度。

古生物学家已经收集了关于沉积岩中化石种类数量和随地质事件变化的大量数据组合。经过保存效应修正后，这些数据为评估古环境中的生物多样性提供了依据。

1.4.6 从海洋学、化学和生物学到地质学

上面提到的海洋学、化学和生物学概念源自现今世界的研究，通常基于几秒至数百年的时间尺度来观测。研究地质记录需要将观测范围拓展到数千年至数亿年的尺度。本章阐述的原理依然有效，但是这些新的过程将在拓展后的时间尺度上来观察。最重要的是生物进化、板块构造和地球化学循环，即由于地幔对流和板块构造引发的化学分异和物质重组。这些长期过程与刚刚描述的原理之间的这种相互作用可以通过几个例子来说明。

生态学概念（如逻辑型增长和 r–K 生命历史）在过去当然是有效的。困难在于如何合理地将它们应用于由于进化演化而已经不同于现今同类的有机体。例如，过去的无脊椎碳酸盐生产者是否有光合共生机制是古生物学家之间激烈争论的问题。问题的答案对建立过去碳酸盐生产模型意义重大。类似的情况适用于海洋学。我们没有理由怀疑海洋分层和循环的一些基本原则，如混合层、温跃层、埃克曼输送等，它们适用于过去的海洋。海洋表层循环不可避免地在很大程度上受控于风的剪切力和温度—盐度相关的由密度差异引发的深部循环。尽管如此，过去海洋的循环模式与现今海洋存有很大的不同。一个原因是板块构造持续改变着海洋盆地和大陆的形状和位置。比如，南极洲周边的全球环流形成于渐新世构造运动开启海上关键通道之后。另一方面，新生代北美和南美之间、欧洲与非洲大陆之间的海上通道的关闭阻碍了自晚侏罗世和白垩纪就已存在的赤道环流。

海洋循环发生重大变化的另一个原因可能是两极的条件。例如，Hay 等（2004）怀疑在表层海洋中的大涡流可以在较低的温度梯度下形成，如白垩纪中期。他们提出一个季节性迁移涡流的表层循环的可供选择模型。

最后，海洋化学性质和碳酸盐骨骼的矿物成分在过去不断变化，主要是因为通过地壳和地幔化学循环的变化速率和地球表面生物群的进化演化。第 5 章讨论此类直接影响碳酸盐沉积变化的一些实例。

2 碳酸盐生产的原理

碳酸盐岩沉积体系的特殊性体现在三个原则——碳酸盐沉积物主体是有机成因的，可以形成抗浪结构，以及因初始矿物成分的亚稳态而容易被成岩作用所改造。这些基本原则的应用具普遍性。本书将在各个章节应用它们，首先从对控制沉积物沉积和生物礁生长原理的概述开始。

2.1 海洋碳酸盐沉淀模型

固体物质从海洋溶解的负载中沉积出来，可以是通过由无机热力学和反应动力学控制的非生物作用，也可以是植物和动物的新陈代谢引发的生物作用。海洋蒸发盐的沉淀是一个非生物作用的实例，硅藻或放射虫造成的海洋蛋白石的沉淀则是生物作用的一个例子。在过去40亿年的有机进化和环境变迁中，非生物和生物过程的相互作用形成一套非常复杂、多样化的沉淀机制，这远远超出本书涵盖的范围。然而，即使一个人只重点关注碳酸盐沉淀实际相关方面，仅分出非生物的和生物的沉淀也是不够的。特别是过去20年的工作已经表明，进一步细分生物类别对沉积学是非常有利的。本书遵循 Lowenstam 和 Weiner（1989）提出的生物过程对一般性沉淀和特别是碳酸盐沉淀的三种影响程度（图 2.1）。

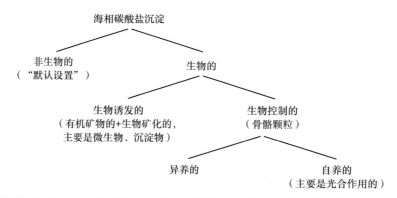

图 2.1　海洋环境中碳酸盐沉淀的路径——依据生物影响程度的一系列选择（据 Schlager，2000，修改）

（1）在生物沉淀影响可忽略不计的地方，发生非生物（或类非生物）沉淀。

（2）生物作用诱发的沉淀：有机体激发沉淀过程发生，但是在沉淀过程中有机体的影响是边缘化的或不存在的。激发反应发生在细胞之外，形成的沉淀物和非生物沉淀物非常相似，通常是不可区分的。

（3）生物作用控制的沉淀：生物体决定沉淀的位置、沉淀过程的开始和结束，并且通常还包括矿物的组成和晶体学特征。所有的生物骨骼碳酸盐均属于这一类。从环境角度来看，进一步细分骨骼碳酸盐是非常重要的。

①受控于光合自养生物的骨骼碳酸盐，这些生物从溶解物质和阳光中获取养分来形成有机物质；②受控于非自养生物的骨骼碳酸盐，它们不依靠阳光，但以微粒状有机物作为食物。

目前，在大多数碳酸盐环境中生物体优先促使碳酸盐沉淀，如果生物影响不足，非生物沉淀过程将会发生。因此，非生物沉淀是现代海洋碳酸盐体系的一种"默认设置"（Ron Perkins 提出这一术语）。

2.1.1 非生物海洋碳酸盐沉淀

生物和有机物在沉积环境中非常普遍，并且可通过多种方式影响碳酸盐沉淀，因此几乎不可能证明自然环境中某一特定碳酸盐沉淀是完全非生物的。然而，存在有机质的影响非常微弱的碳酸盐物质。它们的结构和矿物学特征均能够在实验室通过非生物过程再现，海洋化学性质的一级趋势控制了它们在自然界的形成。

最明显的非生物沉淀物是孔隙中形成于早期成岩阶段的胶结物，此时沉积物仍然处于沉积环境之中。埋藏期胶结物不属于非生物碳酸盐工厂，因为它们不是源自海水，主要来自沉积物质的再沉淀。针状文石胶结物是非生物来源最有力的实例。针状镁方解石可能受到生物影响（Morse 和 Mackenzie，1990）。

我们发现了以鲕粒形式出现的与热带骨骼碳酸盐相关的非生物沉淀物。鲕粒形成于高能环境中，围绕一个核心逐步增生。野外观察和实验室实验证实其增生和休息交替的生长历史。在鲕粒沉积过程中生物影响的程度仍存有争议。然而，两个观点的提出强力支持非生物沉淀的观点：（1）在实验室中巴哈马型鲕粒文石的增长主要受非生物过程的影响，有机质仅具有调节作用（Davies 等，1978）；（2）鲕粒和胶结物在矿物学和化学特征方面相似（Morse 和 Mackenzie，1990）。有机体和有机质在鲕粒形成过程中的作用似乎不足以改变非生物作用的控制（Morse 和 Mackenzie，1990；Reitner 等，1997）。

碳酸盐沉淀起源于悬浮在海水中的白垩、云状碳酸盐，这是一个颇有争议的问题。Morse 和 Mackenzie（1990）认为，非生物沉淀（很可能在悬浮沉积物的核上）极可能是巴哈马白垩。然而，Yates 和 Robbins（1999）的现场实验有力证实单细胞藻的大量繁殖触发了初期沉淀，可能随后在生物诱发沉淀的基础上，非生物成因沉淀物广泛发育（Yates 和 Robbins，1999）。本书认为来自白垩的碳酸盐泥是生物诱导和非生物沉淀的混合物。

现代海洋中针状胶结物、鲕粒和白垩的出现表明它们强烈受控于海水的无机海洋化学性质。粗略地说，鲕粒、文石质海底胶结物及白垩出现在海洋中碳酸盐过饱和度最高的区域——热带海洋的混合层。鲕粒和白垩局限于这个区域，针状文石胶结物在该区域最丰富。在中纬度带上，海底胶结物是罕见的，而破坏性的海底成岩作用往往占据了主导地位。针状胶结物、鲕粒及白垩与海水化学的相关性对于预测地质记录中的至少一级趋势非常有帮助，而且，尽管有证据表明它们对某些生物有影响，但它们主要被归类为非生物沉淀。

2.1.2 生物控制的沉淀

大多数现代海洋中碳酸盐物质以高度结构化的生物骨架形式沉淀出来。沉淀主要由各类生物（如藻类、有孔虫或珊瑚）的生物化学特征控制。这些生物反过来受它们生活的海洋条件的影响，尤其是光、温度和水体化学性质（如海水中碳酸盐饱和度）。要了解各种环境因子的影响，需要回顾前面介绍过的两类基本的新陈代谢。自养生物通过利用非有机物质合成自己所需生命物质来滋养自己，异养生物则不得不依赖有机物质来实现这一目的。碳酸盐生产者中的自养生物几乎完全是光合自养：它们进行光合作用，依靠光来谋生。一些碳酸盐分泌生物本身是异养的，但是与自养藻类共生。结果，宿主与共生体系变成自养。图2.2给出了重要自养和异养碳酸盐生产者。需要注意的是灭绝种群的新陈代谢只能从间接证据推断出来。

由于光合自养生物在碳酸盐生产中占主导位置，光可以说是骨骼碳酸盐沉淀中最重要的控制因素，至少在新生代如此。光合作用是一个复杂的过程，人们对该过程的了解只有一部分。基本反应可以简化为：

$$CO_2 + H_2O + 太阳能 \longrightarrow HCHO + O_2$$

式中，HCHO 代表了一个针对有机质的简要总结公式。该公式清晰地说明了光合作用和碳酸盐化学的关系。光合作用从海水中获取 CO_2，从而增加海水碳酸盐饱和度，促进碳酸盐矿物的沉淀。对于生物本身，$CaCO_3$ 的沉淀具有附加优势，即可以从体系中除去潜在有害的 Ca^{2+} 和构建保护性骨架。

自养型碳酸盐生产者	异养型碳酸盐生产者
蓝细菌（仅生物诱导沉淀）	有孔虫
颗石藻（定鞭藻）	古脊椎动物
绿藻（如绒枝藻、松藻）	海绵（如箭囊海绵、层孔虫、刺毛类）
红藻	非造礁珊瑚
通过共生生物自养的碳酸盐生产者	大多数双壳类
	腹足类
很多大型有孔虫	头足类
	节肢动物（如三叶虫、介形虫、藤壶）
造礁珊瑚（六射珊瑚）	腕足类
	苔藓虫
某些双壳类生物（砗磲、厚壳蛤？）	棘皮类

图2.2　重要的自养和异养碳酸盐生产者

骨骼碳酸盐固定、光合作用和光之间的联系揭示了热带环境中骨骼碳酸盐生产随水体加深而降低。在海平面以上，碳酸盐生产在潮上带迅速降到零，在大多数陆表环境中因碳酸盐物质溶解被雨水和酸性土壤溶蚀而呈现负值。图2.3和图2.4展示了典型的碳酸盐生成特征，图2.5和图2.6则展示了具体的实测数据，主要来自珊瑚礁环境。生长—深度曲线表明在浅的光饱和带之下存在一个快速降低区域和增长逐渐减慢至零的第三深部区域。该生长曲线可以通过双曲线函数，从光照强度随深度的指数衰减中得到（图2.4）。对于大多数其他碳酸盐生产生物的生长—深度模式知之尚少，但似乎也遵循类似的趋势。

生长—深度曲线的描述需要定义两个参数——光饱和带和透光带。两者都存在严格的生物学定

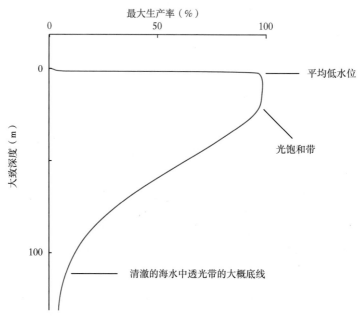

图2.3　热带环境中从地表海拔至亚光深度带的碳酸盐生产曲线（红色）
在大多数地表环境中，由于碳酸盐被雨水和酸性土壤溶解，所以生产是负的。最大产量出现在透光带（光饱和带）的上部，从那里开始，随深度增加，产量呈指数下降

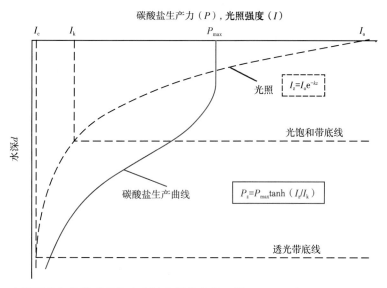

图 2.4　光照强度和热带碳酸盐生产随水深的变化（据 Bosscher 和 Schlager，1992，修改）

光照强度随着水体深度增加呈简单指数减少（黑色曲线和方程）。有机物的生产可以通过一个双曲正切函数与光强度建立起联系（红色曲线和方程）。生产曲线显示在光不是限制生长因子的光饱和带的浅层之下，有机生长的速度随水体加深而快速下降（图 1.15 中的定义）。在热带碳酸盐工厂，有机生产可以很好地用来估计碳酸盐生产。在热带环境中，珊瑚的光饱和区达 20m 左右，透光带至约 100m。I_z—深度 z 处的光强度，I_s—光饱和带底部的光强度，P—有机生产力（也代表碳酸盐生产力），z—水深，k—消光系数

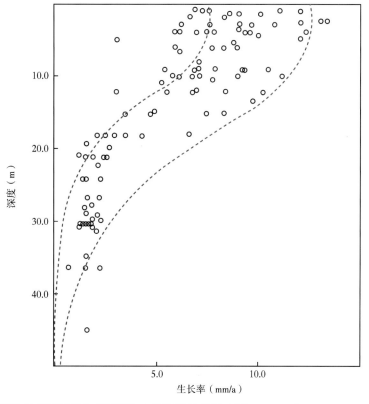

图 2.5　珊瑚生长率预测值和观测值与水体深度的关系（据 Bosscher 和 Schlager，1992，修改）

圆圈：加勒比海珊瑚礁 Montastrea annularis 生长速率的测量值；红色曲线：利用图 2.4 中基于水体浊度常规值所建立的光—生长方程预测的珊瑚生长速率

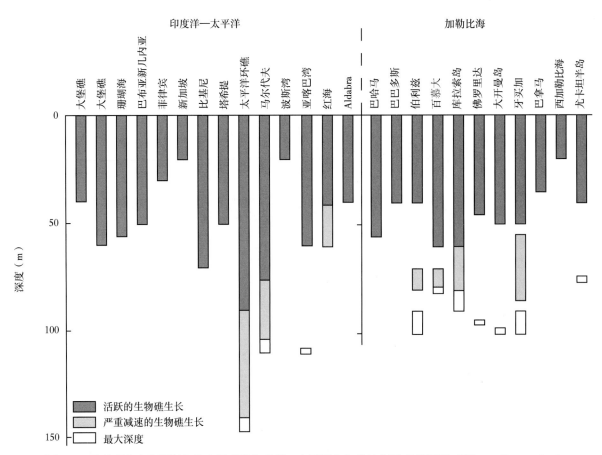

图 2.6 以珊瑚礁生长限制为约束得到的印度洋—太平洋和加勒比海透光带深度（据 Vijn 和 Bosscher）
透光带底部是分层级的，区域的变化有几十米

义（图 1.15）。地质学家通常无法测量所需要的变量，必须寻求替代指标。在地质记录中透光带被定义为光合的分泌碳酸盐的底栖生物可以大量繁殖的区域。光饱和带在地质学术语上还没有被定义。一般来说，它是光对于生物体的生长速率和钙化时间的控制作用已不可识别的区域。珊瑚从块状至板状生长方式的改变指示出光照明显受限的区域（图 2.7）。在光饱和带，珊瑚以枝状为主的生长形式表明在浅层存在一个非常动荡的表层区域。

　　温度对骨骼碳酸盐生产的影响可以与光相媲美。一般来说，温暖一些比较好，但是对于各种分泌碳酸盐的生物体也存在着温度上限。因此，不同生物钙化底栖的温度窗口是不同的。大多数造礁（即共生）珊瑚适应温度范围是 20~30℃。温度上限对碳酸盐生产设置重要限制，特别是温度经常超过 30℃ 的局限潟湖环境中。然而，温度最重要的影响是碳酸盐沉积的纬度分异特征（图 2.8、图 2.9）。尽管刚才已经谈到光的重要性，然而在现代海洋中珊瑚礁北部和南部分布界限及热带和冷水碳酸盐岩的分布边界似乎受冬季温度控制，而不是光线辐射控制。这表明，在现代海洋中随着向两极方向移动，珊瑚礁生长的温度早于光的限制到达。在过去，情况并非总是如此。在地质历史期间，温度限制和光线限制可能相对彼此转换。显生宇热带碳酸盐岩分布边界相当稳定地发育在纬度 30°~35°，可能反映了温度和光的共同控制。

　　（1）骨骼碳酸盐生产的纬度分区。骨骼碳酸盐产量随纬度变化非常明显。热带和冷水碳酸盐区分（图 2.8、图 2.10、图 2.11；Lees，1975；Tucker 和 Wright，1990；James 和 Kendall，1992；James，1997）被广泛应用并经常进一步细分。热带碳酸盐以光合生物为主，通常包括后生动物生物礁、丰富的绿藻和较大型的有孔虫。冷水碳酸盐缺乏这些沉积物，主要包括来自软体动物、苔藓虫、

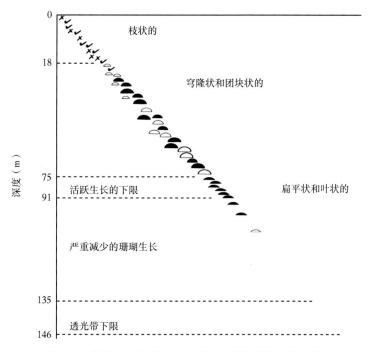

图 2.7 珊瑚的生长形式反映了与水深相关的环境变化

案例来自加勒比海。枝状形式占据了海洋最表层高能区域。穹隆状和团块状形式在中等深度大量繁育。
在光饱和带之下，珊瑚以扁平状和叶状出现以获取最大量的光。在生物学界定的透光带下限，珊瑚的
生长已可忽略不计

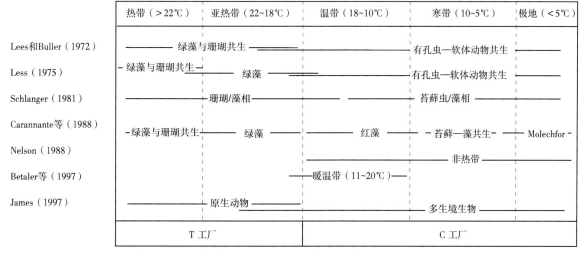

图 2.8 不同气候带的碳酸盐沉积物术语比较（据 Mutti 和 Hallock，2001；Schlager，2003）

大多数术语是基于组合部分最常见生物体的名称提出。本书使用的 T 工厂和 C 工厂之间
的界限与大多数作者使用的亚热带和温带界限大致相符

较小的有孔虫和红藻的骨骼砂屑、砾屑。光合自养生物对冷水碳酸盐生产的贡献仅限于红藻，它通常不是主要成分。因此，冷水碳酸盐生产的深度窗口要宽得多。

应该指出的是，热带碳酸盐的分布区域可达到纬度 30°~35°，从潮湿的热带延伸至回归线荒漠带（图 2.9）。冷水碳酸盐岩分布范围横跨几个气候带，从回归线荒漠带的北部至极地地区（图 2.11）。热带和冷水碳酸盐沉积域的差异不局限于骨骼碳酸盐。冷水碳酸盐还具有缺乏泥质和浅水生

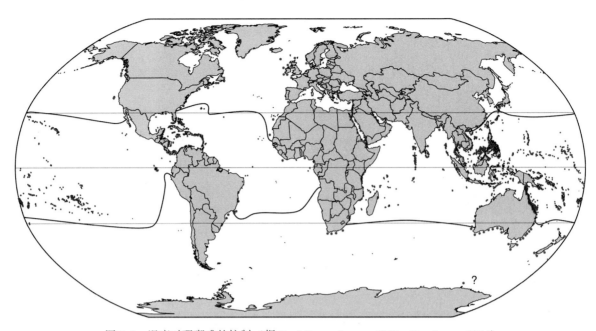

图 2.9 温度对珊瑚礁的控制（据 Reef Base；James，1997；Van Loon，1984）

现代热带珊瑚礁（红色）在北方和南方分布受冬季最冷月份的20℃等温线的限制，在这里用粗线表示。冷水生物礁（蓝色）
几乎全部分布在沿这条线向极地的区域。20℃等温线大概对应30°纬度线。在大西洋和太平洋东部，等温线向赤道方向弯曲，
这是因为深层冷水在这上涌。如果光照是礁体分布的主要控制因素，礁带的北部和南部界限应该更加平行于纬度线

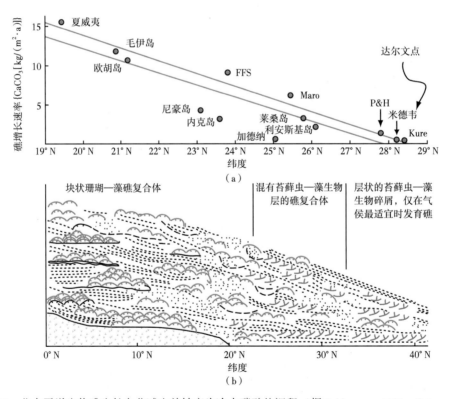

图 2.10 北太平洋生物礁生长向北减少并转变为冷水碳酸盐沉积（据 Schlanger，1981；Grigg，1982）

（a）随着纬度的增加，珊瑚礁生长速率下降。达尔文点标志着珊瑚礁生长的北部界线。（b）从夏威夷—帝王岛链和
海底山脉上观察到的从热带到冷水碳酸盐相带所反映出的纬度变化。黑点和虚线—碳酸盐碎屑；绿色—珊瑚礁；
蓝色—苔藓虫生物礁

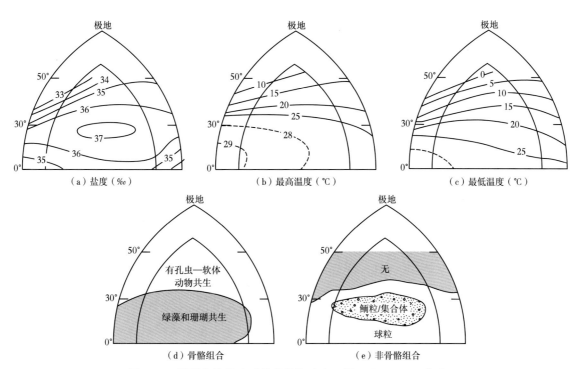

图 2.11　低温和热带地区的碳酸盐对比（据 Lees，1975，修改）

（a）、（b）、（c）说明环境条件的变化；（d）说明不同区域骨骼碳酸盐的差异：温带（=冷水）碳酸盐主要由底
栖有孔虫和软体动物（Foramol 组合）构成，热带纬度则以绿藻和珊瑚（Chlorozoan 组合）为主。（e）表明
在温带水体碳酸盐中实际上不存在非骨骼颗粒（鲕粒和球粒）

物礁、早期胶结的鲕粒滩等特点。缺乏生物礁和胶结的浅滩对沉积解剖有着重要的影响。

（2）营养。与一般预期相反，高营养环境对许多碳酸盐系统是不利的。可以肯定的是，营养素对所有的有机体生长都是必不可少的，包括分泌碳酸盐的底栖生物。然而，以自养生物为主的碳酸盐群落，如珊瑚礁，适应于海底沙漠的生活。它们可以借助营养水平很低的海水中的阳光来产生有机组织，并且在系统内有效回收营养物质。在富营养物质环境中，碳酸盐生产者被软体竞争者超赶，如肉质藻类、软珊瑚或海绵。此外，随着养分供应的增加，生物腐蚀对礁体格架的破坏程度也在加剧。

（3）盐度。在开阔的海洋环境中盐度变化相对较小。这些微小的变化对碳酸盐生产的影响尚不清楚。在开放海洋受到限制的情况下，盐度变化很大，对生物群的多样性有显著影响（见图 1.16）。盐度和温度变化的综合效应使得人们可以细分碳酸盐环境（图 2.12）。

保护 ＼ 限制	无限制	生物限制	存在蒸发岩
搅动的（无泥）	如佛罗里达礁域的骨骼颗粒滩（"白滩"）	如Hamelin盆地（鲨鱼湾）的颗粒滩	如Hamelin盆地（鲨鱼湾）潮下带碳酸盐砾和砂
平静的或间歇性搅动的（泥级沉积物）	如太平洋环礁（Enewetak）较深的灰泥质潟湖	如佛罗里达海湾或巴哈马或安德罗斯岛西部的含泥颗粒灰岩	如Hamelin盆地（鲨鱼湾）含泥颗粒灰岩

图 2.12　防水湍流和限制与开阔海的交换是两个独立变量，可以用来在保护—限制矩阵中对碳酸盐
沉积环境进行分类的两个独立变量。整个版本非常简单，意味着可以在野外直接使用，很容易对
特定案例研究的改进使用

2.1.3　生物诱导的沉淀

在过去的 20 年中，已经证明仅将浅水碳酸盐岩细分为非生物和生物控制（骨架）是不够的。相当一部分非骨骼碳酸盐物质在生物体的影响下完成沉淀，因此不能被划分为非生物类碳酸盐岩。通常此类沉淀由微生物诱导发生，主要是细菌和蓝细菌。泥晶灰岩是一个此类沉积的主要组成部分。"（泥）丘"一词通常作为野外地质术语使用（Wilson，1975；James 和 Bourque，1992）。就沉积本身而言，"微生物岩"一词被广泛使用。缺点是这个词具有很强的成因意义。如果有人希望避免这个在成因方面的明确阐述，推荐使用"自生泥晶灰岩（automicrite）"术语。它代表着原生泥晶灰岩（autochthonous micrite），而不是搬运和沉积的异生泥晶灰岩（allochthonous micrite）（Wolf，1965）。泥晶灰岩能否作为一类坚硬沉积经常可以从薄片和抛光面推断出来。

近十年来，关于泥丘和其他自生泥晶灰岩的成因研究取得巨大进展。详细的野外工作、岩石学，以及与生物学家和有机化学家的合作促成了对地质上非常重要的碳酸盐沉积模式，与更著名的骨骼碳酸盐沉淀模式截然不同（Monty 等，1995；Reitner 等，1995a，b；Neuweiler 等，2003）。

与骨骼碳酸盐相比，环境条件对微生物碳酸盐沉淀的控制知之尚少。微生物型沉淀模式的一个重要特征是其几乎完全不依靠光照。微生物沉淀物可能形成于透光带或以下，深度可达 400m。在现代生物礁上，微生物沉积在礁前环境中发育最好。然而，在透光带最上部的叠层石（Reid 等，2000）和珊瑚骨架间隙中的自生泥晶灰岩（Camoin 等，1999）表明，即便在以骨骼碳酸盐生产为主的区域，微生物碳酸盐也具有一席之地。

一个重要的化学需求是以 HCO_3^- 和 CO_3^{2-} 阴离子形式的碱度供给。碱度可能的一个来源是硫酸盐还原和海洋中缺氧层的有机质腐烂，例如温跃层含氧量最低。许多灰泥丘发育的估测水深和富有机质的周缘沉积物支持这一假设。

温度是否为微生物碳酸盐沉淀产生了实际的相关限制还不清楚。在低纬度地区，灰泥丘似乎发育最好。然而，许多古生代灰泥丘的古纬度并未受到很好的约束，对于微生物碳酸盐生产体系，狭窄的纬度限制不太会出现，纬度限制在低光照和中等水深（即温度明显低于热带表面温度）情况下已证实是很重要的。

2.1.4　沉淀模式的对比

三种沉淀模式的界限是渐变的。诱导和控制类别中的生物影响程度变化很大，甚至非生物类也不总是没有生物影响（Webb，2001）。"类非生物"对于那些发现非生物这个词过于严格的人来说可能是一个合适的术语。还有一点值得一提，生物诱导类既包括在活细胞的作用下沉淀的碳酸盐岩，也包括在无生命的有机质影响下沉淀的物质。Trichet 和 Defargue（1995）将这两类区分为"生物—矿物"和"有机—矿物"两类。在这里把它们放在一起是因为在露头、地层或层序的尺度难以区分。

Lowenstam 和 Weiner（1989）提出了用上述分类来区分矿物沉淀的基本模式。令人欣慰的是，在大多数情况下，通过岩相分析可以识别出这三种类型。几乎所有的生物控制的碳酸盐沉淀物都是有机骨架，具有特色的外形、晶体结构、矿物学特征，并且通常具有化学标志物。碳酸盐岩微相研究在 20 世纪 60 年代和 70 年代取得了惊人的成功，很大程度上是因为对骨骼颗粒的研究。以胶结物形式呈现的非生物碳酸盐沉淀物也是较早通过岩相技术识别出来，并且为沉积和成岩环境中的环境条件提供了重要信息。在过去 20 年中，当有机化学技术与标准岩相学相结合时，第三组生物诱导沉淀物变得清晰可辨（Reitner 等，1995b；Trichet 和 Defargue，1995；Reid 等，2000）。

在岩相学上，生物诱导成因的沉淀物通常以球粒、块状或团块形式的细粒碳酸盐岩（即泥晶灰岩）出现，而且经常具同心圈层。与沉积灰泥区分有时是困难的，但是令人惊讶的是，人们可以确

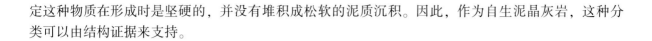

定这种物质在形成时是坚硬的，并没有堆积成松软的泥质沉积。因此，作为自生泥晶灰岩，这种分类可以由结构证据来支持。

2.2 从沉淀模式到碳酸盐工厂

如果将观测尺度从手标本和薄片扩大到可编图的地层及更大，则所有的大的堆积体都是上述三种碳酸盐沉淀模式的混合（图2.13）。这些混合体不是随机的。它们聚集成三个优先的生产系统或工厂，其沉淀模式（图2.14）、矿物组成（图2.15）、生产深度范围（图2.16）和增长潜力也不同。本书使用 T 工厂、C 工厂和 M 工厂（Schlager，2000，2003）的术语来介绍分类，笔者认为 T 工厂、C 工厂和 M 工厂的术语是可取的，因为这三个关键词每个都有严格定义，每个字母代表着各个工厂的至少两个重要属性。

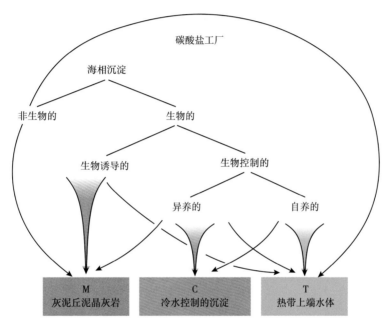

图 2.13　从沉淀模式到碳酸盐工厂（据 Schlager，2003，修改）

在地质地层的尺度上，图 2.1 展示的沉淀路径以独特的方式结合起来构成碳酸盐工厂。T 工厂典型的沉积物是来自热带自养生物（或具有自养共生体的异养生物）的生物控制的沉淀物。C 工厂以异养生物为主，M 工厂则以生物诱导沉淀为主，大部分是泥晶灰岩

2.2.1　T 工厂

T 代表"热带（tropical）"和"水体上部（top-of-the-water-column）"。生物控制的碳酸盐沉淀物占据主体。其中最丰富的是光合自养生物，例如藻类和与光合藻类共生的动物，如造礁珊瑚、某些有孔虫和某些软体动物。以海洋胶结物和鲕粒形式呈现的非生物沉淀是另一个特征。黏土级的沉淀物即白垩可能是非生物沉淀或生物诱导的沉淀物混合体（Morse 和 Mackenzie，1990；Yates 和 Robbins，1999；Thompson，2001）。缺乏光合共生生物的异养生物是很普遍的，但不作为判断性指标。通过有机格架建造或快速海洋胶结来建立抗浪结构是常见的，尤其是在陆架—斜坡坡折位置。

T 工厂局限于海洋中温暖的阳光照射的海域，因与大气持续保持平衡，海水中氧气含量很高，同时由于激烈的生存竞争，海水中营养物质含量很低。在现代海洋中，此类环境位于赤道北纬 30° 和南

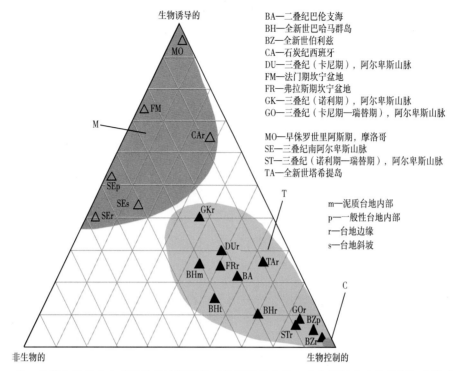

图 2.14　从一些著名的显生宇碳酸盐岩地层的构成估算的非生物、生物诱导和生物控制沉积物在碳酸盐工厂产出中的比例（据 Schlager，2003，修改）

C 工厂几乎全部由一个类别组成。M 和 T 工厂均是三个类别的混合物而且逐渐过渡，M 工厂以生物诱导和非生物沉积为主，T 工厂以生物控制型沉积为主

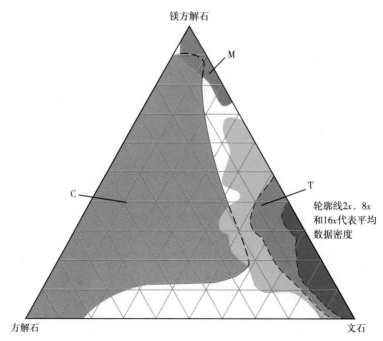

图 2.15　三个碳酸盐工厂沉积物的矿物构成

C 和 T 工厂基于 Bathurst（1971）、Milliman（1974）、Morse 和 Mackenzie（1990）对现代沉积 X 衍射分析。M 工厂基于 Russo 等（1997）、Triassic 和 Neuweiler（1995）开展的白垩系薄片显微照片的点计数分析。假设自生泥晶灰岩=镁方解石；纤状胶结物=1∶1 的文石和镁方解石的混合物

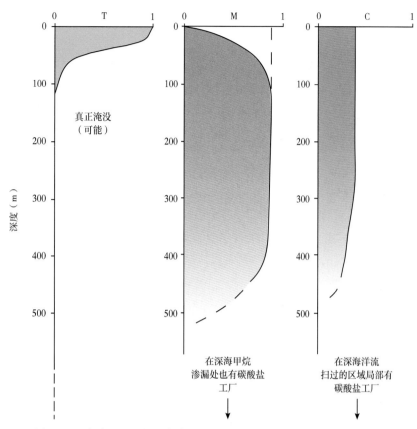

图 2.16 碳酸盐工厂的生产率和深度窗口（据 Schlager，2003，修改）

阴影条宽度作为相对热带标准的比例，表示在给定深度处估算的生产率。热带工厂中光合自养（即光依赖）生物的优势形成非常高的生产率，但仅出现在一个狭窄的深度窗口中。其他工厂的生产在很大程度上与光无关，深度窗口延伸数百米，对其下限仍然知之甚少。在现代海洋中，M 工厂的生产率在浅层是低的，可能是因为 T 工厂的竞争

纬 30°之间的海域。T 工厂的北部和南部的极限与最冷月份平均温度约为 20℃ 的线相吻合（图 2.9）。T 工厂也可以向下过渡到 C 工厂，例如在海洋温暖表层和温跃层之间的边界处。此外，从 T 工厂到 C 工厂的转变出现在热带浅水上升流区域，那里凉爽、营养丰富的海水上涌至表层（Lees 和 Buller，1972；Pope 和 Read，1997；Brandley 和 Krause，1997；James，1997）。

2.2.2 C 工厂

字母 C 来源于冷水（cool-water）和受控型沉淀（controlled precipitation）。产物几乎都是受生物控制的沉淀物，异养生物占主导地位。红藻和共生大型有孔虫等光合自养生物的贡献有时是很显著的（Lees 和 Buller，1972；Nelson，1988；Henrich 等，1997；James，1997）。沉积物通常由砂粒尺寸的骨骼碎屑组成。冷水碳酸盐岩缺乏浅水生物礁和鲕粒，碳酸盐泥和非生物海洋胶结物很少见（图 2.10、图 2.11）。

C 工厂从 T 工厂的极限（约 30°）向极地纬度方向延伸（图 2.9），向 T 工厂的过渡是非常缓慢的（Betzler 等，1997）。C 工厂也出现在低纬度温暖表层海水之下温跃层和上升流区域。

C 工厂的海洋环境是透光的或无光的水域，这些水域足够冷以排除 T 工厂的竞争，并且筛选充分以防止被陆源物质掩埋。营养水平一般高于 T 工厂。这些边界约束条件使得 C 工厂分布在一个很宽的深度窗口，从浅海至半深海，甚至深海。最常见的环境是浅海之外、洋流影响的大陆架。向 T 工厂的过渡带通常超过 1000km（图 2.10；Schlanger，1981；Collins 等，1997）。

2.2.3　M工厂

字母 M 表示灰泥丘（mud-mound）、泥晶灰岩（micrite）和微生物（microbes）。过去 15 年中大量工作表明这个碳酸盐工厂在显生宙中的意义（Lees 和 Miller，1985；James 和 Bourque，1992；Monty，1995；Lees 和 Miller，1995；Pratt，1995；Reitner 等，1995a；Webb，1996，2001）。特征成分是原地沉积的细粒碳酸盐，形成后变得坚硬。一系列详细的案例研究表明，这种细粒碳酸盐的沉淀是由复杂生物和非生物反应相互作用引起的，微生物和腐烂的有机组织在该过程中起到关键作用（Reitner 等，1995b；Monty，1995；Neuweiler 等，1999；Neuweiler 等，2000；Reitner 等，2000）。在微生物成因不确定和术语"微生物岩"不恰当的情况下，对于原地沉淀的泥晶灰岩而言"自生泥晶灰岩"（Wolf，1965；Reitner 等，1995a）是非常有用的术语，例如碳酸盐沉淀是由非活性的有机质驱动的情况，即有机矿化（Trichet 和 Defargue，1995；Neuweiler 等，2003）。非生物海洋胶结物是这个工厂第二重要的产品。它通常沉淀于自生泥晶灰岩刚性格架内的孔洞中（如平底晶洞构造；图 2.17）。生物控制（骨骼）的碳酸盐岩可能出现，但是不典型。

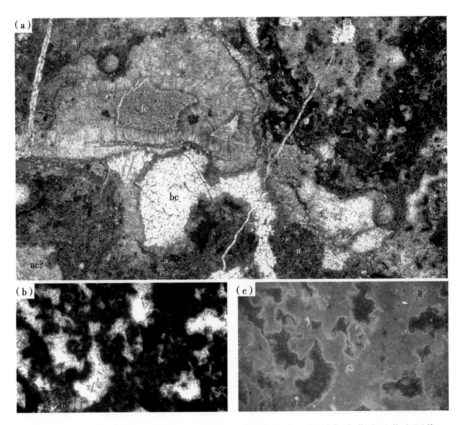

图 2.17　自生泥晶灰岩相薄片、凝结的粪球粒状的自生泥晶灰岩薄片及荧光图像

（a）暗色自生泥晶灰岩薄片（长边 = 1.5mm），具有凝结或粪球粒结构，提供了一个基本格架并支撑一个大的空腔，空腔被包裹体丰富的褐色纤维状方解石（fc）和泥质胶结物（s）所充填。空腔的其他部分被（晚期的）块状的方解石和部分存在疑问的纤维状文石（ac?）充填。薄片左上方和右下方自生泥晶灰岩与纤维状方解石紧密共生。三叠系，南阿尔卑斯山，意大利（据 Russo 等，1997，修改）；（b）凝结的和粪球粒状的自生泥晶灰岩薄片，原生孔隙被晚期块状方解石充填，单偏光；（c）为（b）薄片的荧光图像，荧光是有机质引起的。自生泥晶灰岩的荧光明显，块状胶结物不发光。（原生）有机质含量高是自生泥晶灰岩的特征。

三叠系，Molignon 营地，南阿尔卑斯山，意大利。（b）和（c）引自 Keim，以及 Brandner 等（1991）的露头描述

显生宙 M 工厂的典型环境为弱光或无光、水体营养丰富、含氧量低但不缺氧（Leinfelder 等，1993；Neuweiler 等，1999；Stanton 等，2000；Boulvain，2001；Neuweiler 等，2001）。这些条件通常

出现在温跃层中，即海洋混合层以下的中间深度范围（图 2.18）。然而，在元古宙和显生宙大灭绝之后，一个由生物诱导的泥晶灰岩和非生物海洋胶结物主导的碳酸盐生产系统也延伸到了通常被 T 工厂占据的浅层海洋环境。这些沉积物与典型的 M 工厂产物非常相似，因此也将它们囊括进来。碳酸盐沉积物的结构和构造显示，没有迹象表明向光性微生物（与无光微生物相反）的参与从根本上改变了生物诱导成因碳酸盐的沉淀过程。在目前，除非通过伴生的固着骨骼生物获取必要的信息，否则很难区分透光带和无光带形成的自生泥晶灰岩。

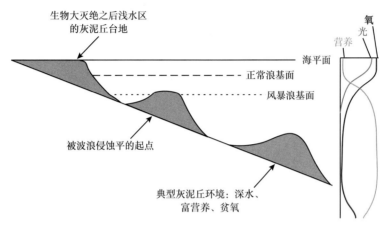

图 2.18　海洋 M 工厂的环境（据 Schlager，2003，修改）

M 工厂在温跃层中营养丰富的水域发育最好，如果 T 工厂发育情况不良的情况下也可以延伸至波浪作用区域。
在波浪作用区下方，堆积物通常为生物丘；在波浪作用区，它们演变为平顶的台地。与冷泉或热流相关的灰泥丘
可能与这些环境要求不同

2.3　三大碳酸盐工厂的沉积速率和增长潜力

硅质碎屑岩沉积体系沉积速率取决于外部沉积物的供给。对于碳酸盐工厂而言，向上生长和产生沉积物的能力是体系的内在属性。从概念上讲，人们可以区分纵向上建造和追踪海平面的能力，即沉积潜能，以及生产和输出沉积物的能力，即生产潜能。然而，在大多数情况下，只能通过确定沉积速率来量化增长潜力的下限。

图 2.19 展示利用古老沉积的厚度和地层年龄的计算的沉积速率值。观察到的上限值被解释为增长潜力的粗略估计。随着时间间隔的增加，三个碳酸盐工厂的沉积速率均出现下降。不同的计算结果表明，这种趋势具有真实的物理意义，而不仅仅是地质学家通过将厚度除以时间来计算沉积速率（仅时间一个变量，而使得两个轴上均出现变量；Gardner 等，1987；Schlager 等，1998）。沉积速率的缩放取决于沉积间断的分布（Sadler，1981）。沉积和侵蚀是幕式的或脉冲性的过程，并且地层记录中充满了持续时间变化很大的沉积间断。分形康托尔集是一种分析这种情况的很好的数学模型（图 2.20；Plotnick，1986）。

在对数—对数图上，沉积速率—时间图的回归曲线的斜率大约为-0.5。-0.5 是典型随机噪声的斜率，例如许多不相关效应的叠加产生的趋势。能够考虑到影响沉淀速率的诸多因素确实是人们所期望的。Sadler（1981，1999）研究了非常大的数据体，发现 $10^3 \sim 10^8$a 的范围内回归斜率大约是-0.5，在某些特定的时间窗口斜率值也可能会大很多，比如地球轨道扰动（Perturbations）的频带。

观测沉积速率（估算的增长潜力）的上限，也是以-0.5 的因子为比例尺。在地质年代中，特别是相应的 $10^6 \sim 10^7$a 时间范围内，T 工厂沉积速率最高，从 250μm/a 降至 100μm/a。C 工厂沉积速率约为热带地区的 25%。M 工厂的沉积速率与 T 工厂大致相同。然而，野外观测表明灰泥丘输送给相

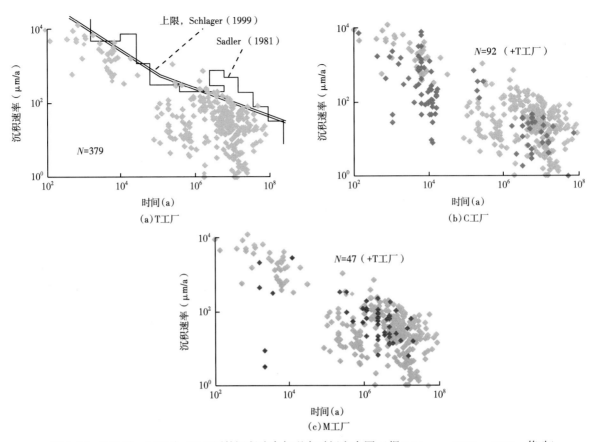

图2.19　T工厂、C工厂、M工厂的沉积速率与观察时间交会图（据Schlager，1999a，2003，修改）

三个碳酸盐工厂的沉积速率均随着时间的增加而减少——这是所有尺度上出现沉积间断造成的沉积速率的一般性规律。T工厂沉积速率最大，M工厂与之相似但整体生产量较低，因为其侧向输出的沉积物量少。在百万年尺度C工厂的沉积速率大约是T工厂的25%，在千年尺度上C工厂的沉积速率高，归因于缓慢岩化沉积的大量改造

邻盆地的沉积物要少得多。因此，估计M工厂的增长潜力只有T工厂的80%～90%。

增长潜力也随着时间变化而变化。特别重要的是，在海侵过程中，暴露之后碳酸盐工厂需要重新启动，这个启动阶段伴随着缓慢增长，然后是快速增长（图1.12）。逻辑方程（图1.12）描述的生物种群繁盛动力学是S形生长曲线的原因。在碳酸盐岩沉积学中，这种生长方式划分为启动、追赶和保持三个阶段，全新世海平面上升过程中生物礁的发育响应是这一规律的典型实例（图2.21；Neumann和Macintyre，1985）。然而，如鲕粒滩或潟湖泥岩这样的松散沉积物也显示出了这样一种规律。S形生长规律表明在启动阶段系统的增长潜力非常低。在全新世，这种效应只持续了2000～5000a。数百万年的滞后效应被认为是大规模灭绝之后苏醒式生长（Hottinger，1989）。

从图2.20得出的增长潜力应被视为非常粗略的估值。它们是基于有限的资料，只考虑垂直加积，这是一个相当不完美的以体积或质量计量沉积物生产的替代物。然而，关于遥远的地质历史中沉积物生产的体积数据是非常罕见的，并且受碳酸盐工厂是开放体系的影响，该体系向周围海洋输出大量沉积物，在那里溶解或变得高度稀释和不可识别。

向上生长的能力（加积潜力）本身就是一个重要的参数。在T工厂中，垂直增长决定了体系追赶相对海平面上升并保持在透光带的能力。在浅水台地边缘的加积潜力通常比台地内部要大（图2.22），这可能会导致隆起边缘地貌增高，并形成深水潟湖。在M工厂，垂直增长的潜力对于保持在相邻海床之上很重要，避免被掩埋。M工厂建造的台地上升至海平面的地方，偶尔也会观察到隆起的边缘和深潟湖（Adams等，2004）。

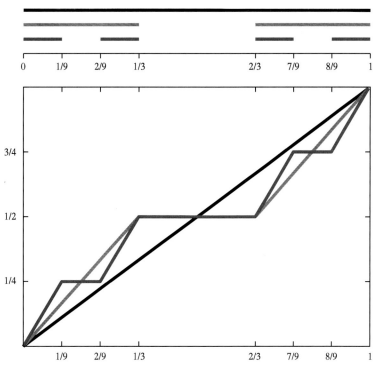

图 2.20　康托尔集和 Devil 阶梯图提供了随着时间推移沉积速率降低的沉积模型
（据 Plotnick，1986；Schroeder，1991）

上图：康托尔集的构建从单位长度的直线段开始，接着抹去剩余段的中间 1/3。与维数为 1 的 Euclidean 线相比，康托尔集的分形维数为 0.63；地层剖面可能是类似于其可变维度和模式的随机康托尔集。下图：中间 1/3 擦除的康托尔集可以通过标绘转换为 Devil 阶梯图，作为单位区间内 X 的函数，康托尔集的相对权重 y 取决于单位区间内 X。水平线段代表该康托尔集中的间断。Devil 阶梯可以看作一个地质累计曲线，平台代表沉积间断。注意，随着识别出沉积间断数量的增加，剩余的倾斜部分的倾斜度变陡，即考虑到越来越短的事件间隔时，沉积速率增大。该数学模型正确预测了真实沉积速率的观察趋势

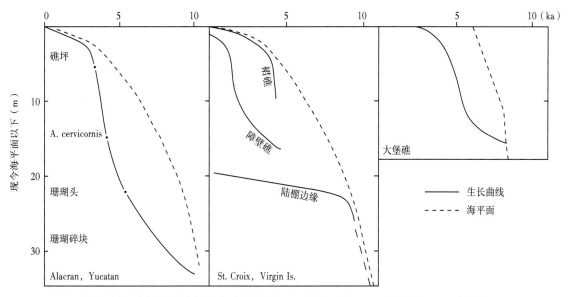

图 2.21　全新世礁的生长史（据 Schlager，1981；Neumann 和 Macintyre，1985）
注意 S 形生长曲线符合逻辑方程（见图 1.13）

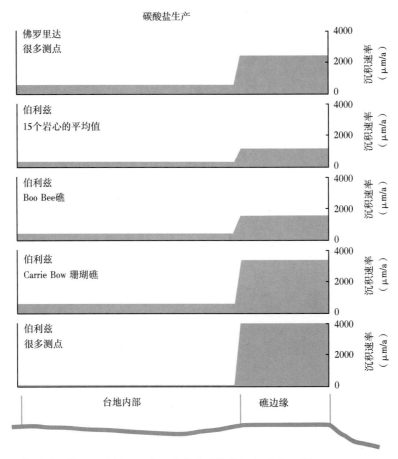

图 2.22　伯利兹和佛罗里达州地区台地边缘和潟湖的沉积速率（据 Schlager，2003，修改）

生物礁台缘的沉积速率高出潟湖沉积速率 3～35 倍。这个差距可以反映出台缘地区较高的增长潜力，
因为这些潟湖比较深而且具有从未使用过的可容纳空间

2.4　碳酸盐岩特有的沉积和侵蚀特征

碳酸盐岩沉积遵循着控制硅质碎屑岩或其他沉积物相同的机械过程。关于这些原理的讨论已超出本书的范围。然而，在碳酸盐岩环境中仍有一些沉积和侵蚀特征需要特别关注。

2.4.1　沉积——源与汇

在硅质碎屑岩体系中，源和汇，即侵蚀的腹地和沉积地点通常很好地分离。在浅水碳酸盐岩体系中，两者大致重叠。然而，空间重合只是近似的。波浪和潮汐在浅水碳酸盐岩环境中的作用通常非常强烈，沉积物再分配是常见的，可能会搬运沉积物长达数十千米（图 2.23）。碳酸盐岩台地大规模的沉积物输出也可以在深水沉积环绕浅水物源沉积物的地层记录中清晰体现。台缘灰泥、浊流和碎屑流表明，像巴哈马滩这样的台地不仅仅从台地边缘输出沉积物，同时台地内部也输出沉积物（Neumann 和 Land，1975；Droxler 和 Schlager，1985；Haak 和 Schlager，1989；Roth 和 Reijmer，2004）。确定沉积物再分配的范围和模式需要具备碳酸盐岩台地相的知识，将在第 4 章中阐述。

碳酸盐沉积另一个值得注意的方面是沉积时形成刚性结构的能力。这一过程可以通过生物体建造骨骼格架、生物诱导的泥晶灰岩或非生物成因胶结物沉淀来完成。在生物礁中，有机格架和非生物胶结物结合起来形成能够抵抗除了最动荡海洋环境之外的所有力量的刚性结构。

图 2.23　大巴哈马滩的卫星图片（据美国 NASA 约翰逊航天中心，照片 STS029-90-9）

注意，由于大多数区域的水深小于 10m，在巴哈马滩上部大部分区域可以看到海底。整个巴哈马滩是碳酸盐工厂的一部分并产生沉积物。然而，大部分这些物质受波浪和潮流影响重新改造和再分配。大洋舌以南（中下）和埃克苏玛湾（右上）以北的鲕粒滩分布形态非常明显体现出沉积体的水动力形态

2.4.2　侵蚀

发生在固体地球表面的侵蚀当然是普遍的，而且通常占据主导地位。在本书中，仅考虑发生在沉积环境中或与之非常接近的空间或时间的会影响到后续沉积的侵蚀。

和硅质碎屑岩体系一样，机械侵蚀可能对碳酸盐岩环境中的沉积物堆积产生深远的影响。此外，碳酸盐岩可能会被化学溶解和生物腐蚀改造（图 2.24）。不同类型的侵蚀可能会同时起作用。此外，海底岩化和机械侵蚀通常是相伴生，因为岩化是一个相对缓慢的过程，在洋流能够影响到的海底会更加有效地进行。

2.4.2.1　机械侵蚀

碳酸盐岩沉积环境中的机械侵蚀分布非常不均匀。碳酸盐岩台地边缘生物礁和岩化颗粒滩的发育极大地改变了沉积物和水体波浪能量之间的平衡关系，机械侵蚀作用因而广泛存在。碎屑岩体系很容易适应海洋的能量机制，并且在平均约 100m 的水深处形成陆架坡折。对比而言，生物礁和碳酸盐岩沙滩可以在同样的位置生长至海平面。事实上，现代生物礁可以抵挡几乎所有信风带海水和海滨涌浪（热带地区能量最强的波浪）。很明显，在这些环境中机械侵蚀是非常频繁的，需要持续的格架建造和胶结来修复侵蚀破坏。需要指出的是，海底岩化是常见的，在地质上与沉积过程同时发生。这大大降低了机械侵蚀的速率，使得堆积的碳酸盐沉积物更能抵抗侧向的搬运。

在开阔海地区的淹没台地受机械侵蚀的影响特别严重（图 2.25—图 2.27）。像海底火山一样，海洋台地通过诱发环绕平台的漩涡来扰乱通常比较缓慢的海洋潮汐波浪。这些"地貌限制的波浪"的速度可能变得比原始潮汐波浪的轨道速度高一个数量级（图 2.26），进而导致机械侵蚀和沉积物

图 2.24　太平洋岛屿的侵蚀悬崖（据 Menard，1986）

说明了碳酸盐岩侵蚀的几个原理：在潮间带生物侵蚀和波浪磨蚀结合起来削弱岛屿岩石，侵蚀是最强烈的，产生近垂直的海崖。潮间带侵蚀也在悬崖前台形成被水淹没的平台，在悬崖前脚处形成悬伸突出的滩。注意悬崖上抬升了的老的潮间带。喀斯特侵蚀（通过溶解碳酸盐岩的雨水和植物）造成悬崖上更加平缓的地貌，改变了悬崖的上部形态。

在浅海环境，碳酸盐岩侵蚀速率通常小于沉淀速率

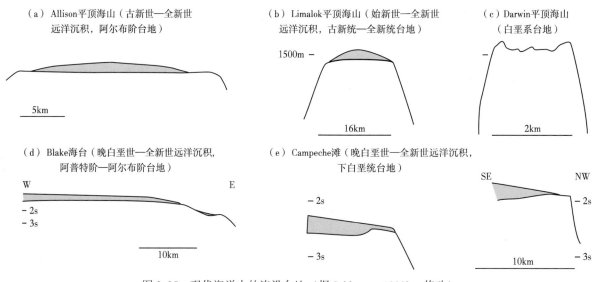

（a）Allison平顶海山（古新世—全新世
远洋沉积，阿尔布阶台地）

（b）Limalok平顶海山（始新世—全新世
远洋沉积，古新统—全新统台地）

（c）Darwin平顶海山
（白垩系台地）

1500m

5km

16km

2km

（d）Blake海台（晚白垩世—全新世远洋沉积，
阿普特阶—阿尔布阶台地）

（e）Campeche滩（晚白垩世—全新世远洋沉积，
下白垩统台地）

W　　　　　　　　　　　E

SE　　　　　NW

－2s
－3s

－2s

－2s

－3s

－3s

10km

10km

图 2.25　现代海洋中的淹没台地（据 Schlager，1999b，修改）

通常表现出薄层、呈透镜状深海沉积盖层及台地沉积物和深海盖层之间明显的沉积间断。有的台地保持裸露长达 100Ma

再分配。对于未淹没的台地，这种侵蚀仅局限于台地边缘和上斜坡。然而，在淹没台地上，洋流可以自由流过台地顶部。因此，淹没海洋台地的边缘往往是无沉积的，台地内部的深海沉积物很薄、呈透镜状并且沉积间断频繁。在这种环境中，沉积间断很容易跨越数千万年（图 2.25、图 2.27）。

机械侵蚀和海底岩化在洋流流过的淹没台地上的相互作用形成了非常不规则的地貌，类似于地表喀斯特地形。

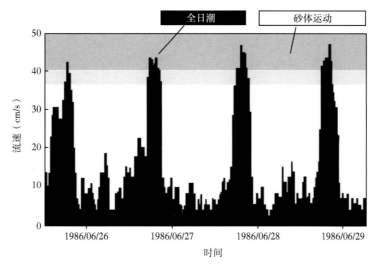

图 2.26 东太平洋水深 500m 处海底山脉顶部的流速记录（据 Genin 等，1989；Schlager，1999b，修改）
从伴随全日潮的几厘米每秒的缓慢洋流升速达到超过 40cm/s 的短期峰值，这一速度足以搬动砂。这个峰值被解释为全日潮与海底山脉的陡峭地貌的共振，全日潮通常伴生几厘米/秒的洋流。陡峭海山地貌形成的流速放大可能是在淹没碳酸盐岩台地上形成长期沉积间断的一种方式

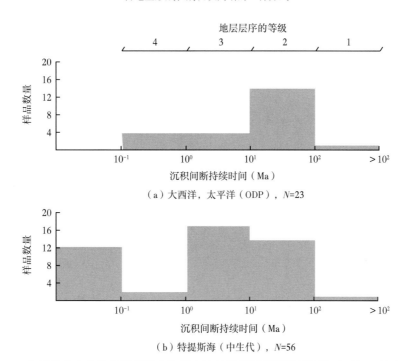

图 2.27 太平洋和中生代特提斯洋中淹没台地的沉积间断通常延续数百万年，超过 100Ma 的极端例子是显生宙中最长的非构造成因的沉积间断（据 Schlager，1999b，修改）

在现代碳酸盐岩台地的侧翼也观察到了机械侵蚀和岩化的相互作用。等深流和浊流是机械侵蚀的媒介，从碳酸盐岩台地工厂输出的大量亚稳态矿物在被洋流冲刷干净的地区驱使海底岩石化（Schlager 和 James，1978）。就像在海底山脉上，奇怪的微观地貌形态让人联想到岩溶或沙漠风化。

2.4.2.2　化学侵蚀

目前，几乎所有地方的表层海水对方解石都是饱和的。浅水碳酸盐岩环境的溶解局限于最易溶的矿物相，即具有非常高镁含量（摩尔分数>18）的镁方解石和尺寸非常小（1μm 或更小）的文石颗粒。然而，在深海中海底溶蚀作用强烈。没有固定的海水深度标志着溶解的开始。目前，热带大西洋大约 4km 以下对于方解石是不饱和的，太平洋相对应的深度在 1km 左右。对文石不饱和的水体深度在热带大西洋为 1~3km，在热带太平洋为 0.2km。两个洋盆之间的差异是深海循环和盆地—盆地分异的结果。可以假设过去地质历史中存在相似溶解程度的环境。碳酸盐岩溶解不必局限于深海。有一种趋势是在温跃层出现浅水区溶解最大值，在 0.1~1.5km 之间，这可能影响到陆表海和内克拉通盆地。

石灰岩或白云岩的陆地溶解简要地用术语喀斯特来总结。喀斯特溶蚀的主控因素是通过雨水和相关地下水的溶解，机械侵蚀起次要作用。以基质孔隙和裂缝作为流体通道，溶蚀发生在碳酸盐岩表面和内部。内部溶蚀密集区位于地下水位附近及淡水和海水的混合区域（Moore，2001）。如果它发生在碳酸盐岩地层内部，喀斯特溶蚀和胶结作用同步发生，而且通常被描述为成岩转化。

喀斯特侵蚀的速率随着净降水量和水体中 CO_2 含量的增加而增加，但随着温度升高而降低。地表下降率（地表剥蚀）对于沉积学家来说特别重要，因为它们影响后续阶段海洋沉积的地貌形态。地表剥蚀通常不如直觉假设的那么强烈。图 2.28 展示了遭受 12 万年喀斯特溶蚀后残存的沙坝和槽道沉积地形。与碳酸盐岩沉积速率相比，喀斯特地表剥蚀速率较低。图 2.29 展示了地表剥蚀速率和利用一个包含上述主要参数的经验公式推算的速率（Dreybrodt，1988）。通过化学方法确定的在 10^{-1} ~ 10^1 a 时间尺度范围内溶蚀速率为 10~100μm/a（图 2.29）。Purdie 和 Winterer（2001）报道的在 10^3 ~

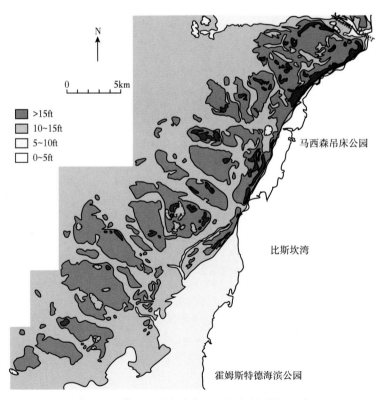

图 2.28　佛罗里达东南部迈阿密鲕粒滩的地形

鲕粒滩形成于大约 $125×10^3$ a 之前的上一次间冰期，自此一直暴露处于潮湿、热带气候（年降雨量约 160cm）的风化。强喀斯特风化作用下已经形成了可能低于地表的孤立的落水洞，但是从地层沉积形态依然能够看出西北部的沙坝和坝间通道及东南部狭窄纵向浅滩。后者形成于间冰期快结束时海平面较低时期。基于 Halley 和 Evans（1983）和美国地质调查局的等高线图编绘

10^5a 时间尺度上通过古近—新近纪和第四纪地质记录确定的速率与之相似或更高。没有类似于沉积速率的比例趋势（图 2.19）有些令人惊讶，但数据集非常小。在任何情况下，已报道的在相类似的时间尺度上喀斯特剥蚀的速率都低于碳酸盐沉积速率。

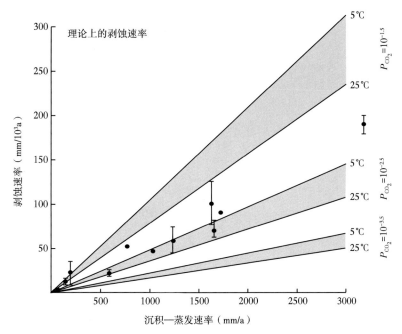

图 2.29 喀斯特表面的剥蚀速率（据 Dreybrodt，1988，修改）

各线代表通过 White（1984）计算出的剥蚀速率，该模型假设净降水量、大气降水的 CO_2 含量和温度是三个最重要的控制因素。一些观测值以平均值和标准偏差的形式投点结果表明相当符合该理论模型

2.4.2.3 生物侵蚀

在石灰岩和白云岩中，生物的侵蚀作用特别强烈，因为它们溶解度很高，并且由易磨损的相对较软的矿物组成。此外，大多数碳酸盐骨骼内含有丰富的以有机质形式存在的食物，分布在碳酸盐矿物之间，这是生物攻击颗粒的额外动机。

生物侵蚀的强度差异很大。热带的潮间带似乎是强度最大的地方，生物侵蚀引起的凹口平均超过 10^3a 保持在 $2500\mu m/a$ 的速率进行（Neumann 和 Hearty，1996）。潮间带生物侵蚀的高峰形成壮观的石灰岩陡崖，因为快速发育的凹槽像锯子一样劈开沉积地层；陡崖不时崩塌将更多沉积物带到潮间带，并迅速被生物侵蚀（图 2.24）。在浅水潮下带硬质基底处的生物侵蚀较弱。用石灰石板进行的原位实验表明，重量损失量为 $150\sim500g/（m^2 \cdot a）$（Vogel 等，1996）。假设石灰岩样品的密度为 $2.5g/cm^3$，则这转化为 $60\sim200\mu m/a$ 的表面侵蚀速率，持续时间约一年。在热带浅水环境中，这一速率比碳酸盐生产速率低几个数量级（图 2.19）。生物蚀变随着周围水体的养分增加而增加（Hallock，1988）。因此，珊瑚礁的富营养化加剧了礁石的生物侵蚀程度，从而降低了生长潜力。在冷水环境中，生物蚀变的速度可能超过胶结速度，其结果是形成一个整体破坏性的成岩环境。

2.4.3 海崖

海崖发育不限于碳酸盐岩，但是在石灰岩和白云岩中尤为常见。在潮下带的最上部和潮间带，波浪侵蚀形成海崖。碳酸盐岩中，生物侵蚀通过底切陡崖和搬走浪蚀台地上的大卵石来增强波浪侵蚀的能力。因此，碳酸盐岩中陡崖后退得特别快，相邻的浪蚀台地上几乎没有崩落的碎石。

现代碳酸盐岩海岸上悬崖壮观和普遍的现象与所报道的遥远过去的少量证据形成鲜明的对比。图 2.30 总结了现代碳酸盐岩海岸的个人观察结果，部分解释了这种差异。图 2.31 展示了一个露头实例。碳酸盐岩海崖的高度和陡峭度取决于岩石内部结构特征。均质坚硬的石灰岩或白云岩易于形成近乎垂直的陡崖，经常沿着生物侵蚀所形成的潮间带缺口进行底切。均匀但软的岩石不能支撑陡峭的悬崖，对于硬地层和软岩层交替的非均匀岩层，滨岸剖面取决于地层倾斜的方向和角度。只有倾角沿海岸线时，陡崖才能被切割成不均匀的层状地层。向海倾斜的地层易于形成一个倾斜斜坡，可能一露出水面就伴随着一次轻微的切割。

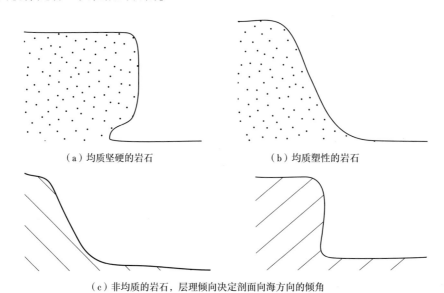

（a）均质坚硬的岩石　　　　　　　　　（b）均质塑性的岩石

（c）非均质的岩石，层理倾向决定剖面向海方向的倾角

图 2.30　悬崖剖面的形状为岩石结构和层理倾角的函数（据 Fouke 和本书作者的实地考察）

图 2.31　层理对悬崖形态的影响

来自巴哈马 Exuma 群岛的一个实例：岩石是由较硬和较软层组成的更新统风成岩。地层平坦的地方，发育一个近乎
垂直的陡崖；地层不同硬度的变化仅体现在悬崖崎岖不平的轮廓。在地层向海倾斜的地方，风化剖面与地层一致。
图片由 McNeil 提供

　　图 2.30 的总体情况表明，陡峭的悬崖最可能发育于成层性差的坚硬石灰岩，如生物礁和生物丘。不幸的是，这样的岩石非常容易遮盖住垂直地层界限，因为它们含有大量陡峭的沉积边界，在下一次海侵期间，当海洋沉积物发育其上时，悬崖很容易被掩盖。

　　尽管存在这些问题，仍然应该加强寻找碳酸盐岩记录中的古老海崖，它们是海洋低水位的可靠证据，为海平面运动提供了比海侵体系域和高位体系域变换更加强有力的证据（见第 6 章和第 7 章）。

2.5 碳酸盐岩描述和分类

与硅质碎屑岩相似，碳酸盐工厂生产从黏土到巨砾的不同粒级沉积物，再加上由于沉积环境中格架建造或胶结作用而难以形成的沉积物。这些"骨架岩"或"粘结岩"是碳酸盐岩的一个特色。

描述岩石结构通常分为两步进行：（1）通过确定泥（即粉砂和黏土大小的物质）、砂、砾石和存在的有机格架所占的比例来粗略表征颗粒大小，这一步与沉积构造相结合分析是明确沉积水动力环境的关键；（2）使用手持放大镜或显微镜测定粗粒部分的颗粒种类。硅质碎屑岩中，颗粒类型是追踪物源的线索。在碳酸盐岩沉积体系中，颗粒类型能够提供沉积环境的信息，特别是水化学和生态两个方面。

正式的分类体系既要考虑粗粒部分的粒度，又要考虑颗粒种类。图2.32至图2.34总结了目前最常用的分类方案，它是由Dunham（1962）提出的，后经Embry和Klovan（1971）进行了修改。该方案需要识别细的基质（粉砂、黏土）、颗粒（砂和粗颗粒）、孔隙（开放或由干净胶结物充填）和有机格架。定义分类的原则按照降序排列：

（1）硬的有机格架的分布形态和种类；

（2）比砂级粗的颗粒的分布形态；

（3）颗粒和细基质的比例，以及在二者都丰富的情况下，颗粒漂浮在基质中（基质支撑）和颗粒彼此之间相互接触（颗粒支撑）的。

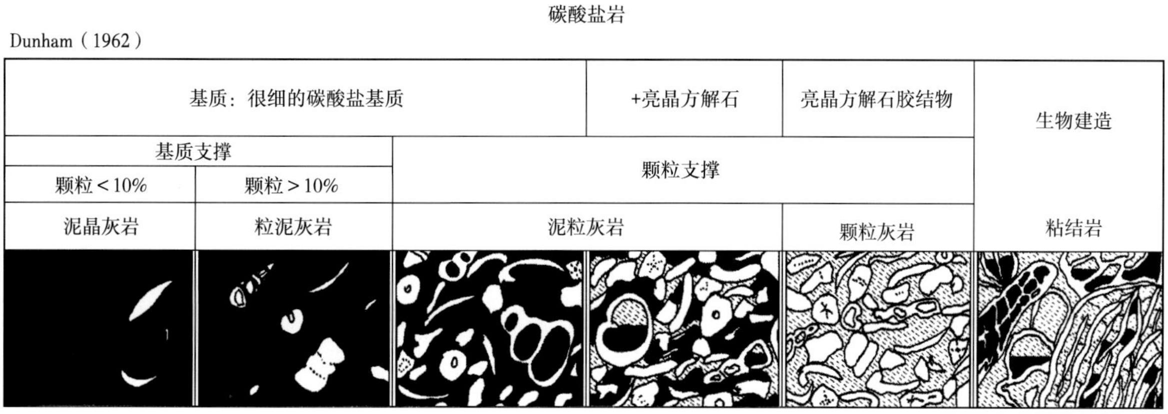

碳酸盐岩

Dunham（1962）

基质：很细的碳酸盐基质				+亮晶方解石	亮晶方解石胶结物	生物建造
基质支撑		颗粒支撑				
颗粒<10%	颗粒>10%					
泥晶灰岩	粒泥灰岩	泥粒灰岩		颗粒灰岩		粘结岩

图2.32　Dunham（1962）提出的由颗粒和灰泥混合而成的石灰岩结构分类（据Flügel，2004，修改）

图2.32中Dunham（1962）结构分类中的几个特点值得讨论。基质支撑和颗粒支撑之间的区别不能通过二维岩石薄片的观察获得可靠的答案。然而，相当好的推测是可能的，可以通过分析颗粒灰岩薄片来训练眼睛以识别颗粒支撑结构。Dunham（1962）提供了一系列的实例来说明由于颗粒不规则的形状产生的岩石结构。

第二点与粒泥灰岩有关。它们由细基质组成，假设其源自灰泥，混入了含有大量砂或粗粒物质。这也许是一个原生的沉积组构，例如一种由已经达到搬运能力极限的水流卸载的沉积物，并且被迫同时沉积多种粒级的物质。然而，粒泥灰岩也可仅仅通过生物潜穴将原始的泥和砂质风暴层改造混合而成。在浅水碳酸盐中，生物扰动特别强烈。例如，穴居虾类通常能够将沉积物顶层米级地层均质化。

最后，一种格架仅仅作为障积的格架（障积岩）和一种作为抗浪屏障（骨架岩）之间的区别是渐变的，难以在地质记录中查证，且在大多数情况下没有必要去区分两者。

描述	颗粒成因
骨骼颗粒：生物钙质坚硬的部分或它们的碎片	有机体以生物控制的方式分泌而成，特定的形状和结构为生物及其环境的形成提供重要线索
似球粒：泥晶的、次圆的颗粒，通常无内部结构，沉积时松软或坚硬	（1）消化灰泥的生物排泄的粪球粒；（2）骨骼颗粒或鲕粒的泥晶化作用（通过钻孔微生物来改变）；（3）以生物诱导形式沉淀的泥晶
集合颗粒：几个圆形颗粒粘结而成的团块，依靠亮晶方解石、泥晶胶结物或泥晶纹层来粘结	海床上沉淀作用、侵蚀作用和胶结作用之间精细的平衡。砂级碳酸盐颗粒首先沉积，然后部分发生生微弱胶结，随后被新的洋流撕裂，只有胶结得很好的团块仍然保持在一起
核形石：由大致同心的一严重不对称的泥晶纹层包绕一个核心而形成的具不规则形状的颗粒，沉积时可能坚硬或松软	泥晶纹层以生物诱导的方式沉淀在一个核心周围，这种团块偶尔滚动使得各个方向都有包覆；沉淀作用主要由细菌或蓝细菌诱发
鲕粒：由一个核心和同心状纹层构成的光滑球形颗粒。纹层可能是泥晶或亮晶，有时在同心状组构上显示出放射状结构。大多数鲕粒为砂级大小，更粗的鲕粒通常称为"豆粒"	光滑的表面和近球形的形状表明其形成于遭受物理侵蚀的动荡水体环境中，交替生长。具有不同矿物成分和结构的鲕粒在实验室中通过非生物沉淀作用形成（Davies和Ferguson，1978），但是不排除自然环境中有生物诱导沉淀的鲕粒
Cortoids：颗粒具有核形石或鲕粒的基本结构，但是具有更大的核心，被非常少的同心状泥晶纹层所包覆	形成类似于核形石或鲕粒，除了颗粒尺寸已达到极限，因为很大的核心外包覆了少量纹层。一些Cortoids是通过骨骼颗粒或鲕粒的最外圈层的泥晶化作用而形成的
碳酸盐岩屑：灰岩或白云岩的碎片，由于碳酸盐沉积物可能在沉积环境中几年内就岩化，碳酸盐岩屑可能在地质时间上同期，来自相同的环境。这些岩屑有时称为"内碎屑"，区别于来自更老地层的外源的"外碎屑"	碳酸盐岩或岩层岩化后，接受再改造，通过海水侵蚀、陆表侵蚀或生物活动

图 2.33 碳酸盐颗粒（据 Flügel，1982；Tucker 和 Wright，1990；Flügel，2004）

沉积时原始组分未粘结在一起				沉积时原始组分粘结在一起			沉积时原始组分未粘结在一起	
通常为较小的颗粒（砂级和粉砂级）				生物充当沉积物的挡板（如枝状珊瑚）	生物充当沉积物粘结者（如藻席）	生物充当格架建造者（如交互生长的礁珊瑚）	较大颗粒（砾屑）含量 >10%	
含有灰泥（泥晶基质）			缺乏灰泥（亮晶基质）				含有灰泥（泥晶基质）	缺乏灰泥（亮晶基质）
颗粒含量 <10%	颗粒含量 >10%							
泥晶支撑		颗粒支撑			粘结灰岩		泥晶支撑	颗粒支撑
泥晶灰岩	粒泥灰岩	泥粒灰岩	颗粒灰岩	障积岩	绑结岩	骨架岩	浮砾岩	砾状灰岩

图 2.34 基于 Dunham（1962）、Embry 和 Klovan（1971）的碳酸盐岩分类

粒间孔	孔洞	
	独立的	连通的

图 2.35 Lucia（1995）分类方案中孔隙基本类别

粒间孔占据了颗粒间或晶体之间的空间。所有的孔隙（包括裂缝）被归为孔洞。由于孔洞经常比粒间孔大得多，所以在岩石物理上确定岩石中是否存在沟通孔洞的网络非常重要

认真谨慎应用图 2.34 中的结构分类并结合图 2.33 中关键颗粒类型对识别这三种碳酸盐岩工作非常重要。T 工厂识别特征为：骨架、鲕粒、聚合颗粒、绿藻及丰富的碳酸盐泥（特别是黏土级泥）。C 工厂的泥、骨架和海洋胶结物含量低，但是富含骨骼颗粒。典型的 M 工厂是泥晶格架，支撑着充

满针状（海洋）胶结物的大型洞穴。

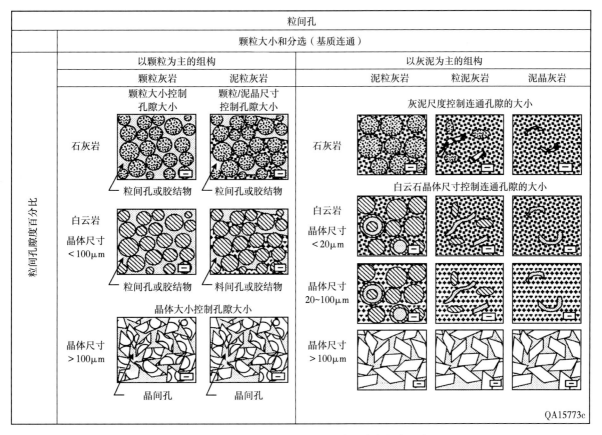

图2.36　根据颗粒和晶粒大小和排列的粒间孔隙的分类方案（据 Lucia，1995）
该分类方案充分考虑了沉积结构，当成岩（晶体）结构为主控因素时，也考虑了成岩（晶体）机构。
孔洞被单独作为一种类型，未在此列出

　　碳酸盐岩的孔隙度特别值得关注。它比其他沉积岩更加多样化，而且一个最主要的原因是碳酸盐岩的社会相关性。孔隙度分类方案应该包含地质和岩石物理的信息。Lucia（1995）的分类方案可以很好地平衡这两个方面。首先，将碳酸盐岩的孔隙分成基本类别——粒间孔隙和孔洞孔隙。粒间孔隙是沉积颗粒或晶体之间的空间。粒间孔隙与沉积结构或结晶结构直接相关，此处成岩作用使得沉积组构变得模糊，例如白云岩和重结晶严重的石灰岩。孔洞孔隙代表了所有不属于粒间孔的孔隙空间，包括颗粒或晶体内部的孔隙、比颗粒或晶粒大得多的孔隙、大的不规则洞穴及裂缝。Lucia（1995）把孔洞孔隙细分为仅靠粒间孔连通的孤立的孔洞和可形成一个连通的孔隙体系的接触型孔洞。

　　Choquette 和 Pray（1970）提出了一种孔隙的成因分类方案。依据它们的成因进行细分，类似于在沉积物中识别颗粒类型。这种分类方案对识别孔隙的成因和重建成岩事件序列特别有用。

3　碳酸盐沉积的几何形态

现代碳酸盐沉积的几何形态是地下沉积岩解剖的重要参数。沉积物几何形态分析的一个优点是它可以通过遥感图像实现，例如地震、雷达剖面和远距离或难以接近的露头的照片。几何外形含有关于地层内部结构和沉积历史的重要信息。本章首先介绍了碳酸盐几何形态的基本控制因素和描述中适用的术语，随后介绍了与三个碳酸盐工厂或特定沉积环境相关的特征模式。

3.1　碳酸盐沉积几何形态的基本趋势

碳酸盐沉积物几何外形是由碳酸盐生产的空间格局以及波浪和洋流对沉积物重新分配的叠加效应所致。碳酸盐几何外形的四种常见模式与碳酸盐生产原理和水体的流体动力学直接相关。

（1）"富者越富"。碳酸盐工厂倾向于形成隆起的局部堆积体，这是因为在没有其他沉积干扰的局部环境中生物和非生物沉淀效果最好。一旦形成一个高于邻近海底的沉积区，碳酸盐沉淀可能会加速并更快堆积。这一效应体现在不同尺度，从分米大小的叠层石到巴哈马大小的台地。

（2）"海是极限"。碳酸盐在海洋水体的最上层产量最高，但一旦露出水面，陆地环境对碳酸盐是不利的（见图2.3）。因此，碳酸盐堆积物倾向于建造接近海平面的顶部平坦的台地。通过波浪和潮汐对沉积物的再分配来平衡沉淀过程中的小差异。

（3）"木桶原理"。由波浪形成的台地顶部和由重力搬运形成的斜坡之间的边界是所有沉积体系中的重要交会点（图3.1）。热带台地倾向于在台地—斜坡界限处形成一个不连续的边缘。边缘的发育得益于几个因素。波浪流过的台地顶部外边缘是格架建造者的首选位置，从而形成一个台地镶边（图3.2、图3.3）。因为高的原生孔隙度和较重海水的泵吸效应，非生物胶结作用进一步增强了有机生物礁结构的强度。而且，上斜坡环境利于微生物结壳和胶结，稳定了浅水区障壁的发育基础。台地边缘的生产率高于台地内部，造成台地边缘地貌高于潟湖，并将其多余的沉积物搬运至斜坡和潟湖中。冷水碳酸盐没有边缘可言，因此倾向于形成与波浪作用平衡的向海倾斜的剖面。在强波浪作用之下的碳酸盐堆积凸凹不平，而非平顶（图3.4）。

（4）"使斜坡变陡"。碳酸盐岩斜坡随高度变陡，一般来讲比硅质碎屑岩斜坡更加陡峭。造成这种趋势的原因有几个：浅水碳酸盐的沉积物包括许多砂和砾石，这些物质不能被搬运太远，具备大的休止角。斜坡区的岩化阻碍了坍塌的发生，一旦形成陡峭的斜坡可以得到维持。

用来描述生物礁和浅水碳酸盐堆积的术语相当多，因此并不总是不言自明的（Wilson，1975；Wright 和 Burchette，1996）。然而，在这些丰富的术语中，存在一些很好地概括了刚刚讨论的几何趋势本质的术语。本书中将优先引用，并在下面给出解释。

3.1.1　局部堆积

碳酸盐建造。按照"富者越富"的原则，碳酸盐建造仅仅表示一个碳酸盐沉积体高于相邻的海底。这一术语没有限定碳酸盐沉积物的来源。它可以应用于一系列不同的尺度，不仅可以用于表征直径和高度只有几米的沉积体，也可以用于描述直径达数十千米且高达 1km 的沉积建造。此外，它还可以用于表征平顶的沉积物堆积体，即碳酸盐岩台地，以及凸起的生物礁或丘状体。

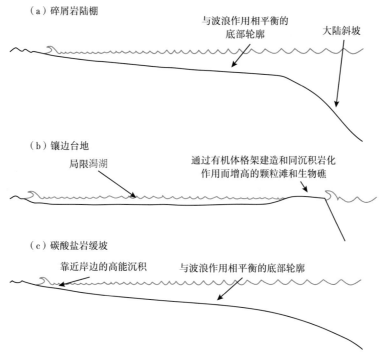

（a）碎屑岩陆棚

与波浪作用相平衡的
底部轮廓

大陆斜坡

（b）镶边台地

局限潟湖

通过有机体格架建造和同沉积岩化
作用而增高的颗粒滩和生物礁

（c）碳酸盐岩缓坡

靠近岸边的高能沉积

与波浪作用相平衡的底部轮廓

图3.1　硅质碎屑岩、冷水碳酸盐岩和镶边台地的滨岸—斜坡剖面图

（a）硅质碎屑岩陆架具有丰富的沉积物供给。结果是向海方向倾斜的沉积面与逐渐加深的浪基面相平衡。（b）镶边碳酸盐岩台地。在热带台地上，波浪平衡剖面被抗浪生物礁和快速岩化的颗粒滩严重扭曲，它们主要出现在台地边缘的位置。台地基本上呈现为碟形，平衡剖面仅在部分潟湖中局部发育。（c）碳酸盐岩缓坡不发育边缘，具有和硅质碎屑岩类似的平衡剖面。冷水碳酸盐岩遵循这种模式。热带台地通常在边缘形成以前的快速海侵过程中表现为缓坡，作为一个过渡阶段存在

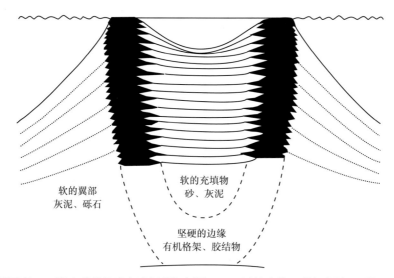

软的翼部
灰泥、砾石

软的充填物
砂、灰泥

坚硬的边缘
有机格架、胶结物

图3.2　木桶原理——镶边碳酸盐岩台地沉积解剖图（T工厂的产物，形似木桶）（据Schlager，1981）

这些台地由坚硬的生物礁边缘或快速胶结的颗粒滩紧密连接起来，并且充满了未固结的潟湖和潮坪沉积物。台地的生长潜力很大程度上取决于边缘的生长潜力。随着环礁达到最大生长率，会从缓慢进积向退积转换。凸起的边缘和深潟湖（"空桶"）代表了初期的淹没

（1）礁：在碳酸盐岩沉积学中，礁是指由有机格架、侵蚀、沉积和胶结相互作用形成的抗浪建造（Wright和Burchette，1996）。生物礁是按照结构和组分来定义的。礁的几何外形虽然很重要但也只是一个次要属性。地图上观察到的几何外形、野外露头或地震数据中的横截面可以帮助确定礁的生

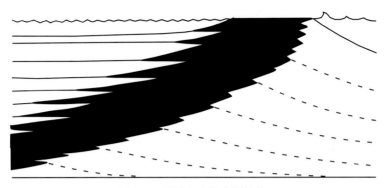

图 3.3　附属台地的木桶结构

碳酸盐生产起初超过了产生的可容纳空间，随后缓慢接近生长极限。前积速率的降低和深潟湖的出现证实了这一改变

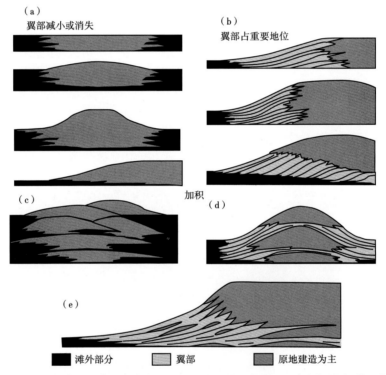

图 3.4　M 工厂发育模式通常会发育向上凸起的堆积物、灰泥丘，与周围的相带呈指状交叉

（据 Lees 和 Miller，1995；Keim 和 Schlager，2001；Schlager，2003）

当碳酸盐工厂散布大量碎屑时，会发育侧翼相。然而，热带碳酸盐岩台地几千米宽的岩屑裙却很少见

长位置并提供周围环境对礁的影响的重要信息。

　　对礁体几何形态的基本控制因素是有机格架的向上生长、通过有机格架的水流和生物礁工厂的沉积物输出。因为礁体结构诱发了额外的紊流，抗浪结构和邻近海水之间的相互作用产生了对礁体周围的冲刷，很像从岩壁吹走砂或雪。珊瑚礁的沉积物输出部分补偿了波浪和洋流的冲刷效应。珊瑚礁通常遮蔽多种尺寸的沉积物，并形成岩屑裙，随着距离礁核的距离不断增大，沉积物变得越来越细。如果大量的冲刷产生了明显的礁体几何形态的变化，那么礁体可能会遭受长时间的大量减产，或在埋藏之前被淹没和冲刷。

　　礁核和礁裙之间的对称程度表明礁体在多大程度上起到了屏障作用。台地边缘的礁带是防护屏障的主体。在向海的一面它们不断被海水拍打，另一边则面对安静的潟湖。其结果是明显地向潟湖方向搬运礁碎屑，通常以进积的沉积舌状体形式呈现。障壁礁间通道处可能发育指向潟湖的弯曲状礁石碎屑沉积物。另一方面，向海的礁前依然是裸露的。具有放射状对称性礁裙代表着礁体所处位置的水体能量通量随着天气条件的变化而频繁改变方向。潟湖或陆表海中的点礁通常具有这种几何形状。

（2）丘：James 和 Bourque（1992）将有机碳酸盐岩建隆划分为礁和丘。在这种分类中，丘是指由骨架物质或主要是微生物成因的原地泥晶碳酸盐岩构成的圆形的、山丘状的海底构造。与其他任何碎屑堆积一样，骨架物质的堆积可以被解释为流体动力学构造。飘进深海的硅质碎屑岩和碳酸盐沉积物表明，泥质的沉积物仍可以呈现出与底流载荷相关的层状结构。然而，值得特别关注的是，绝大多数沉积学文献中碳酸盐岩灰泥丘不属于这一类。

碳酸盐岩灰泥丘是等轴的或细长的海底山丘。它们的顶部通常凸起，缺少碳酸盐岩台地或建造至海平面的礁的水平表面。像礁一样，灰泥丘通常表现为一个核心、周缘是岩屑裙，岩屑裙随着灰泥丘的增高而变陡，有时候倾角达40°以上（Lees 和 Miller，1995）。与礁相反，丘顶通常不会进积；只有灰泥丘的高度增长产生一定角度时斜坡底部才会发生进积。

灰泥丘凸起的顶部可能反映了它们形成于低于波浪的"剃须"效应以下的深水中。在强烈的波浪作用区内，灰泥丘顶部变平，相带也发生变化。相反，慢慢淹没的礁的几何形状可能随着它们沉降到波浪作用面以下而逐渐从平坦的台地演变为灰泥丘（Neuhaus 等，2004；Zampetti 等，2004）。

（3）碳酸盐岩台地：碳酸盐岩台地是一个广泛使用但非常不严谨的术语。字典中的定义准确抓住了在碳酸盐岩沉积学中这个术语用法的本质："一个通常高于相邻地域的水平平面"（Webster 词典）。浅水碳酸盐之所以形成比其他沉积体系更平坦的顶部是因为：①高产区受到海平面的突然限制；②海浪和洋流有效地将高产区的沉积物再分配填补了洼地；③台地边缘易发育抗浪边缘，对台地内部的沉积物起到保护作用。碳酸盐岩台地术语非常近似于"碳酸盐岩陆架"（Wilson，1975）。本书认为碳酸盐岩台地更合理，因为"陆架"有附着大陆的内涵。台地在这个方面是中性的。

缺乏边缘的浅水碳酸盐堆积尽力维持沉积物堆积和上覆水体波浪能量之间的平衡。在这些情况下，碳酸盐岩特定的形态会丧失，通过几何形态区分碳酸盐岩和碎屑岩可能变得不可能。

规模不是界定碳酸盐岩台地的严格标准。然而，这一术语经常用于描述横跨数千米至数十千米、高出相邻海底数十米至几千米沉积堆积体的特征。

碳酸盐岩台地可能与陆地相连，也可能是分离的，孤立台地是指四周都被较深的海水包围。

台地可以前积、垂向加积或退积。碳酸盐岩台地几何形态特征是"后退"（图3.5）。它意味着台地后退是不连续的，以至于能够识别出不连续的位置，并且被平坦的海床分割开来。镶边碳酸盐岩台地的后退是常见的。起初看来，这似乎是自相矛盾的，因为台地边缘的生长速度一般大

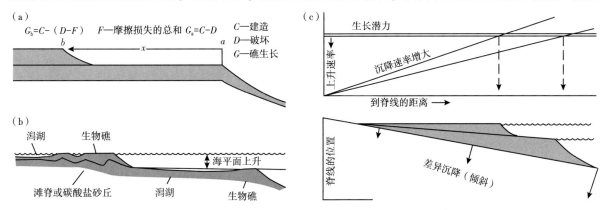

图3.5　碳酸盐岩台地在面临略微超过其增长潜力的相对海平面上升时发生后退

展示了为什么后退对一个在压力下的台地是有利：（a）底部摩擦使得波浪损失了能量，因此对后退位置的台地边缘破坏是比较小的；（b）后退到更高的地貌；（c）后退到沉降更缓慢区（被动陆缘）

于台地内部。因此，如果台缘向下生长，整个台地就会消亡。后退的主要优势在于后退的位置降低了破坏性波浪的能量。随着破坏性波浪经过浅水海底时的摩擦力，在到达一个后退的台地边缘时它们已经丧失了一部分能量。产生后退的其他原因是地形抬升，或在大型被动边缘处，或转移至沉降更慢的地区。

（4）台地边缘：边缘建造的几何效应可以通过直接对比镶边台地和缺乏建造边缘的硅质碎屑岩陆架来作最好的说明（图3.1）。台地边缘的生产力高于相邻的潟湖或上斜坡。多余的沉积物被搬运至潟湖和斜坡处。高的生产力和大量沉积物输出的几何表现是远离台地边缘的常见双向进积：礁后岩屑裙向潟湖进积，台缘和斜坡也同时向海方向进积。

台地边缘的抗浪能力随着时间和空间而变化。在大多数显生宙期间，浅水碳酸盐系统能够在常年波浪作用区发育台地边缘。如今，一些生物礁群落即使在面临信风带无损能量的海洋波浪区也可以发育在潮间带。该系统可以通过形成风暴脊岛而发育在潮上带，这类岛可能包含淡水透镜体并被陆地（碳酸盐岩）风成岩覆盖的。

台地边缘不一定是生物礁。碳酸盐岩颗粒滩也可以在台地边缘形成抗浪障壁。它们可以由鲕粒组成，在正常海水和台地水域的混合区形成局部沉积，或由来自台地外部风成成因的骨骼碎屑构成。任何一种都可以发育至潮上带，并且在海底或潮上带环境中发生早期岩化。这种早期岩化极大地加强了浅滩的抗浪能力，使得横向运移速度几乎为零。因此，这些颗粒滩产生的流体动力学效应与那些礁和礁裙相似，二者均是抗浪的、台地边缘附近的静止建造。

作为抗浪障壁的礁和颗粒滩的抗浪能力取决于台地边缘的建隆高度和连续性。升高进入波浪作用区域的一个几何标准是发育平坦的顶部。台地边缘的连续性可以用边缘系数来表示，其定义为礁或颗粒滩占据台地周长的比例（图3.6）。边缘指数变化很大，应尽可能定量估计，例如通过地震数据、地图或大尺度露头估计。边缘连续性的定量化数据提供了一个进入潟湖的海洋波浪能量的估计比例。初步估计，通过不连续边缘的波浪能量比例是边缘系数的倒数。

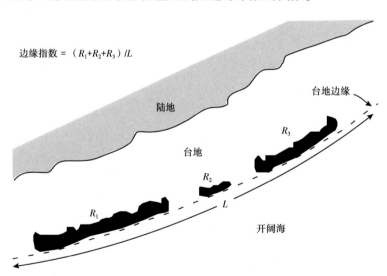

边缘指数 = $(R_1+R_2+R_3)/L$

图3.6　边缘系数是礁或浅沙坝占台地边缘的比例

描绘了发育有不连续生物礁边缘的与陆地相连的台地，用黑色区域表示。通过不连续边缘的波浪能量比例是边缘系数的倒数

3.1.2　缓坡

碳酸盐岩缓坡是缺乏类似于镶边台地向海方向陡峭的斜坡的浅水碳酸盐岩体系。它们发育倾角为0.1°~1.5°的向海倾斜表面（图3.1）。许多作者认为，缓坡可以发育一个外滨边缘和一个潟湖。这使得斜坡的定义变得复杂。起初，缓坡被描述为没有外滨边缘（Ahr，1973；Wilson，1975）。在这

些条件下，容易区分缓坡和镶边台地：镶边台地具有一个近海的高能相带，缓坡缺乏这一相带；它们唯一的高能沉积相带在靠近岸边的潮汐。

随后的研究报道了大量的缓坡表面，这些缓坡没有发育在滨岸上，而是在滨外边缘上，而且在滨外边缘高能带和海岸边缘之间发育局限潟湖。对于这些缓坡而言，高能带仅发育在近滨的准则是不适用的。这些分离型缓坡具有镶边系统，但没有斜坡带，而是从边缘向海方向为平缓表面（图3.7）。

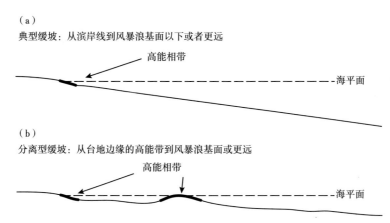

图3.7　高能沙带的数量和位置使人们能够对仅发育靠近海岸的高能带的典型缓坡（a）和发育离岸的高能浅滩的分离型缓坡（b）加以区分。后一个系统发育被潟湖分隔的两个高能浅滩带

Read（1985）识别出均斜型和远端变陡型缓坡，这一区分是有用的。远端变陡型缓坡位于斜坡的顶部，通常是大陆坡。斜坡可能是一个已经后退的镶边台地的非活跃斜坡。具有一致倾斜表面的均斜型缓坡一般发育在浅水克拉通盆地或前陆盆地。即使在这些环境中，缓坡形态通常也是一个过渡特征。具有边缘建造能力的碳酸盐岩体系具有较强的前积趋势，使得它们的斜坡变陡，从而分异出台地顶部、边缘和陡峭的斜坡（图3.8a）。只有当一个盆地被填补时，斜坡的高度和斜坡倾角减小时，镶边台地会反转成缓坡（图3.8b；Biddle 等，1992）。

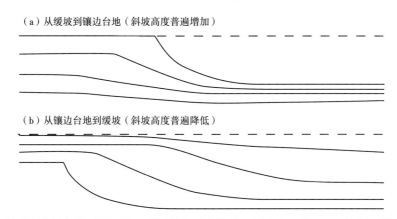

图3.8　（a）通常在盆地加深时可以观察到缓坡向具有明显陆架坡折的镶边台地转换，随着它们进积斜坡变得更高和更陡峭。（b）当盆地被逐渐填补和地貌变得平缓时，可以观察到镶边台地向缓坡转变

3.1.3　斜坡、隆起、盆地底部

台地周围的斜坡和碎屑裙是台地建造体系的重要组成部分，很大程度上决定了台地顶部的范围和形状。这些地区同时也是台地顶部产生的过量沉积物的输送区。在层序地层学中，台地边缘和斜坡扮演着至关重要的角色，因为它们承载着关于海平面低位体系域的大部分信息。

斜坡和富泥的隆起的几何形态和相受控于以下几条准则。

（1）保持稳定斜坡所需要的沉积物体积随着台地高度增加而增加。这一增量与孤立台地（如环礁）的圆锥形斜坡的高度的平方成正比，并且和线性台地斜坡的高度一次方成正比，如被动陆缘（图3.9）。这些几何定律限制了台地生长，特别是高的环礁（图3.10）。

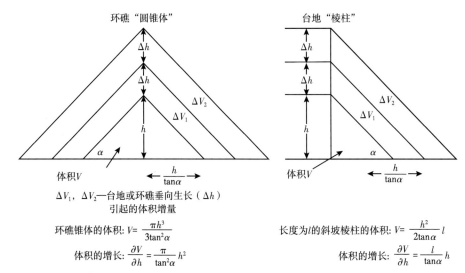

图3.9　具有稳定斜坡的碳酸盐岩台地向上生长需要在侧翼沉积更大体积的沉积物（据Schlager，1981，修改）
对于锥形环礁，生长体积（V）与锥体的高度的平方成正比；对于线性台地边缘，斜坡处的增长
体积（V）和台地的高度成正比

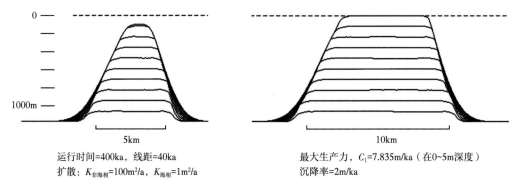

图3.10　由程序STRATA（附录B）模拟的增加斜坡高度对两个不同大小环礁的影响
两个环礁的碳酸盐生产都开始于黑条的区域。两个环礁首先加积，然后随着斜坡变高而退积。退积降低了顶部的生产面积，
并导致逐渐淹没。溺水时间取决于生产区域的大小。0.4Ma以后，大环礁仍然发育，平顶建造至海平面。小环礁已经死了。
其顶部位于海平面以下100m的地方，此处产量如此之低，以至于不能再通过下坡输送补偿沉积物的损失——加积停止，
顶部变成了一个丘

（2）台地斜坡的上部随着斜坡的高度增加而变陡，这是硅质碎屑岩在发育初期放弃生长的一种趋势，因为它们达到了泥岩的静止角。因此，大多数台地斜坡，特别是起伏高的台地斜坡，都比硅质碎屑岩斜坡要陡峭（图3.11）。在台地生长过程中，坡角的变化改变了斜坡上的沉积物状况：浊流的侵蚀和沉积之间的平衡改变着这些斜坡从加积至路过，最后至侵蚀的沉积演化。沉积机制的改变反过来改变了斜坡和隆起建造的几何形状（图3.12）。

（3）松散沉积物的休止角是颗粒大小的函数。这种关系在现代沉积中已被量化，同时相同的数值关系最近被用于地质历史时期中大规模的地质体（图3.13—图3.15）。沉积物之间的凝聚度是控制休止角最重要的因素。

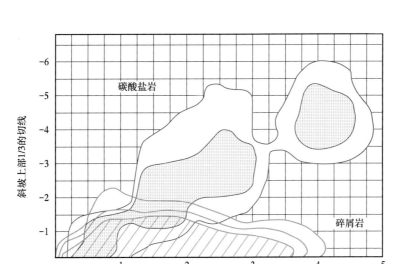

图 3.11　大西洋和太平洋中现代碳酸盐岩台地和硅质碎屑岩体系的斜坡角（据 Schlager，1989，修改）

单位面积样品总数（N）的 1%、2%、4% 的等值线。N（碳酸盐岩）= 413，N（碎屑岩）= 72。

通过建造抗垮塌斜坡，碳酸盐岩斜坡随着高度增加而变陡

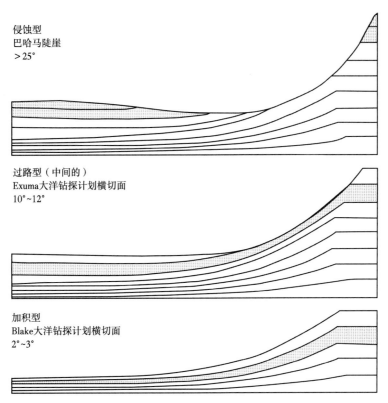

图 3.12　斜坡角和斜坡上侵蚀与沉积之间的平衡（据 Schlager 和 Camber，1986，修改）

在加积阶段，斜坡角是沉积物供给速率和相对海平面上升速率的函数。随着斜坡角增加，浊流的活性也随之增强，沉积机制
由加积转为侵蚀。路过斜坡代表了一个中间阶段。它们从常年的雨水沉积中接收落淤沉积，但是大型浊流仅路过它们

　　随着斜坡角度变化而引发的沉积机制的改变很大程度上是由斜坡之上的沉积物路过程度引起的。大部分碳酸盐岩斜坡的沉积物源是台地。因此，沉积物从上斜坡进入斜坡并通过沉积物重力搬运至下斜坡。在斜坡角度平缓的情况下，运输体系的携载能力自台地边缘的物源区往下逐渐下降。因此，

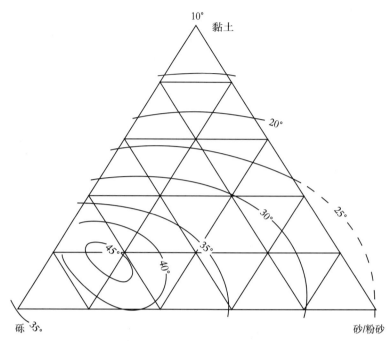

图 3.13　粒度与陆地风化斜坡的最大稳定斜坡角的关系（据 Kirkby，1987，修改）

对于无黏土物质而言，外推到海洋沉积物是非常合理的。富含黏土的物质对含水量和孔隙水压高度敏感，此处展示的
值是干物质的值。饱含水黏土的稳定角度约为干黏土的一半（通过切线测量）。含超压水的黏土的稳定角度更低

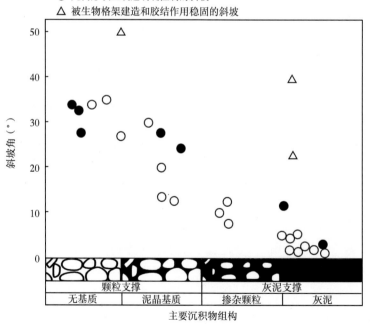

图 3.14　沉积物的构成强烈影响着碳酸盐岩台地侧翼的斜坡角度（据 Kenter，1990，修改）

无黏性的沉积物，如干净的灰砂和砾石，可以形成超过 40° 的斜坡角度。泥质黏性沉积物
倾向于形成大的垮塌以保持较低的斜坡角

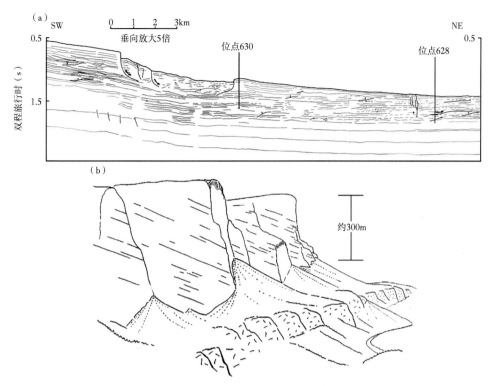

图 3.15 　 (a) 泥质黏性沉积物斜坡剖面，特征是低缓的斜坡角和大规模的滑塌，以及远端的坡脚推覆体。小巴哈马滩北翼（据 Harwood 和 Towers，1988，修改）；(b) 由灰砂、砾石和超过 50% 的原地碳酸盐组成的进积型碳酸盐岩台地斜坡，尽管原地碳酸盐以刚性层和透镜体沉淀下来，但其经常滑落并破裂，不能发育成丘状构造。斜坡的发育受碎屑物质的休止角控制。斜坡面平直，倾角 35°～38°，接近灰砂和砾石混合物的休止角(图 3.13)。同样由砾石组成的地表岩屑堆的角度几乎是相同的（非黏性物质的休止角在陆地和水下几乎相同）。三叠纪 Sella 台地，南阿尔卑斯山（作者的野外素描；据 Kenter，1990，解释）

沉积速率下降、等时线向盆地方向收敛。在这个阶段，坡角是沉积物供给速率和沉积物粒度的函数（图 3.13）。随倾斜度的增加，沉积物重力流的活力也随之增大，大量沉积物开始路过斜坡并堆积在相邻的盆地底部。过路斜坡的几何表现是下斜坡冲沟具有侵蚀的侧翼、冲刷面和砾石滞留；冲沟间沉积物以泥质沉积物为主，只有少量浊流沉积。具冲沟的斜坡向盆地方向，沉积物裙是以一系列侧向汇聚的浊流扇发育的（Schlager 和 Chermak，1979；Mullins 等，1984；Harwood 和 Towers，1988）。这些沉积物裙相当于深海盆地的大陆隆。它们以浊积岩席为主；侵蚀水道（浊积扇谷道）浅且稀少。Heezen 等（1959）认为，斜坡和海洋中隆起之间的临界角度一般为 1.4°（$\tan S = 0.025$）。碳酸盐岩数据表现出较大的变化，但是斜坡—隆起的边界角度整体上具有相似的平均值（图 3.16）。

斜坡变陡程度超出过路型斜坡的范围则发育侵蚀型斜坡，侵蚀型斜坡的沉积物通量完全是负的：通过侵蚀性浊流和垮塌带走的斜坡沉积物远大于从台地获取的沉积量。通过对富泥斜坡的观察，很好地支持了随着斜坡斜率的增大逐渐发生加积型—路过型—侵蚀型斜坡转变的观点。随着斜坡角的增大，以砾石和砂为主或由原地微晶碳酸盐岩加积主导的斜坡是否会系统地变化尚不清楚。然而，此类斜坡比富泥斜坡能保持更陡峭的斜坡（图 3.13—图 3.15）。

3.1.4　斜坡曲率

已经证实许多斜坡曲线遵从相当简单的数学函数，这为斜坡搬运机制提供了线索（Kenyon 和 Turcotte，1985；Adams 和 Schlager，2000；Schlager 和 Adams，2001）。在比较光滑的斜坡上，观察到三种类型的曲线。

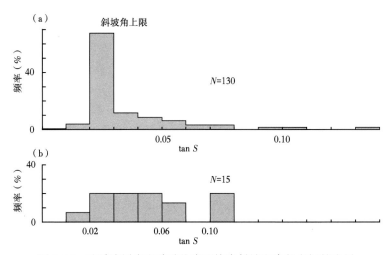

图 3.16　硅质碎屑岩和碳酸盐岩环境中斜坡和隆起之间的边界

（a）构成大陆隆的深海扇的上限处斜坡角的频率分布图。注意 tan$S$ 值在 0.02~0.03（S=1.1°~1.7°）时
明显的频率最大值，与 Heezen 等（1959）的结论一致；（b）来自碳酸盐岩环境的类似数据表现出更为
宽泛的分布特征，但频率分布的低端与硅质碎屑岩数据特征一致。基于多个来源的地震数据

（1）凹斜坡通常符合负指数函数，这可能反映了蠕变、垮塌和沉积物重力流引起的沉积物体积
与源距的指数衰减。

（2）直线形剖面通常是陡峭的，与堆积至休止角的非黏性沉积物相对应。

（3）S 形剖面被认为是指数曲线下部和上部的组合，凸起部分反映了风暴和海平面波动使之平
滑的陆架坡折（图 3.17）。

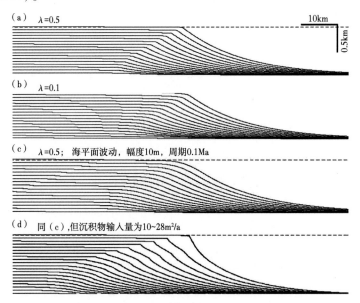

图 3.17　利用模拟程序 STRATA（附录 B）生成的指数型和 S 形斜坡轮廓（据 Schlager 和 Adams，2001，修改）

基本设置：均匀沉降速率 $1.67×10^{-4}$ m/a；左边沉积物供给量从 10m²/a 开始，每年增加 2m²；非海洋沉积物扩散系数
K_n = $1×10^5$；海洋沉积物扩散系数 K_m = 150；时间间隔 0.3Ma。（a）由于扩散衰减常数 λ = 0.5，三角洲发育至海平面并进
积，呈现出指数型斜坡和明显的陆架坡折。这意味着高扩散陆源体系和低扩散海洋体系之间的过渡发生于水体最上方约
20m 处。（b）设置扩散衰减常数 λ = 0.1，将过渡带扩大到上部约 100m。这种变化相当于降低风暴浪基面，进而形成圆弧
形陆架坡折和 S 形轮廓，尤其是在进积早期阶段体现得更加明显。（c）扩散衰减常数重置为 λ = 0.5。圆弧形陆架坡折和 S 形
剖面则由小幅度海平面波动产生。（d）明显的陆架坡折可以通过增加沉积物输入量再次重现

在碳酸盐岩斜坡中，凹型斜坡以非常陡峭的上斜坡和急剧变化的断裂为顶点，断裂对应在边缘发育礁或岩化颗粒滩的镶边台地。另一方面，S 形斜坡表明以碎屑堆积为主，生物礁或早期岩化的颗粒滩仅以透镜状出现。直线轮廓则主要受控于休止角的灰砂或砾（Kenter，1990；Adams 等，2002）。M 工厂的直线型斜坡也可能包含除了砂和砾之外的较高比例的原地微晶碳酸盐岩。这些刚性的原地微晶碳酸盐岩层间歇性滑动并破碎在斜坡角堆积形成巨大角砾。

3.1.5 T 工厂、C 工厂、M 工厂的几何形状

第 2 章介绍的三种碳酸盐工厂，不但沉积方式不同，而且还在各自沉积的几何形态存在差异。主要特征已在图 3.18—图 3.21 进行了总结并在下面进行更详细的讨论。

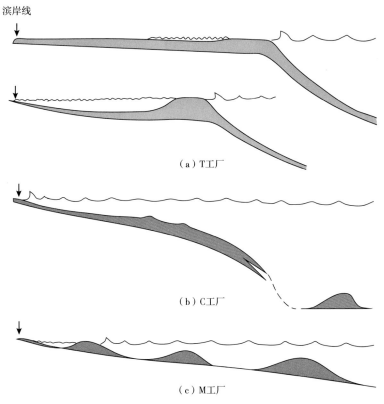

图 3.18 三种碳酸盐工厂沉积几何形状

横截面展示了一个典型生长增量的海平面和波浪类型、底部形态和厚度变化。箭头指示着海岸线。（a）T 工厂发育由生物礁或颗粒滩镶边的台地；工厂输出所有颗粒尺度的沉积物；因此，其斜坡是陡峭的并富含浅水区岩屑沉积。（b）C 工厂不能建立浅海台缘，只能发育分散的深水颗粒丘状体。沉积物堆积的几何形状是具有近岸高能条件的碳酸盐岩缓坡。（c）M 工厂在波浪作用区以下平缓斜坡上发育向上凸起的丘状体。在强波浪作用区，这些丘状体发育平的顶部和颗粒岩。由于原生泥晶灰岩的胶结和固定作用，这些丘的侧翼可能比以灰砂和砾石为主要沉积物的斜坡更陡（最大休止角约 42°）

（1）T 工厂。源自其内部动力，T 工厂将努力发育成一个台地形态，即一个接近海平面的平顶及向海一侧陡峭的斜坡，只有很小部分的体系会延伸到陆地环境。热带碳酸盐岩堆积的这种典型几何形状直接与生产和破坏原理相关。该碳酸盐岩沉积体系中的一个关键要素是位于波浪扰动台地顶部和重力搬运改造斜坡分界处发育的抗浪边缘——因此产生术语"镶边台地"。

通常发育至海平面的台地边缘的存在破坏了由陆架上松散沉积物堆积而形成的向海倾斜的斜坡面。在这个方面，镶边台地与硅质碎屑岩沉积陆架存在本质差异。镶边台地的生长结构是一个"桶"——一个抗浪能量强的刚性边缘保护台地内部堆积的松散沉积物（图 3.2、图 3.3、图 3.8、

图 3.18、图 3.19）。

图 3.19 太平洋西南 Bora Bora 岛生物礁镶边热带碳酸盐岩台地
台地边缘礁带构成了一个有效的抗浪障壁，保护了广阔的潟湖。向海一侧的高能量和礁后潟湖一侧的低能量特征
使得礁石碎屑优先进入潟湖。通过礁裙（浅绿色）进积填充潟湖的速度比靠陆一侧火山侵蚀产生的碎屑填充的
速度快得多。因此，潟湖的最深处在靠近山的位置。照片由 O. van de Plassche 提供

由于台地边缘较高的生长潜力，地质记录中常常会出现"空桶"，即凸起的台地边缘和空的潟湖。镶边台地的退积往往是以不连续的步骤进行，因为一旦边缘被淹没，临近的潟湖大部分也会消失。图 3.5 说明了后退的台地具有建立新的"防线"的可能性。

（1）T 工厂控制下的台地形态是很常见的，但并非独有的特征。如果 T 工厂比较弱，M 工厂可能占据这个位置，在海平面附近建立顶部平整的台地（和边缘）（图 3.22）。

图 3.20 澳大利亚南部的 Otway 陆架
一个冷水碳酸盐工厂向陆一侧。波浪波长 50~100m 在临滨破碎。在热带台地上，这种波浪（触及海底深度为 25~50m）
将被近海的礁或颗粒滩边缘所吸收。照片由 N. P. James 提供

图 3.21 阿尔及利亚撒哈拉沙漠中的古生代泥丘

形成于一个陆表海的缓坡上。这张照片上展示的保存良好的泥丘高达数十米，直径超过百米。圆形的顶部
及生物群落、沉积相分析表明其顶部也位于波浪基面之下。照片由 B. Kaufmann 拍摄

图 3.22 意大利南阿尔卑斯山脉的 Sella 山

由 M 工厂建造的碳酸盐岩台地，大量的潮上带沉积记录表明其顶部建造至海平面。斜坡由原地泥晶灰岩和
胶结物与改造后的灰砂和砾石 1:1 混合组成。注意平直的斜坡沉积层倾斜角度超过 35°，接近这些物质的
休止角。基于 Keim 和 Schlager（2001）的解释，照片由 J. A. M. Kenter 拍摄

（2）C 工厂。现代冷水碳酸盐岩基本缺乏建造台地边缘的能力。因此，它们独特的沉积几何形状是缓坡（图 3.1）。许多冷水沉积位于强风和高能量波浪区（图 3.20）。因此，在缓坡浅水区的沉积率可能很低，而且硬底很发育。

（3）M 工厂。泥丘工厂发育的最适宜环境是位于温跃层的深水环境，侧向输入的沉积物少。在这种情况下，M 工厂会生产丘状物，即圆形或椭圆形向上凸起的堆积物，高于相邻的海底（图 3.4、图 3.21）。使这些泥丘与纯机械堆积的泥质沉积物区分开来的是它们同沉积岩化的大量证据。这些证据主要包括同生沉积物和原地泥晶灰岩碎屑充填的微钻孔、裂纹及大孔洞。这些泥丘建造广泛岩化的其他证据是泥晶侧翼沉积的陡峭倾斜（通常为 40°~50°），斜坡角原地泥晶灰岩相米级大小的有棱角巨砾（Lees 和 Miller，1995），以及原地泥晶沉积中被同期沉积物填充的裂缝。泥丘的岩屑裙很小。在大多数情况下，原地灰泥丘的钙质侧翼沉积向其周缘平缓盆地沉积体的延伸仅几米至几百米（Lees 和 Miller，1995）。

在外部沉积物输入量大的环境中，泥丘工厂可能无法建造泥丘。一种这样的情况是陡峭的台地斜坡，此处原地泥晶灰岩层与台地岩屑沉积层交替发育。这个泥丘工厂以大型原地泥晶灰岩粘结岩巨砾的形式堆积在斜坡角来显示它的存在（Russo 等，1997）。

尽管丘状几何形态在 M 工厂很常见，但它并非 M 工厂独有的特征。T 工厂的红藻丘（Roberts 等，1988）和 C 工厂的苔藓虫丘（James 等，2000）均展示了丘状几何形态，因此丘状几何形态不能作为工厂类型的判定特征。

3.2 空桶

本章开头已经指出，镶边台地具备桶状的解剖结构，由坚硬的堆积的礁或岩化颗粒滩和内部松散沉积物构成（Ladd，1973；Schlager，1981）。台地边缘不仅仅是更加坚硬，体系中更具竞争力的要素是它比台地内部生产力更大。这不仅可以通过沉积物堆积速率（图 3.22），还可以通过沉积结构解剖来证实：台地边缘的颗粒滩和礁通常以岩屑裙的形式将多余的沉积物搬运入潟湖（图 3.19）。人们还观察到，当潟湖淹没至透光带下限附近时，台地边缘会追着上升的海平面生长。这种选择性向上发育的特征造就了台地桶的部分空缺。

通过生物礁台缘向上选择性发育形成隆起的台缘和深潟湖的理论可以追溯至 Darwin，在他的环礁模式中阐述了这一原理（Darwin，1842）。对于空桶形态的另一种解释不是很古老。它假定现代环礁的几何形态是海平面低位期差异性岩溶风化造成的（Ladd 和 Hoffmeister，1945；McNeil，1954；Purdy，1974；Winterer，1998；Purdy 和 Winterer，2001）。这两种假设都依赖于理论概念及支持性的观察。文献中的讨论正如火如荼地进行，由于空桶是碳酸盐岩特有的一种增长形式，对其争论的现状综述如下。

构建假设的概念基础是台缘的可测量的更高的增长潜力和礁体向上生长而非侧向迁移的习性。图 2.22、图 3.23 和图 3.24 简要总结了观测的支持证据。第四纪晚期冰川消融带来的海平面上升接近 M 工厂增长的极限；从冰川消融期几次文献记录良好的淹没生物礁证实了这一点（Montaggioni，2000）。因此，在现有的碳酸盐岩台地中，凸起的台地边缘和深潟湖很常见，这并不奇怪。边缘—潟湖高程差经常超过百米，通常代表几个冰期—间冰期循环的累计堆积效应。这种类型的复合记录仅在这里展示，如果一个阶段的贡献，例如全新世，则可清晰地识别。全新世和古老地质历史期的许多例子证实，礁和颗粒滩（不太常见）如何通过差异化向上建造而高于台地内部（Belopolsky 和 Droler，2004）。通常情况下，高的台地边缘代表台地淹没前最后一个生长增量。关于这个主题的一个变化是在向海方向浸没陆架的全新世海侵记录：障壁礁多次建造和淹没，形成了一个隆起的台地边缘，但没有潟湖充填沉积（图 3.24）。这种模式清晰地说明了礁体具有站立高位（和死亡）的趋势，而不是逐渐退缩出上斜坡。

岩溶假说有一个可以称之为"溶解的边缘效应"的概念基础：流体从一个水平面的边缘流出的速度比从中心部位流出快。Purdy（1974）在石灰岩块体溶解实验中观察到，随着酸雨速率的逐渐降低，石灰石的边缘首先被溶穿。这减少了边缘被蚀刻的时间，并在早先具有平坦表面的均质石灰石

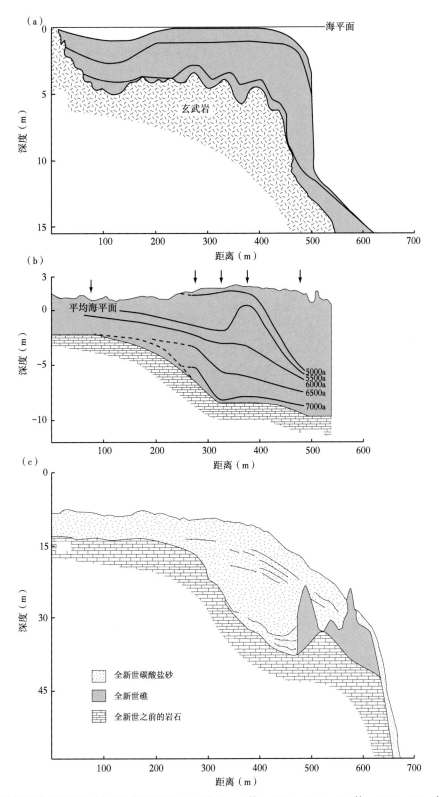

图 3.23　全新世礁的差异生长产生的桶状形态（据 Cortes 等，1994；Takahashi 等，1988；Hine 等，1983）
（a）哥斯达黎加太平洋 Punta 岛裙礁。礁体生长史由 13 个钻孔和放射性碳测年数据约束。（b）Kume 岛，琉球群岛，西太平洋。礁体生长过程由 5 个钻孔和许多放射性碳测年数据约束而来；5500 年前发育空桶结构，随后被礁碎屑充填。现代岩溶侵蚀（顶面）也凸显了礁边缘。（c）隆升的礁被淹没并随后被碳酸盐砂所掩埋，大巴哈马滩。线条源自地震剖面

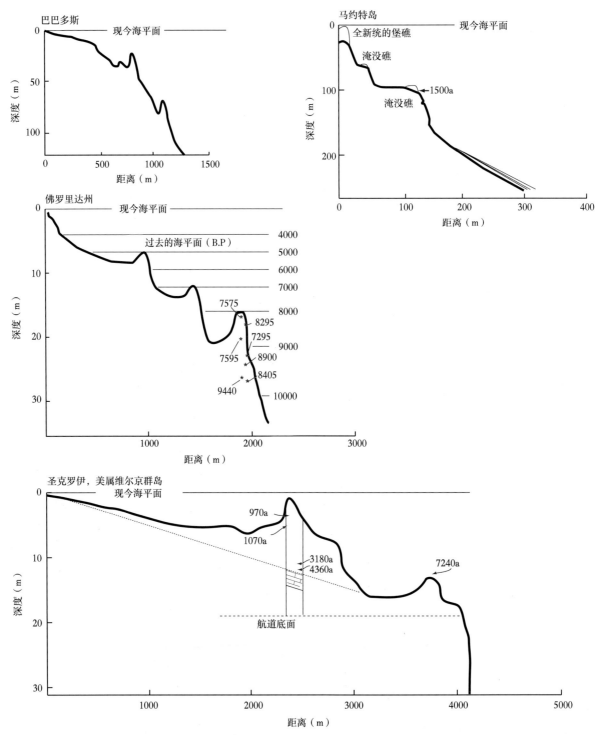

图 3.24　被全新世海侵超过和淹没的生物礁展示出原始的凸起边缘形态，说明礁向上生长的强烈倾向，而不是逐渐向上斜坡移动（据 Macintyre 等，1991；Lighty 等，1978；Adey 等，1977；Dullo 等，1998）

上形成了高起的边缘。第二个原理被援引，但是在这个特定的应用中未得到证实的原理是表面硬化——通过含有矿物水的蒸发使得石灰石岛外部陡崖受到额外胶结。

Purdy 和 Winterer（2001）的发现支持岩溶假说：太平洋环礁内潟湖深度与降雨量呈正相关关系。

地质野外观测提供了许多岩溶岛屿的例子，具备凸起的边缘和较低的中心部位（Purdy 和 Winterer，2001）。它们之中大多数的问题是缺乏石灰岩相的详细编图。因此，通常不可能确定这些边缘是否像

Purdy（1974）在实验室模拟实验那样由均质的石灰岩蚀刻而来，或岩溶溶解是否仅仅主要发生在中心部位沉积相带。后者的一个例子是有详细编图的 Makatea 的岛屿（图 3.25；Montaggioni 等，1985）。编图和剖面毫无疑问地证实了岩溶风化明显加剧了边缘和潟湖之间的高差，但数据同样也表明现在构成边缘的原本就是一个带有岩屑裙的障壁礁。

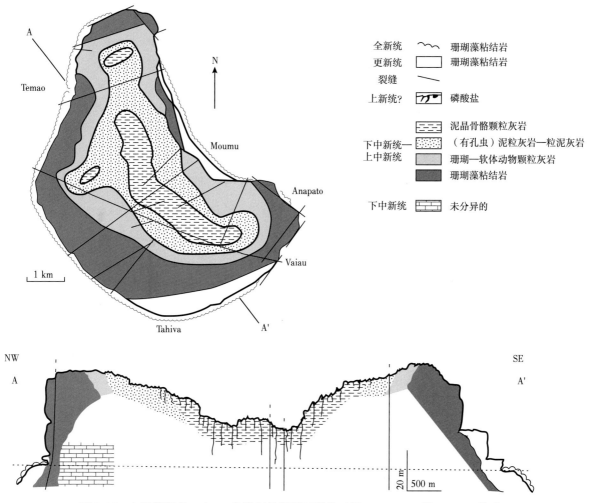

图 3.25　太平洋西南 Makatea 岛隆起的新近纪环礁（据 Montaggioni 等，1985，修改）
边上有一些全新世—更新世礁。岛的碟形地貌主要是由岩溶过程形成。然而，地表溶解是有选择性的，
遵循原始环礁的相发育模式：目前的地形不是从均一石灰岩地层中切割出来的

　　Purdy 和 Winterer（2001）将凸起的 Tuvutha（裴济）中新统石灰岩作为共中心的边缘由均质石灰岩蚀刻而来的一个特别令人信服的实例。实际上，整个石灰岩岩盖被绘制成一个地层，主要由藻类和有孔虫组成（Ladd 和 Hoffmeister，1945）。然而，这个测绘是在 20 世纪 20 年代完成的，在现代礁研究之前已经证实大多数礁的地质记录是一堆砾石。因此，Ladd 和 Hoffmeister（1945）强调缺乏露头或原地珊瑚格架的样品。他们确实报道了珊瑚碎屑会定期形成（Ladd 和 Hoffmeister，1945）。此外，作者还将岛脊靠海一侧的垂直岩墙解释为岛屿逐渐上升时形成的海崖。因此，目前资料并不排除这些岛脊是像 Makatea 之上的台地边缘的残存物。

　　Purdy（1974）的溶解实验是在致密石灰岩上进行的［被 Schlager（2003）错误地称为"大理石"］。因此，实验表明，如果酸雨非常快速地从边缘流走，但会聚集在样品表面的中心继续降低表面，则会形成碟形。与之相反，雨水对在年轻碳酸盐岩造成的溶蚀大多数发生在其表面以下，因为岩石是极其多孔且可渗透的。在经过近100ka岩溶风化之后保存良好的沉积形态的实例（见图2.34）表明，将实验室的实验结果外推到自然环境中需要谨慎行事。

对于太平洋白垩系台地凸起边缘的岩溶解释引起了激烈的争论。Winterer等（1995）、Winterer（1998）、Van Waasbergen和Winterer（1993）、Purdy和Winterer（2001）提出的这个假设。它面临的问题是几乎没有大气淡水成岩作用的同位素证据。这意味着，在数百万年的暴露期间，碳酸盐岩被广泛溶解但是没有大气淡水胶结物在这些地层中沉淀下来——这与第四系岩石广泛观测结果背道而驰（Jenkyns和Wilson，1999）。在地震剖面和海底地貌上，侵蚀形态特征明显。然而在上覆深海地层中可以观察到类似的分布样式，深海岩盖的地层和岩相指示极低的沉积速率和大量间断——这与突变地貌带来的波浪增强的广泛证据是一致的（见图2.25、图2.26）。

总之，通过差异生长形成凸起的边缘可以被很多来自全新世和古老地质记录中的实例所证实。这种现象的理论基础是边缘可测的较高的生长潜力和礁体向上生长的倾向，而不是侧向迁移至更加有利的位置。至于岩溶假说，笔者认为在低位期岩溶表面的差异性降低已经证实至少明显加剧边缘和潟湖之间的高程差。Purdy（1974）已经证实，在实验室实验中，仅通过溶解即可在水平表面上产生凸起的边缘，而不会在石灰岩中产生横向异质性。支持这种极端形式的岩溶假说的野外观察是很少的，并不令人信服。但是讨论应该继续下去，它是关于碳酸盐岩暴露的影响和残留更广泛问题的重要组成部分。

在露头或地震资料中观察到的结构性"空桶"表明，该碳酸盐岩台地受相对海平面上升的压力，这种上升非常接近工厂的增长潜力。当然，如果海平面上升非常快或平面的增长潜力因环境因素而降低，那么它仍然是开放的。

讨论的底线是两种假设，即选择性建设和岩溶风化，都能够产生凸起的边缘和深的潟湖。实际上，在大幅度快速海平面波动的情况下，这两个过程可能会交替出现。第四纪晚期的记录表明，在间冰期海平面上涨速率达到了现代健康礁的生长潜力。结构性空桶是一个可能的结果。另一个方面，在冰期低位期，几乎肯定会发生差异性岩溶风化。在过去的700ka，这两个条件肯定反复交替出现，形成了一个建造型和岩溶效应的复合体。摆在大家面前的一个任务是区分古老地质历史时期建造的和岩溶的假说，并确定差异建造和选择性溶蚀之间的平衡。这种平衡几乎肯定随着空间和时间发生变化。

4　碳酸盐岩相模式

碳酸盐岩岩石通常以其复杂的结构、构造和颗粒类型使初学者不知所措。参差不齐的成岩作用进一步增加这一几乎混乱的多样性和不规则性的影响。经过进一步研究，情况并不是那么糟糕。如果碳酸盐沉积物以沉积构造、结构和颗粒类型为识别特征，则可以在滨岸—盆地区域识别出反复演替的相带序列。这些相带出现在整个显生宙，且仅发生轻微的改变，晚前寒武纪也是如此。这种令人惊讶的持久性表明，在这个时间区间内生物体的进化对基本的碳酸盐岩沉积相仅起到修饰作用。标准的碳酸盐岩相似乎可以捕捉到其他参数所影响的趋势，如碳酸盐岩生长函数，即生长速率的分布是深度、离岸距离、波浪和潮流受限的程度及与广海水体交换的局限程度的函数。在斜坡上，坡度以及沉积与侵蚀之间的平衡是至关重要的控制因素。这些原则将在下一节讨论，然后介绍缓坡和镶边台地的沉积相。

4.1　浪区、斜坡和盆地环境

Rich（1951）划分出的 unda（浅水，波浪影响）、clino（重力运输形成的斜坡）和 fondo（盆地基底）是沉积环境和沉积相最基本的分类之一。Rich（1951）建议描述与这些环境相关地貌时使用后缀"-form"，而描述相应沉积物时使用后缀"-them"。事实上，很少有人对地貌和沉积体之间的差别进行区分。笔者将使用 undaform、clinoform 和 fondoform 来描述这些沉积物和从这些沉积物推断出来的地貌。Rich（1951）的分类比将三角洲划分为顶积层（topset）、前积层（foreset）和底积层（bottomset）更加宽泛（但类似）（Barrell，1912）。Rich（1951）的方案适用于以搬运沉积物为主的所有沉积体系。在碳酸盐岩中，浅水、斜坡和盆地的呈现形式在三个碳酸盐工厂之中有一定程度的变化。

T 工厂在一个狭窄深度范围内生产其几乎所有的沉积物，通常延伸至海平面以下仅几十米。该高产区向海方向的边界往往受隆起的抗浪边缘保护。这个生产系统营造出一个具有独特的平坦的受波浪和潮流扰动的浅海环境的台地几何形状，越过台地边缘，迅速转化为斜坡环境。斜坡层的坡度可以比硅质碎屑岩中的斜坡更陡峭（见图 3.11）。斜坡环境向盆地方向进入具有平坦海底的盆地环境。斜坡和盆地均可包含大量的滑塌和岩屑沉积，常常可见米级的碎石。当 M 工厂替代 T 工厂时，比如在大灭绝之后，它建立的台地和 T 工厂一样，具有相同的浅海、斜坡和盆地环境的分异。而在其典型的建造中，M 工厂缺乏浅水相。灰泥丘是向上凸起的建造，形成于斜坡环境中，波浪作用并未将它削平，即使斜坡的坡度可能非常低（缓坡环境）。

在 C 工厂，建造边缘的能力很弱，其相带样式类似于硅质碎屑岩沉积。浅海环境是一个向海倾斜的陆架，逐渐弯曲进入斜坡环境。沉积物反映了这些渐进的变化。滑塌和岩屑很少，大的滚石也很少。C 工厂的深海沉积物处于等深流的路径上，等深流使它们呈流线形。

在碳酸盐岩台地的浅海环境中，两个参数控制了沉积环境和沉积相的进一步细分——防护波浪和洋流的程度，以及与广海水体交换的局限程度。两个参数都和沉积体系的第三个特征相关——台地边缘高度和连续性。边缘指数表征了通过边缘的波浪能量的通量。沉积在边缘后面的沉积物明显能"感受到"这种能量通量。

在斜坡环境中，控制几何形态和沉积相最重要的因素是上部沉积物输入和向盆地沉积物之间输出的平衡。物质平衡的变化导致了第 3 章中描述的加积、过路和侵蚀型斜坡的细分。

4.2 沉积相模式——从缓坡至镶边型台地

第3章将浅水碳酸盐岩堆积的滨岸至斜坡视作具有两个端元的相类型谱——与波浪作用平衡的向海倾斜剖面和具水平顶部、抗浪边缘和陡峭斜坡的镶边台地。向海倾斜的平衡剖面与硅质碎屑岩体系极其类似，而镶边台地的形态则是热带碳酸盐 T 工厂和建造至海平面的 M 工厂所特有的。沉积相也存在相同的情况。

Tucker 和 Wright（1990）指出，碳酸盐岩缓坡上的结构和沉积构造序列可以直接与硅质碎屑岩陆架模型相匹配。图 4.1 描述了最简单的硅质碎屑岩滨岸至陆架模型。它从海岸延伸至陆架坡折，并假定有向岸风和相关的波浪作用，但没有潮汐或海洋环流引起的沿岸流。风和波浪在海洋表面产生强大的向岸流和在底部附近产生较弱（但较厚）的回流。主要的相边界是海平面、正常浪基面和风暴浪基面。一级相带是近滨沙和近海泥，但风暴的偶发性活动则形成了陆架泥和近岸沙指状交叉的广阔区域。

简单碳酸盐岩缓坡上的沉积环境与图 4.1 类似。图 4.2 展示了 Burchette 和 Wright（1992）提出的碳酸盐岩缓坡的主要环境划分方案。与图 4.1 展示的与硅质碎屑体系的类比是显而易见的。个别情况可能与这个最简单的模型不一致，与滨岸平行或倾斜的潮流的作用影响，以及生物建造的存在如灰泥丘、介壳层等有关。在对较熟悉的镶边台地相带的回顾之后，将回到缓坡相的细节。

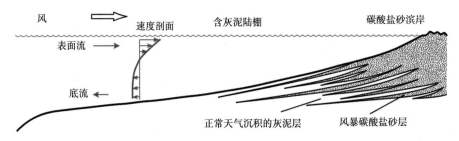

图 4.1 "无潮"海洋的模型（据 Allen，1982，修改）

提供砂和泥，以向岸风为主，在海面形成一个强大的向岸流，底部形成较弱的回流。波浪作用下形成了一个与滨外灰泥指状交叉的近滨颗粒滩带。在指状交叉带，灰泥沉积发生在平静天气期，砂沉积在风暴天气期

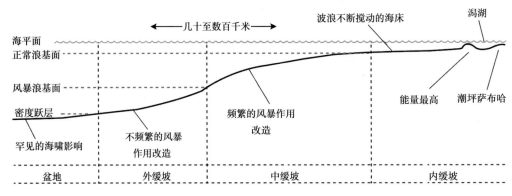

图 4.2 碳酸盐岩缓坡沉积环境（据 Burchette 和 Wright，1992）
注意与海岸—陆架模型的相似性

硅质碎屑岩中没有镶边台地的类比物。然而，镶边台地的相带样式可以从硅质碎屑的滩—陆架模型推演出来。所有需要做的是插入一个抗浪边缘（由生物礁或部分岩化的颗粒滩组成），并为这种镶边影响调整相带。

由缓坡向镶边台地的地貌转变是以坡度逐渐增加和台地边缘逐渐发育隆起为特征。已经在地震数据（Sheriff，1988；Harris 和 Saller，1999）观察到，并与钻孔（Burchette 和 Wright，1992）和露头（Stanton 和 Flügel，1989；Kerans 和 Tinker，1999）对比。观察数据并没有看到转换约束的所有细节，但是体现了一些整体趋势。

似乎边缘的形成通常开始于内缓坡，方式有两种：（1）在内缓坡内补丁礁的生长造成近滨颗粒滩的向海推进，随后合并成与岸线平行的条带；（2）高能颗粒滩本身由于高产沉积和同沉积岩化而形成稳定障壁。礁和颗粒滩都可能产生大于它们储集能力的沉积物，因此充填潟湖，然后向海进积。尽管其顶部保持在海平面位置，但缓坡表面向盆地倾斜，逐渐形成一个斜坡且坡度随高度增加而增加（见图 3.8）。什么时候应该将这个前积体系称为镶边台地呢？如果其几何形状保存得好，斜坡角可以很好地测量，比如在许多地震数据中，建议将 1.5° 作为区分边界值。具有一个障壁带和一个角度明显大于 1.5° 的前缘斜坡的体系应该被称为镶边台地（见第 3 章）。如果不能获得斜坡角度，相可以作为形态分析的指标。在镶边台地上，边缘带应该是适当连续的（边缘指数≥0.25），并且向海的斜坡应该显示出沉积物重力流的垮塌或路过迹象，如冲沟或峡谷，斜坡坡角处碎屑流和浊流沉积物的增厚和丰富。

在台地演化的顶峰阶段，抗浪边缘位于台地边缘，直接位于斜坡上部。由于台地生长的动力学特征，这个位置是相当稳定的：如果能够比其匹配海平面上涨所需产生更多的沉积物，初始发育于更加靠岸位置的边缘带将迅速前积，这种过量的生产可以考虑是边缘带的高生产力。在台地边缘，因为高的斜坡需要更大的沉积体积来保持相同的进积量，所以进积速率减慢（见图 3.9）。因此，进一步的前积作用将会更慢，但由于生产性边缘的高沉积物供给，斜坡将会变陡至其休止角。在台地一侧，边缘带散布着从泥到巨砾级过量沉积物。除了边缘岩屑滩之外，开阔潟湖可能形成，具有与波浪作用平衡的底部轮廓。然而，在台地演化的顶峰阶段，这个潟湖大部分被填充并被潮坪所取代，潮坪带几乎可以向海延伸至台地边缘。

4.3 T 工厂的相带

热带镶边碳酸盐岩台地的相带序列已经被 Wilson（1975）总结成标准相模式。该模式的建立是基于众多研究人员 20 年的案例研究，已经通过了时间的考验。它已成为一个被广泛接受的框架，用以展示碳酸盐岩沉积相（Tucker 和 Wrigth，1990；Wright 和 Burchette，1996；Flügel，2004），并重新编制于图 4.3。尽管这个模式取得了显著的成功，但仍有一些需要修改，如图 4.4 所示，讨论见下文。

这个标准相模式是完整的，它包含了比任何一个台地上通常发现的更多的相带。减少一些相带的台地可能是完全正常的。在斜坡和盆地环境中，只有当台地最近已经退后或发生构造变形，相带 2（深海陆架）才会出现在靠近相带 1 的位置。如果深海陆架存在，那么岩石圈的结构实际上决定了它与相带 1（深海盆地）通过斜坡相连。在陆表海，相序可能终止于相带 2。在浅海波浪区，边缘相不必由相带 5 和相带 6 组成。许多正常的台地可以由相带 5（礁）也可以由相带 6（颗粒滩）构成边缘相。

在一个实例中，Wilson 模式缺少一个相带。Wilson（1975）模式的相带 9 仅在干旱环境中出现。然而，在潮湿环境下相对应的沉积物已经被描述，且在这里命名为"9—潮湿环境"。应该注意的是，9—干旱环境和 9—潮湿环境是交替的，不会同时出现在一个滨岸—盆地序列中。

Wilson 模式的另一个特点是它使用了一个不连续的水平比例，相与相之间存在明显的边界。在自然界中，这些相边界可能是渐变的和不规则的。例如，将斜坡相细分为相带 3 和相带 4 经常是不可能的，组合相带 3/4 可能更合适。相带 7 和相带 8 之间的边界经常渐变。在这些情况下，最好选定一个组合相带 7/8，并通过生物指数或更多的亚相来表达逐渐增加的局限性。

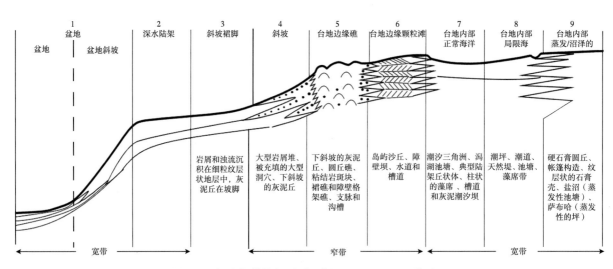

图 4.3　标准相带的概要图（据 Wilson，1975，修改）

标注了相带名称和编号，剖面中展示了每个相带的大尺度沉积几何形态及其相应精细尺度特征

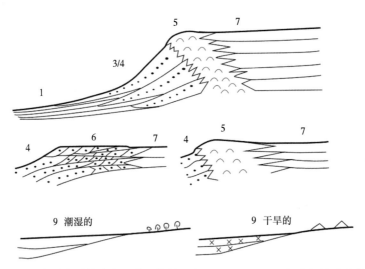

图 4.4　通常观察到的滨岸至盆地横断面中 Wilson（1975）标准相模式的修正

（据 Schlager，2002，修改）

　　标准相模式没有涉及迎风面和背风面的差异。大多数台地受主要风向影响而具不对称性（图 4.5，见第 7 章）。地震测量比其他大多数技术更好地揭示了这些不对称性。

　　标准相带详见下面描述。

　　（1A）深海。环境：在浪基面和透光带以下；深海的一部分，即穿过温跃层进入海洋深水区域。沉积物：整套深海沉积物，如深海黏土、硅质和碳酸盐淤泥，含浊积岩的半深海泥；靠近台地的位置，发现深海沉积物和以台缘附近淤泥和灰泥形式存在的台地来源物质的混合物。生物群落：浮游生物占主导，典型的海洋环境组合。在台缘沉积物中，浅水底栖生物高达 75%。

　　（1B）克拉通深水盆地。环境：在浪基面和透光带以下，但通常不与海洋深水水体连接。沉积物：类似于（1A），但是在中生代—新生代很少有深海黏土；半深海泥很常见；偶尔可见硬石膏；磷石发育；缺氧条件很普遍（缺乏生物扰动，有机质含量高）。生物群落：自游生物和浮游生物为主，薄壳双壳类的贝壳灰岩，偶尔可见海绵骨针。

　　（2）深水陆架。环境：正常浪基面以下，但在风暴浪触及范围内，在透光带内或刚好在透光带

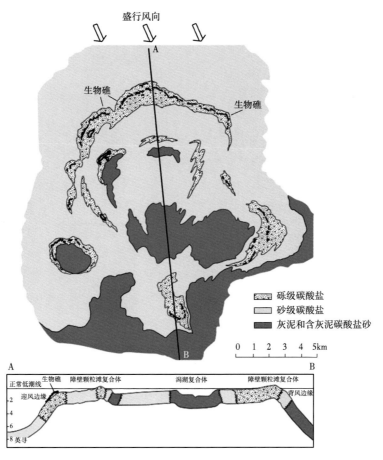

图 4.5　波斯湾远滨隆起上的沉积物类型和分布样式（据 Purser，1973）

诸如此类的迎风—背风向的不对称性在地质记录中可能很常见，但是在露头中因缺乏足够的覆盖面
很难识别出来，地震资料则往往更加有效，1 英寻 = 1.8288m

以下一点；在活跃台地和深海盆地之间形成稳定区域（这些稳定区域通常建立在淹没台地的顶部）。沉积物：主要是碳酸盐岩（骨骼粒泥灰岩，一些颗粒灰岩）和泥灰岩，一些硅酸盐岩；生物扰动明显，成层性良好。生物群落：指示正常海洋环境的多种贝壳类生物群，浮游生物较少。

　　（3）斜坡裙脚。环境：较陡峭的斜坡向海方向中等坡度（>1.5°）的海底。沉积物：主体是纯碳酸盐岩，偶尔有陆源泥夹层，颗粒大小变化很大；比较典型的是在泥质背景沉积物中夹发育较好的粒序层或角砾层（浊积岩或泥石流沉积）。生物群落：主要是再沉积的浅水底栖生物，一些深水底栖生物和浮游生物。

　　（4）斜坡。环境：台地边缘向海方向明显倾斜的海床（通常为 5°至近乎垂直）。沉积物：主要为改造后台地沉积与深海沉积的混合物，粒级变化巨大；末端是具有许多滑塌的平缓富泥斜坡和具有陡峭面状前积层的砂质或砾质斜坡。生物群落：主体是再沉积的浅水底栖生物，一些深水底栖生物和浮游生物。

　　（5）台地边缘的礁（图 4.6、图 4.7）。环境：①台地边缘抗浪的障壁礁；②圆丘礁和骨骼颗粒灰岩带。沉积物：几乎全部是粒度变化很大的纯碳酸盐岩。其主要的识别特征是粘结岩或格架岩的块体或斑块，内部孔洞充填着胶结物或沉积物，多世代的建造、结壳和钻孔与破坏。生物群：几乎全部是底栖生物，与大量松散骨骼颗粒和砾石（包括粘结岩或格架岩的碎片）一起，共同的格架建造生物、结壳生物和钻孔生物。

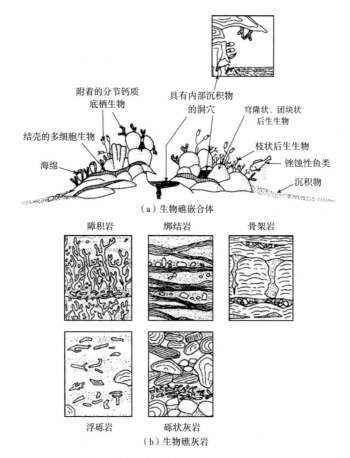

图 4.6　在地质记录中识别生态礁（据 James 和 Macintyre，1985）

取决于很多特征，大部分需要露头或岩心作为观测基础。（a）礁的特征，特别要注意不同的结壳生物和格架建造生物形成的多期叠置，以及充填内部沉积物和胶结物的孔洞；（b）礁沉积物的典型结构特征

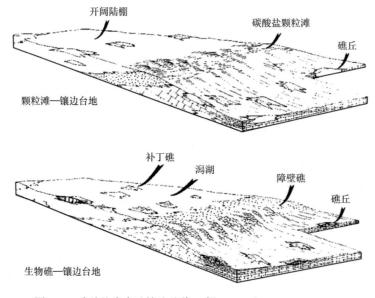

图 4.7　碳酸盐岩台地镶边边缘（据 James 和 Macintyre，1985）

礁（相带5）是重要的边缘建造者，但早期岩化的叠置颗粒滩（相带6）在保护台地方面具有同样的作用。边缘保护台地内部的有效性很大程度上取决于其连续性，可以用边缘指数来衡量。礁和颗粒滩也可能同时出现在一个台地边缘

（6）台地边缘颗粒滩（图4.7）。环境：狭长的颗粒滩和潮汐坝，有时会有风成岛；正常浪基面以上，透光带内，受潮流强烈影响。沉积物：干净的石灰砂，偶尔见石英；部分具保存良好的交错层理，部分受生物扰动。生物群落：从生物礁及其伴生环境中剥落或破碎的生物群落，适应非常易变基底低多样性底栖生物。

（7）台地内部正常海洋。环境：位于透光带内的平坦的台地顶部，通常在正常浪基面之上；当受到台地边缘颗粒滩、岛屿或生物礁的遮挡时称之为潟湖；与广海充分连通以保持盐度和温度与邻近海域相接近。沉积物：灰泥、泥质碳酸盐砂或碳酸盐砂，取决于局部沉积物生产的颗粒大小以及波浪和潮流筛选的效率；生物礁或生物层的斑块；陆源砂或泥可能在与陆地相连的台地上很常见，在分离型台地上不存在，如海洋环礁。生物群落：双壳类、腹足动物、海绵、节肢动物和有孔虫等浅水底栖生物，藻类特别常见。

（8）台地内部局限海。环境：与相带7较一致，但与广海连通较差以至于温度和盐度变化较大。沉积物：主要是灰泥和碳酸盐砂，一些干净的碳酸盐砂；经常是潮坪（图4.8）；早期成岩胶结普遍；陆源碎屑混合物常见。生物群落：多样性减少的浅水生物群，如蟹守螺属腹足动物、粟孔虫。

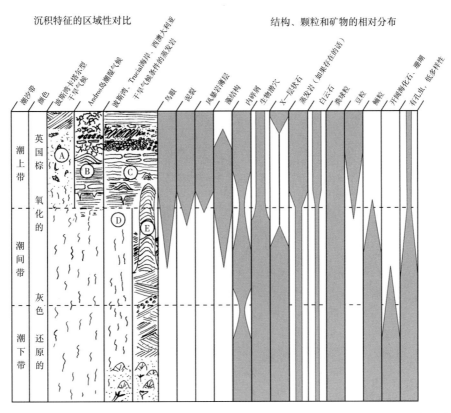

图4.8 左边部分：几个现代碳酸盐岩环境中从潮下带至潮上带相序列的概况。圆圈围绕的字母表示区域变化：A—卡塔尔，波斯湾（中等干旱）；B—Andros，巴哈马（潮湿）；C—Trucial海岸，波斯湾（非常干旱）；D—波斯湾潮间带；E—Shark海湾潮间带，澳大利亚。右边部分：沉积构造、沉积颗粒和早期成岩矿物的分布。请注意，潮下带和潮间带之间的界限相当模糊，唯一显著的特征是某些固着性广海生物种群的消失。潮上带和潮间带的边界相对清晰得多。划分为潮下带（或浅海）的沉积物可能经常也包括潮间带沉积物（据Shinn，1983，修改）

（9A）台地内部蒸发环境。环境：大部分是干旱的潮上坪，正常海水偶尔注入，因此蒸发岩和碳酸盐岩交替发育。萨布哈、盐沼和盐池是其典型的特征。沉积物：石灰质或白云质泥或砂，含结核状或粗晶的石膏或硬石膏。在与陆地相连的台地上，可见红层夹在其间和陆缘风成岩。生物群落：除蓝藻席、卤水虾、异常盐度介形虫、重新改造的海洋生物以外，少量土着生物。

（9B）台地内部半咸水环境。环境：像台地内部蒸发环境（9A）一样与广海连通不畅，但因气候湿润，淡水径流稀释了小规模成池的海水，使得沼泽植物在潮上坪蔓延。沉积物：钙质海洋泥或沙，偶尔会有淡水灰泥和泥炭层。生物群：风暴冲刷来的浅水海洋生物和异常盐度的介形虫、淡水蜗牛及轮藻。

相带内部的变化可能相当大。Gischler 和 Lomando（1999）提供了一个启发性的实例，远离伯利兹的孤立台地内部相带（相带 7）的变化及其与早期岩溶地貌和沉降变化的关系。

Wilson（1975）的标准相也同样适用于碳酸盐岩缓坡（图 4.9）。在与陆地相连的缓坡上，横向相序包括相带 7（台地内部）并逐渐过渡至相带 2（深水陆架）。在分离型缓坡上，横向相序开始于靠近陆地一侧的相带 8 或相带 7，取决于受限的程度，包括作为障壁的相带 6，随后是靠海一侧的相带 2。尽管使用了同样的相类别来描述，与镶边台地之间的关键差异依然存在。识别标准是斜坡相带 3 和相带 4。在镶边台地上，相带 2 与边缘相带 6 被斜坡相带 3 或相带 4 分隔开来。均斜型缓坡缺失所有斜坡相，远端变陡型缓坡则在相带 2 向海方向发育斜坡相。使用 Wilson（1975）标准相来描述缓坡是有利的，因为缓坡常常向上逐渐发育为镶边台地。在边缘指数低的位置，镶边台地和缓坡台地在空间上也可能交替出现。

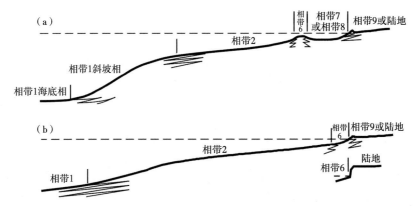

图 4.9 Wilson（1975）的标准相带适用于缓坡

（a）完整的相序。相带 2，更深水的陆架是占据主导地位的要素。相带 2 向陆方向是起到保护潟湖作用的相带 6 的高能颗粒滩相，取决于颗粒滩所造成的受限程度，潟湖位于相带 7 或相带 8 中。这一相序组合以相带 9 的潮上坪结束。在向海的一侧，相带 2 逐渐过渡到相带 1。如果海底坡度足够大，足以造成大量的沉积重力流搬运，相带 1 可以分异为斜坡相：1—斜坡相，1—海底相。（b）缓坡构成的常见变化。相带 7 至相带 9 不需要存在。相序可以终止于海岸或海崖的一个高能颗粒滩带。在向海一侧，相带 2 可以轻微地过渡到盆底

在大多数情况下，与硅质碎屑岩陆架模型的类比并不完美，因为碳酸盐岩系统保持着一定的边缘建造能力。远滨的高地也可能被生物礁所覆盖，如波斯湾，灰泥丘或塔礁也可能发育在相带 2 的均斜层之上。如果这些出现在相带 2 的建造是孤立的，则它们的存在与将整个体系定义为缓坡是匹配的。如果这些建造聚结成一个连续的带，体系则演化为一个镶边台地。在平面图上可以根据相带展布样式来确定礁或灰泥丘带是否能够作为一个有效的边缘带。如果每个建造的相模式几乎都是同轴的，而周围的相在建造带向陆地方向和向海方向没有系统性的差异，则障壁功能是可以忽略不计的。在有效的障壁，建造的相带特征表现为向陆方向—向海方向的不对称性以及靠陆和靠海侧沉积物的差异。

4.4 C 工厂的相带

C 工厂的相模式基本上遵循如图 4.10 所示的缓坡模型。然而，冷水碳酸盐岩缓坡与热带碳酸盐岩缓坡存在几个方面的差异。

（1）热带碳酸盐岩缓坡有一种很强烈的倾向要演化为镶边型台地；在冷水碳酸盐岩中，缓坡是

稳定的形态，即使在发育繁盛条件下。边缘建造和生产的深度窗口的不同是这种差异的主要原因。在 T 工厂，最高产的是上部水体并且具有相当可观的边缘营建能力，工厂总是有一些边缘建造的能力。这些特征一起促使沉积体系形成一个镶边型台地，其斜坡随着前积而逐渐变陡。在 C 工厂，高产量保持在一个宽泛的深度范围，建造抗浪边缘的能力不强或缺乏。因此，这一体系的平衡剖面类似于硅质碎屑岩陆架。

（2）冷水碳酸盐岩缓坡的泥质含量明显低于热带碳酸盐岩缓坡。C 工厂初期产生的泥质较少，同时由于高能湍流，磨损产生的泥质沉积物很容易被搬运至较深水区域。冷水碳酸盐岩缓坡经常由颗粒滩组成，两侧为钙质风成沙丘。

（3）南半球新近系冷水陆架上的波浪磨损可能变得很强烈，以至于陆架中部能够产生沉积物但不能堆积（图 4.10b；James 等，2001）。这种模式在过去是否普遍尚不清楚。

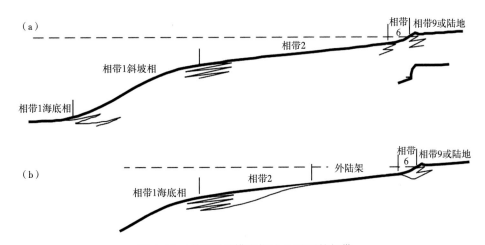

图 4.10　利用缓坡模型描述 C 工厂的相带

（a）标准远端变陡型缓坡。在向陆一侧，C 工厂终止于以海崖或风成沙丘和沙坪为边界的高能骨骼颗粒滩。在靠海一侧，C 工厂延伸至形态学上的大陆或岛屿斜坡。（b）极度猛烈的波浪作用可能会阻止沉积物在陆架中部堆积。在这个区域产生的沉积物堆积在近滨区域和外陆架及斜坡之上

4.5　M 工厂的相带

由第 3 章可知，M 工厂最常见的形态是一个长了灰泥丘的缓坡。但是，如果来自 T 工厂的竞争减弱，也可能发育为镶边台地。在这两种情况下，都需要调整各自的相模式，这些模式之前是针对 T 工厂总结的。

在缓坡上（图 4.11a），沉积物以似球粒、泥晶核形石及原生泥晶灰岩层的形式广泛分布。局部有利条件造成灰泥丘的发育。这些灰泥丘可以以孤立的或丛状和平行于斜坡走向的带状出现。灰泥丘群可以联合成一个脊的网络（见第 8 章）。缓坡上由阳光照射和波浪扰动的部分通常以骨骼碳酸盐岩为主。丘状带主要分布在海洋混合层以下的温跃层，温跃层中很强的密度梯度限制了垂向混合，缺乏氧气，营养物质浓度高（图 1.1 和图 2.18；Stanton 等，2000；Neuweiler 等，2003）。有间接证据表明，氧气最低区域的限制控制了灰泥丘向上的发育（Stanton 等，2000）。

镶边型 M 工厂台地（图 4.11b）在 T 工厂因环境因素或演化因素受阻的情况下发育，例如坎宁盆地法门阶和一些阿尔卑斯山的三叠纪台地（Playford，1980；Russo 等，1997；Playford 等，2001；Keim 和 Schlager，2001）。仔细研究发现，边缘由原地自生泥晶灰岩（凝块石、叠层石结壳）和纤状海洋胶结物组成。骨骼格架建造生物，如层孔虫、海绵或龙介虫的数量变化很大，表明逐渐过渡至 T 工厂。M 工厂形成台地的内部依据沉积构造和结构划分出相带 7、相带 8、相带 9。由于骨骼颗粒含

量低，难以确定局限性。然而，极端盐度可以通过蒸发岩的存在来识别。M 台地的斜坡依然是工厂的一部分，所以含灰泥层的原生泥晶灰岩与沉积物重力流沉积交替出现（Blendinger 等，1997；Keim 和 Schlager，1999）。常见巨型砾石，这些砾石的直径经常超过 10m，来自台地边缘或斜坡上原生泥晶灰岩层。与壮观的角砾相比，盆地中浊积岩裙往往并不甚发育。M 台地似乎输出很少的细粒物质，因为大多数泥晶灰岩已经形成且坚固，骨骼碎屑稀少。

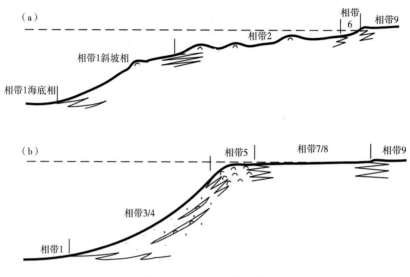

图 4.11　M 工厂的相模式

（a）缓坡模型。这种模式与 T 工厂缓坡的不同之处是出现在陆架之上的灰泥丘。在平面上，这些丘可以形成垂直于海底倾斜方向的丛状或带状，或它们可以连结成一个脊的网络。相 2 向陆方向终端通常以骨骼碳酸盐为主，潮间带的高能颗粒滩带可能是骨骼颗粒或鲕粒。（b）台地模型。相带类似于 T 工厂台地。然而，边缘相可能向斜坡延伸很远并重新以层状或透镜状出现在斜坡上，这是因为其生产深度窗口比 T 工厂要宽得多。岩屑通常不会延伸进入盆地，但是在斜坡上和斜坡角巨型砾石常见

4.6　陆表海的碳酸盐岩相

陆表海是大陆上的浅海。笔者认为陆表海这个词与陆缘海为近义词。这些陆缘海与覆盖在陆地边缘的陆架海明显不同（Leeder，1999）。过程导向的碳酸盐岩沉积学主要源自两个现代沉积体系的研究：陆缘陆架和海洋之中的离散型碳酸盐岩台地（通常位于火山基底上）。陆表海沉积在地质记录中很常见，但在现代沉积环境中很少见。而且，与古老的陆表海相比，现代陆表海海域很小。Irwin（1965）总结了如下情况："在研究陆表海沉积时，'现代沉积是研究过去地质记录的钥匙'可能是一个误导。根本没有现成的陆表海模型来指导我们的研究……"。碳酸盐岩研究人员反复表达了这些关注（Aigner，1985；Wright 和 Burchette，1996）。这个问题是合理且重要的。陆表海沉积是重要的，因为它们比大陆边缘或海洋内部的沉积物更易于保存。因此，在大多数情况下，陆表海沉积是重建遥远过去沉积条件的主要资源。陆表海强烈的区域差异（Simo 等，2003）严重限制了重建开阔海域的条件的尝试。

本书认为，将今论古方法应该谨慎使用，但其仍然是一个强有力的概念，也是为了解释古老陆表海沉积记录。首先，碳酸盐岩陆表海目前确实存在，可以用于过程—产物的关联。最重要的例子是完全位于澳洲大陆的卡奔塔利亚湾的帝汶—阿拉弗拉海。波斯湾是一个前陆盆地，但其阿拉伯侧翼展示出了许多陆表海的特征：它位于成熟，轻微翘曲的克拉通，地形坡度非常低，轴向水体深度小于 100m。最后，还有包括印度尼西亚群岛、菲律宾和中国南海在内的"海洋大陆"。在构造上，

这个区域不是一个大陆，而是一个稳定的地区。然而，它包括大型的陆架海，其中许多以碳酸盐岩为主。此外，硅质碎屑沉积的现代陆表海可以用来研究水动力学和海洋学的问题；实例有北极陆架、北美的哈德逊湾、东亚的黄海和欧洲的巴伦特海、北海、波罗的海。从现代的陆表海实例可以总结出用以解释古老陆表海沉积的指导方针。

（1）陆表海上潮汐变化很大，这取决于海的大小、形状和平均水深（Leeder，1999）。与广海距离有关的基本趋势可能会因为海洋潮汐和陆架上水体之间的共振而发生巨大变化。陆表海潮汐也可能围绕固定点（"无潮点"）旋转，这些点由科里奥利力和沿着岸线的摩擦相互作用决定。现代陆表海证明风暴占据主导地位的"无潮"海域的模式并不是普遍有效（图4.12）。越来越多的古老陆表海上潮积岩证据支持这种观点（Pratt和James，1986；Willis和Gabel，2003）。

（2）局限性也是变化的，但通过与开阔海之间的距离，可能比通过潮汐能更好预测。例如，波斯湾的盐度——这种情况下是一个合理的局限性指示剂——与水深和与开阔海之间的距离是直接相关的（Purser，1973）。同样的情况出现在卡奔塔利亚湾（Wolanski，1993），尽管感觉相反，但由于淡水径流造成盐度向岸方向降低。

（3）地形坡度非常低，比大陆边缘的陆架更加不规则。这些低坡度意味着随着海平面变化相带发生长距离迁移。澳大利亚北部的卡奔塔利亚湾就是这样一个例子。滨岸至60m等深线的坡度约为

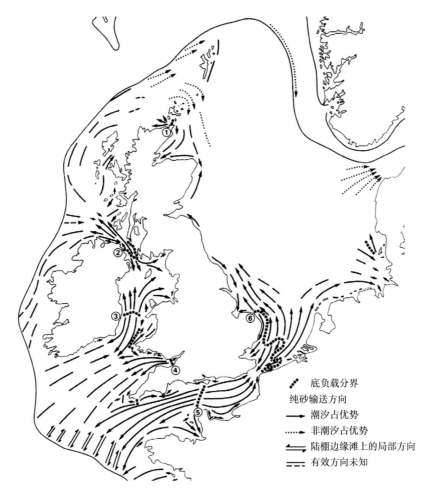

图4.12 欧洲西北陆架上碳酸盐砂的运输路径—— 一个硅质碎屑岩占主导地位的现代陆表海（据Johnson，1982）
碳酸盐砂的运输几乎完全受控于潮汐，即使在陆架坡折位于1000km远的北海南部也是如此。颗粒滩体的分布很大程度上受控于潮流，与距离滨岸的远近或与距离陆架坡折的远近关系不大。注意经常出现的底负载区域——沉积物饥饿区域，代表运输体系的"分水岭"，此处碳酸盐砂被搬运至相反的方向

0.01°；因此，海平面下降50m将引起海岸线及相关相带迁移230km。在这些情况下，相带随着时间的迁移很难追踪，层序和体系域难以组合。低地形坡度也意味着在稳定海平面期的进积速率比大陆边缘更高，这是因为需要充填的可容纳空间比较少。

（4）在陆表海地层中沉积速率通常较低，因为大陆内部是稳定的，只取决于缓慢的造陆运动（Harrison，1990）。因此，陆表海沉积的平均厚度要比同期大陆边缘沉积物更薄，沉积间断时间较长。这种特征阻碍了实际地层的对比，尤其是在海平面变化时相带同时发生长距离迁移。

在解释陆表海碳酸盐岩相带时，应时刻注意陆表海上的潮汐、局限性和地形坡度的独特性。正确解释相带5和相带6——台地边缘礁和颗粒滩是特别关键的。在面向海洋的台地上，这些相带位于一个向海一侧的高陡的斜坡和靠陆一侧的平坦潟湖之间。陆表海缺乏高角度斜坡会使情况变得复杂，因为向海一侧的水体深度可能与潟湖中的水仅有微小的差别。在这种情况下，难以或不可能区分围绕潟湖的颗粒滩和潮汐放大区域中形成于陆表海上的潮汐坝带（图4.12）。类似的含糊不清的情况也可能出现在礁带（相带5）。随着礁带向海和向陆方向深度差异降低，波浪能级变得也很相似。在这种情况下，障壁礁可能会被一个孤立的、放射性对称的陆架环礁带所替代，但标准相带依然可识别（图4.13）。在极端情况下，生物礁和陆架环礁可能扩散到陆表海的较大区域，相带2可能逐渐过

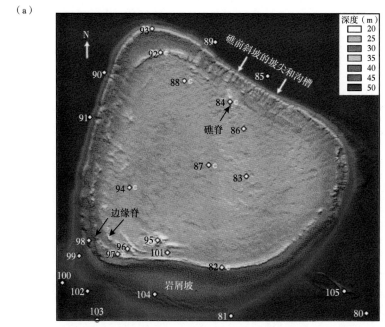

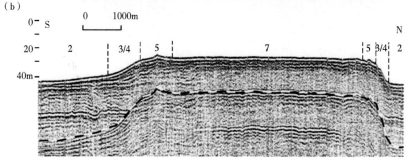

图4.13 卡奔塔利亚湾全新世—更新世陆架环礁（据Harris等，2004，修改）

（a）基于多波束声呐测量的测深图。平顶深27m和缺乏建造至海平面的礁表明这些礁初期被淹没。在全新世早期这个环礁比较繁盛（在更新世间歇性出现），当时海平面较低。（b）图（a）中陆架环礁的地震剖面（电火花震源）。以标准相带进行初步解释（由作者补充），指示了全新世早期礁生长的高峰，也是基于图（a）中所示岩石样品和微观地貌

渡至相带 7，即发育补丁礁的似潟湖的内陆海。这种组合在陆表海上并不罕见，缺少相 3/4 的斜坡、相 5/6 的边缘。所有这些相带都是开阔海洋环境中镶边台地的特征。

总之，将今论古法和标准相带依然是解释古代陆表海碳酸盐岩的关键概念。将今论古解释需要依靠三大方面的观察：现代开阔海碳酸盐岩沉积体系、现代碳酸盐岩陆表海和现代硅质碎屑岩陆表海的沉积动力学。

4.7　相模式的稳定性

Wilson（1975）的标准相带被认为是一个静态样式。这是一个粗略的简化样式，地层研究人员当然也注意到了这一点。Wilson（1975）记录碳酸盐岩相随时间的变化和本书的第 5 章讨论的话题一致。与之相反，这一部分阐述了随着时间相变的一个非常具体的方面：考虑相带内部动力学和沉积、侵蚀和地貌之间的反馈，哪些相模式是瞬态的，哪些更加稳定。具有平顶和陡峭侧翼的镶边台地是 T 工厂非常稳定的相模式。它通过下一个积极的反馈来维持（或在外部干扰后重新建立）：

（1）产量高，但受限于水体的狭窄部分；

（2）高且相当均匀，波浪能量引起相当均匀的沉积物分布；

（3）多余沉积物可以倾泻入相邻的近乎具有无限可容空间的开阔海，通过这种方式，平顶通过侧向前积实现扩展。

M 工厂台地以类似的方式稳定下来，但在显生宙中它们的发育需要（临时）关闭 T 工厂作为起始条件。

空桶不是一个稳定模式。只有当边缘的生长速度超过可容纳空间形成的速度，而台地内部的生长速度落后于它时才会发育。随着边缘高于潟湖，潟湖变成一个天然的沉积物陷阱，倾向于被充填和抵消差异化生长的影响。

缓坡是稳定的还是短暂的取决于工厂类型。T 工厂缓坡往往是短暂的。高而窄的生产和抗浪结构发育使得体系迅速偏离水动力平衡剖面。T 工厂倾向于将缓坡的浅水部分填充至海平面，然后向海方向进积和使斜坡边陡。结果是一个不断扩大的浅水台地。C 工厂的缓坡相当稳定。生产窗口很宽，格架建造和胶结作用都很弱。沉积物很容易被重新改造成与波浪和洋流平衡的 S 形剖面。

4.8　相记录中的偏好

人们普遍接受的是沉积岩石以相当不完美的方式记录地球的历史。记录中的扭曲是笔者所谓的"沉积偏好"——不同的沉积物组合记录相同事件的倾向不同，就像报纸报道人类历史带有一定编辑的偏好一样。层序地层学中的沉积偏好将在第 5 章讨论。除了沉积偏好外，还存在保存偏好，这是本节的主题。

Bathurst（1971）认为碳酸盐沉积的生物扰动可能导致"证据的批量破坏"。T 工厂的沉积物尤其在其上部 1~1.5m 受到螃蟹的严重生物扰动（Shinn，1968；Bathurst，1971）。生物扰动导致所有水动力学结构损失，除了碳酸盐岩台地上能量最高的环境之外。这种密集破坏的两个影响如下：

在大多数情况下，不能确定台地石灰岩中的粒泥灰岩和泥粒灰岩是否确实通过同时输出大范围粒径的沉积物来沉积，或初始的灰泥和粗的风暴层的交替层是否通过潜穴生物后期来混合。

潮间带的水动力结构几乎全部丢失。在碳酸盐岩中这些结构已经比碎屑岩体系中发育程度差，因为碳酸盐岩海底部分被藻席和海草所覆盖，这些结构确实发育，但随后被生物扰动消除。

选择性溶蚀是保存偏好的另一个原因（Flügel，2004）。浅水碳酸盐沉积物是文石、镁方解石和方解石的混合物（见第 1 章）。文石和镁方解石通常是最丰富的矿物且都是亚稳态的。在成岩过程中的溶解—沉淀反应形成白云石和方解石灰岩等稳定形态。成岩过程中选择性溶蚀的痕迹可以在岩石中观察到，但它们只有在选择性溶蚀过程中沉积物硬化或变硬，空洞没有塌陷时才能保存下来。在成岩早期，当软的沉积物受到生物扰动和机械压实时，亚稳定颗粒的溶解可能会被忽视。最近，有作者提出这件事情（Cherns 和 Wright，2000；Peterhansel 和 Pratt，2001；Morse，2004）。关于评估选择性溶蚀证据的消失的研究还没有足够深入，但毫无疑问，这个问题是真实的，需要关注。

4.9 陆表暴露

在第 2 章中已经总结，海相碳酸盐生产结束于潮上带。在陆地环境中，碳酸盐大量溶解，碳酸盐沉淀局限于小型淡水水体和其他特殊环境。相对海平面下降，使得海洋碳酸盐岩暴露于地表环境，这立即关闭了碳酸盐工厂，导致碳酸盐沉积间断。由于海平面下降和暴露在层序地层学中起着至关重要的作用，因此需要对陆表暴露的相记录进行详细的讨论。

首先，一些定义需要澄清。"地表暴露"一词有些含糊。最好使用下列术语：

（1）潮间带——正常高潮和低潮之间，交替性淹没和暴露；

（2）潮上带——高于正常高潮，仅在风暴期间淹没；

（3）陆地——超出海洋能到达的范围。

这些环境之间的转换是渐进的，尤其是潮上带和陆地边界在有人居住的沿海低洼地变得更加模糊，因为人类已经聚居在潮上带沼泽地，并将它们转变成了陆地环境。然而，对于碳酸盐岩沉积学家来说，区分潮上带和陆地是至关重要的。碳酸盐岩沉积体系通过自身建立在潮上带，没有任何外部的力量。另一个方面，转变为陆地条件需要以海平面下降为形式的外部力量。理论上讲，还应可以通过海岸线的长距离前积推进将一个潮上带转变为陆地环境，同时不需要海平面下降。但是，并不知道是否有任何可靠证据来证实这种影响及其在地质记录中的意义。

土壤的形成是陆地环境的鉴别特征。它需要通过一系列复杂的非生物和生物过程来改变岩石或海洋沉积物。这些变化在 $10^3 \sim 10^4 a$ 尺度，才能产生地质上可以观测的结果（Birkeland，1999）。

土壤形成各种特征结构及化学信号（图 4.14—图 4.16；Esteban 和 Klappa，1983；Immenhauser 等，2000）。

碳酸盐胶结物的碳同位素是有用的土壤化学指标，基本原理如下。在天然物质中，碳由两种稳定同位素组成，即 ^{12}C 和 ^{13}C，有机体吸收较低比例的 ^{13}C。土壤在有机化过程中获取大部分的碳，因此 ^{13}C 亏损。从土壤中渗出的水沉淀出的胶结物继承了这种指标特征并显示出低的 ^{13}C 值（图 4.14；Allan 和 Matthews，1977）。

与暴露有关的胶结物可能含有盐度非常低的流体包裹体，再次表明淡水透镜体或雨水渗透过岩石（Goldstein 等，1990；Fouke 等，1995；Immenhauser 等，1999）。

除了土壤之外，暴露表面地貌形态也可能提供暴露的证据。在除了最干旱气候以外的所有地区，碳酸盐岩发育一种

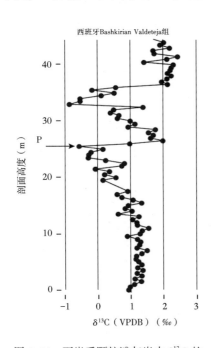

图 4.14 石炭系颗粒滩灰岩中 $\delta^{13}C$ 的变化（据 Immenhauser 等，2000，修改）$\delta^{13}C$ 的明显减少强烈指示同位素轻的土壤碳的流入，因此为暴露。偏移的不对称形状是一个额外的指示剂。P—图 4.5 中悬垂胶结物的位置

图 4.15 在海百合碎片下的悬垂胶结物（P），随后被浑浊的海洋胶结物包裹（据 Immenhauser 等，2000，修改）
令人信服的暴露证据是由悬垂胶结物几何形状、腐殖物质的褐色污染物和碳同位素比值降低相结合而产生的（图 4.14）。
悬垂胶结物的几何形态本身指示潮上带或陆地环境。西班牙东北，石炭系。视野宽 5mm

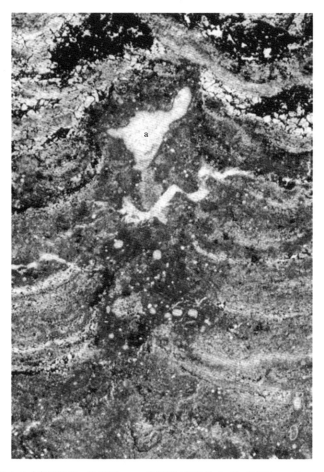

图 4.16 层状钙结层（或钙质层）的薄片——典型的碳酸盐土壤（据 Immenhauser 等，2000，修改）
向上弯曲的层、扭曲的裂纹和蜂窝状小窝，充填的白色亮晶方解石指示了早期的胶结。顶部见深色铁氧化物/氢氧化物。
阿曼，中白垩统 Nahr Umr 组暴露面

溶蚀地貌，称为"喀斯特"，有落水洞、洞穴和不规则的溶蚀面（见第3章）。然而，类似的地貌发育在被洋流扫过的补丁状岩化的海床上。

最后，指示淡水或干旱条件的生物群是陆地暴露的极佳指标。Characean藻的种子特别有用，因为它们容易被保存，具有独特的形状，并且不需要详细的分类鉴定，因为整个群体限于半咸水或淡水条件。Microcodium是白垩系和新生界土壤中非常典型的微观特征，可能是形成于根细胞的细胞内钙化作用（Kozir，2004）。

4.10 巨型角砾

在T工厂和M工厂附近的斜坡和盆地，即相1、相3和相4中，角砾层很常见。在野外，这些角砾岩通常就像生物礁一样非常显眼。角砾层通常比背景沉积厚得多，并可能包含超大碎块，直径超过10m，或呈长条板状，长度为100m。"巨砾"一词已经被广泛用于描述这些角砾层（Wrigth和Burchette，1996；Spence和Tucker，1997）。现已形成共识，这些沉积物是通过滑动、塌陷、泥石流和浊流的组合来完成搬运的。在事件的开始，滑动和塌陷扮演着主要角色；在事件结束期，泥石流控制着搬运的主要过程，浊流晚期发育，在粗角砾层之上和下游沉积粒序层。

沉积构造和假设的搬运机制与处于构造活跃环境中的粗粒硅质碎屑岩明显不同。碳酸盐岩角砾层的独特之处在于它们经常发生在构造安静的环境中，缺乏深切构造（构造驱动的海底侵蚀）。然而，这些碎屑的大小与构造飞来峰大小是一致的。笔者认为，T工厂和M工厂的两个特性可以很好地解释这些巨砾。首先，这两类工厂都倾向于建造陡峭的斜坡。其次，岩化不需要很长的时间和深埋；相反，岩化常常发生在海底或浅埋藏阶段，受亚稳态碳酸盐矿物含量、孔隙流体组成和微生物活动的控制。成岩路径的变化经常在广泛的空间尺度上形成硬层和软层的交替。在这样的情况下，小的块体开始在较高的、陡峭的山坡上移动，使得靠近下部的平坦斜坡上的巨大块体变得不稳；液化沉积物作为垫层可能有利于在隆起上和只有几度倾角的盆地底部的重力流搬运（Hine等，1992）。

4.11 从有机体获得的环境信息

生物化石是环境信息的重要来源，关于这个问题的文献很多。大部分内容超出了本书的范围，其重点是物理沉积和碳酸盐岩的大尺度解剖。但是，针对这种偏好，生物体是重要的信息来源。

在研究显生宇碳酸盐岩岩石中的有机体分布样式时，必须记住所看到的是两个控制因素的结果：环境条件的改变和有机体演化所产生的改变。作为沉积学家，应尽力弱化纯粹的进化效应和孤立的环境信息，以便建立尽可能被广泛应用的模型。但是，环境变化是生物进化的重要控制因素，因此不可能完全分离沉积记录中的沉积环境和进化控制。对有机体功能形态的分析是从化石中提取纯粹环境信息的最成功尝试之一（Dodd和Stanton，1981）。

图4.17展示了水体深度的信息的例子，可以从碳酸盐岩的化石中获取。请注意，这一结果处于高生物分类类别的水平。这些生物类别（如腹足动物、棘皮动物等）在大部分或全部显生宙存在。欲了解更多详情，请参阅Flügel（2004）、Dodd和Stanton（1981）。

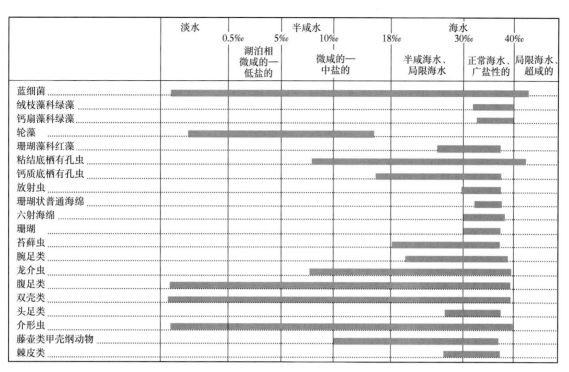

图 4.17　根据盐度划分的主要无脊椎动物生物群落的分布（据 Flügel，2004，修改）

4.12　碳酸盐岩相中的硅质碎屑岩和蒸发岩

硅质碎屑岩和蒸发岩（如石膏、岩盐）可能以层内混合物、与碳酸盐岩层交替出现的地层及与碳酸盐岩地层侧向指状交叉地层等方式出现碳酸盐沉积中。在全盆地的尺度上，碳酸盐岩沉积阶段可能与硅质碎屑岩或蒸发岩沉积阶段交替出现。这些界面的细节及硅质碎屑岩和蒸发岩对碳酸盐岩体系的影响是不同的，需要单独进行研究。

硅质碎屑岩是从外部物源区搬运至碳酸盐岩沉积环境中的。它们可能出现在任何一个碳酸盐岩相带中，但是最常见的情况是在碳酸盐岩相的靠陆和靠海端—潮坪和潟湖及盆地中心。硅质碎屑岩在台地边缘相最不常见，可能是因为高度扰动的环境及偏离硅质碎屑堆积期望到达的水动力平衡剖面最远。

硅质碎屑岩对碳酸盐生产的直接影响取决于碎屑粒度和碳酸盐工厂类型。由于黏土的输入引起的最负面影响发生在 T 工厂。黏土长期处于悬浮状态，阻碍阳光透射，减少了光合碳酸盐的生产。而且，通常与黏土有关的有机质增加了环境中的营养水平，进一步破坏了 T 工厂生产体系。C 工厂和 M 工厂对陆源细粒物质引起的光照减少并不敏感。然而，似乎 C 工厂和 M 工厂在黏土缺乏的环境下也能生产得很好，因为大多数海底碳酸盐生产依赖坚硬、干净的基底。

粗粒硅质碎屑岩似乎对 T 工厂和 C 工厂的碳酸盐生产没有产生负面影响。至于 M 工厂，是否产生影响尚不清楚。粗粒硅质碎屑岩对这三类碳酸盐岩工厂的一个明显影响是从碳酸盐岩体系中占用了可容纳空间。

蒸发岩从海水中沉淀出来，就如海相碳酸盐岩。然而，在蒸发岩沉淀所需要的饱和度下，生物碳酸盐的生产力已经大大降低（见图1.16）。因此，碳酸盐生产和蒸发盐沉淀的地点相邻但并不广泛重叠。因此，人们观察到相带指状交叉，尤其是在局限碳酸盐潟湖和萨布哈蒸发岩之间（Sarg，

2001）。另外，在干旱的碳酸盐潮坪环境，石膏的成岩混合物也很常见。

深水盆地中心的蒸发岩通常代表着不同的沉积阶段，有时与碳酸盐岩沉积阶段交替出现。在这些实例中，整个盆地在蒸发岩模式和碳酸盐岩模式之间来回切换，陆架、斜坡和盆地交替地接受碳酸盐岩或蒸发岩。欧洲西北部二叠系 Zechstein 盆地就是这样的一个实例（图 4.18）。

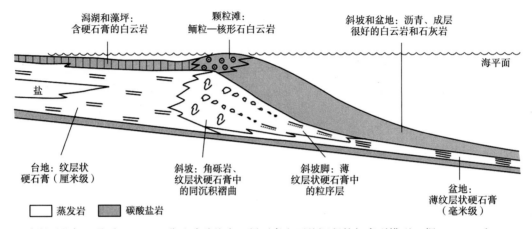

图 4.18 欧洲西北部二叠系 Zechstein 盆地碳酸盐岩、硬石膏和石盐沉积的相序列模型（据 Schlager 和 Bolz，1977）
碳酸盐岩分为台地、斜坡和盆地。硬石膏显示出与沉积结构和厚度变化所指示的相同的分异

5　碳酸盐岩地层学中的韵律和事件

标准相模型描述了在内在反馈和外在控制下达到近似平衡的沉积体系。然而，平衡条件的假设往往是不合理的，本章讨论了碳酸盐沉积随时间变化的重要原因。

第 2 章已述，沉积本身上是幕式的或脉动性的，记录充斥着各种尺度的间断。沉积速率的换算和无生物扰动沉积物的强烈分层是有利于非稳定沉积作用的两个主要论据。这种"Cantor 模型"（Plotnick，1986）并没有使相模型失效，而是限制了它们的使用。相模型应该被视为沉积体系努力要达到的理想平衡状态，但是在被外部因素干扰之前不总是能够达到理想化的状态。沉积的偶发性意味着描述地层仅依靠标准相带是不够的，不能够合理解释垂向序列的复杂性。尤其是对于碳酸盐岩，需要考虑的是系统内部反馈"自旋回"、海洋—大气系统的轨道周期、板块构造和宇宙作用引起的生物进化和长周期振荡。

5.1　自旋回

大多数沉积体系是复杂的，具有许多内部反馈的天性。因此，很少存在稳定的稳态发育。取而代之的是，体系在一定约束下振荡，就如自动调温器控制下的加热器一般。当房间温度达到下限时，加热器开始工作；当达到上限时，则加热器关闭。在房间温度再次缓慢冷却到下限时，加热器重复这一过程。在碳酸盐岩中，T 工厂特别容易成为极限驱动的振荡器。生产窗口狭窄，生产潜力很高，生产曲线呈 S 形且在开始阶段存在滞后期（见第 2 章）。

通过假设碳酸盐生产开始时非常缓慢，潮上带区域被再次淹没且潮坪迅速前积，计算机模型中容易形成自旋回（Drummond 和 Wilkinson，1993；Demicco，1998）。图 5.1 展示了计算机程序 STRATA

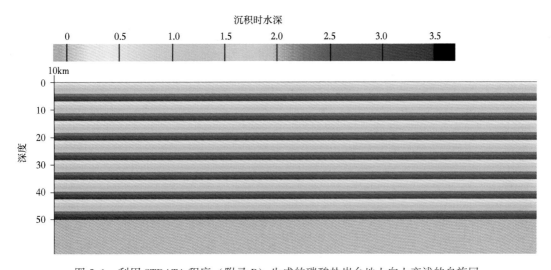

图 5.1　利用 STRATA 程序（附录 B）生成的碳酸盐岩台地上向上变浅的自旋回

左边是厚度刻度。颜色代表了沉积时水体深度。通过沉积物堆积，沉积环境变浅。当沉积物堆积达到海平面，生产停止，恢复时间滞差为 7000a。因此，从黄色到蓝色的明显边界代表了 7000a 的间断。自旋回形成于沉积物过量生产、海平面附近生产关闭及经过一段时间滞后的恢复生产，滞后期间持续的沉降为下一个新旋回创造可容纳空间。滞后阶段对应 Logistic 方程中缓慢的初始生长阶段（见图 1.12）

（附录 B）产生的变浅旋回。这些旋回是由线性沉降和具有时间滞后的 T 工厂生长函数相互作用形成的。

Ginsburg（1971）提出一个基于观测的浅水碳酸盐岩变浅的自旋回模型，Hardie 和 Shinn（1986）进行总结（图 5.2）。该模型与对全新世的观测相一致，但是全新世的记录仅为模型提供了不完整的证据，因为它仅为假设周期的一部分内容。最关键的部分没有观察到，那就是因缺乏沉积物供给而停止前积，随后转为海侵阶段，潮上带被淹没。这种情况能否发生得足够快，而且规模足以与地质记录中的观测相匹配是值得商榷的。来自全新世的观察表明，前积的碳酸盐岩潮坪倾向在向海一侧

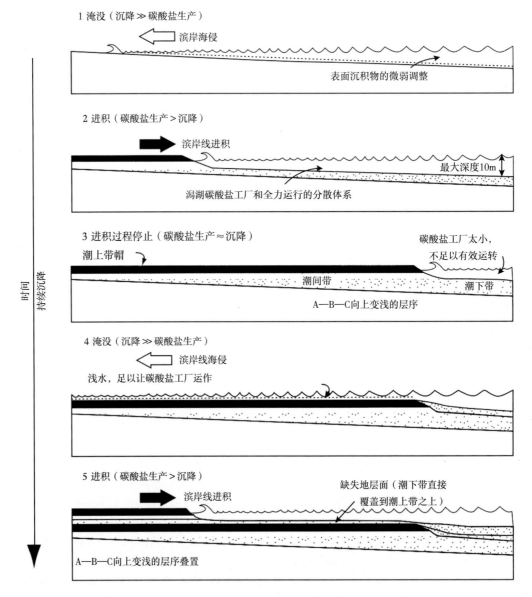

图 5.2　Ginsburg（1971）关于碳酸盐岩台地沉积的自旋回模型（据 Hardie 和 Shinn，1986，修改）

模型假定在向海倾斜台地上有稳定的沉降和依赖深度的碳酸盐生产；潮上带的生产几乎为零（用黑色表示），浅海潟湖中（用散点表示）产量较高。循环周期开始于迅速的海侵并形成一个潟湖；潟湖中的沉积物生产起初很慢（见图 1.12 中的启动阶段）；经过几千年之后，潟湖的沉积物生产量快速增加，沉积物向滨岸迁移，潟湖靠里的部分被潮坪所充填，这些潮坪开始前积（见图 1.12 中的追赶阶段）。随着生产性的潟湖底部被非生产性的潮坪所取代，潮坪的前积作用持续地减少碳酸盐产量。当潟湖变得太小而不能再支撑潮坪的进一步发育时，前积作用停止。在这里，该体系将会淤塞，直至沉降作用降低了潮坪向海一侧的海岸滩脊，一个新的循环将开始于潮上坪的快速海侵

形成高的海岸滩脊。当这个防御体系不堪重负时，大部分向陆的坪一定几乎同时被淹没——这是 Ginsburg 模式的一个假设。由此产生的自旋回在浅海和潮上带振荡，根据大量来自全新世的证据，该体系被认为无法在陆地环境中建立。

除了时间域内整个体系的非线性响应之外，还发现体系中的空间韵律——泥滩、潮汐通道、三角洲朵叶体等为代表在空间中形成韵律样式。这些空间上的样式的迁移也可以产生有韵律的沉积记录（Reading 和 Levell，1996）。图 5.3 展示了一个硅质碎屑岩实例，潮下带泥滩的平行岸线的迁移导致海滩的阶梯式加积，被侵蚀阶段所分隔。

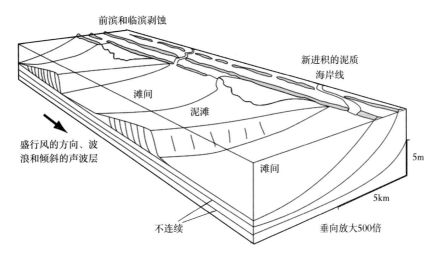

图 5.3 Suriname 海岸上因泥滩迁移所产生的硅质碎屑岩自旋回（据 Rine 和 Ginsburg，1985，修改）
每次泥滩经过时，沉积物的一部分滞后且附着在岸边；在泥滩之间，海岸被轻微侵蚀。通过这种方式，海岸逐步前积，其沉积记录由被侵蚀面不时打断的海洋泥组成。这个空间韵律（泥滩和滩间槽）已经变成了地层时间韵律

5.2 轨道韵律

地球围绕太阳的轨道被月球和其他行星的运动所干摄；这些摄动引发了地球接收到的用以调节气候的太阳辐射发生微妙变化。存在三个重要的轨道摄动（图 5.4）。

（1）偏心率的变化。地球的轨道是一个椭圆，其伸长率随着约 100ka 和 400ka 的重要周期发生变化，在 1.2~2Ma 范围内弱调整。

（2）地球旋转轴的倾角（或倾斜度）的变化。目前，旋转轴不是垂直于轨道平面，而是倾斜 23°。重大的倾斜周期是 40ka 和 50ka。

（3）岁差的变化。地球的轴线像旋转陀螺那样摆动，即它倾斜的自转轴形成一个圆周运动，并且在不同时间指向不同方向。重大的岁差周期是 19~23ka。

旋转轴倾斜的气候效应是气候的季节性。如果旋转轴垂直于轨道，地球上将不再有季节变化。岁差和偏心率结合起来决定了季节的温暖程度。如果偏心率很高，而地球在近日点（即轨道中最靠近太阳的位置）就会出现最热的夏季。

轨道摄动是准周期性的，最重要的时期落入 20~400ka 范围。地层学家对轨道韵律很感兴趣，因为它是全球性的信号，其周期性提供了一种超出生物地层学或放射性测量技术的正常分辨率的测量方法。因此，旋回地层学（House，1985）已经成为一种被广泛使用的技术。沉积记录中的轨道旋回不断被推断出来，但是很少得到有力数据的支持。

浅水碳酸盐岩提供了特殊的挑战，主要涉及从厚度到时间的转换。地层序列代表空间上的韵律，轨

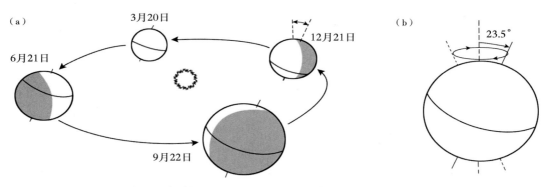

图 5.4　轨道摄动的原理（据 Imbrie 和 Imbrie，1979，修改）

（a）地球位于围绕太阳的椭圆轨道。地球旋转轴的倾斜引起四季更替。倾斜角度随着 40ka 和 54ka 的周期变化。

（b）地球轴的倾斜方向缓慢变化，每 26ka 完成一个循环。轴向旋进周期的气候可观察结果是 19~23ka 的"岁差"周期

道旋回是时间上的韵律。验证一个地层记录的轨道韵律需要将地层厚度数据转换为地质时间。如果时间控制是万年或更好，转换相当简单。在大多数情况下，必须假设厚度与时间大致成比例。对于特定的沉积，如细粒深海沉积，这个条件大致能够满足。对于浅水碳酸盐岩，尤其是 T 工厂的沉积物，在这个方面明显存在问题。水柱的最高处具有极高的产量和海平面之上零产量并列（图 2.3）在沉积物中引发了停—走的韵律，并使得沉积记录对相对海平面的变化非常敏感。即使很小的海平面下降也可能导致大的沉积间断和"漏失的节拍"，即轨道振荡但没有记录，因为此时海平面仍然低于台地顶部（图 5.5）。像任何时间序列分析一样，对于轨道韵律的分析对这种间断非常敏感（Hinnov，2000），需要充分利用沉积学和标准层序地层学以预先识别这种间断。

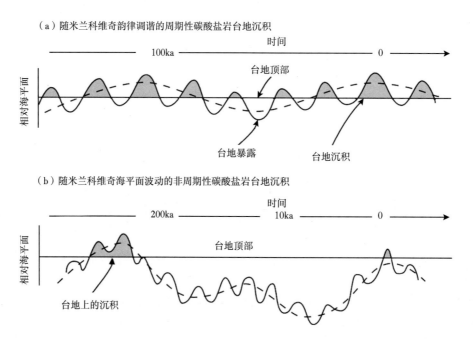

图 5.5　受地球轨道摄动（米兰科维奇旋回）影响的碳酸盐岩旋回沉积情景（据 Hardie 和 Shinn，1986）

（a）展示了由 20ka（轨道岁差）的基本韵律和 100ka 偏心率周期组成的台地顶部涨水和暴露记录的旋回。100ka 周期的振幅较低，因此 20ka 韵律中的所有海平面波动都通过在台地顶部的沉积作用来记录（旋回中的暗色峰）。（b）呈现了相同的旋回叠加，但是在 100ka 周期中具有高振幅振荡。这导致了一个非常不稳定的记录（凭借在台地顶部记录的仅有的几个 20ka 周期）。大部分时间台地顶部是暴露的

通过选择高沉降区的地层记录可以将问题减少。图 5.6 展示了一个阿尔卑斯山三叠系的例子，其沉降速率约为 100m/Ma，分成 4~5 个组的台地旋回是初次观察结论其中之一，表明这些旋回可能是轨道控制的（Schwarzacher，1954）。具有地层束和超地层束（即地层束的束）的地层的层级，比值为 4 或 5，依然是疑似轨道控制的最好野外指标。要建立一个强大的轨道控制的案例，时间—序列分析是必不可少的。研究表明，在谱图（即连续的一系列光谱）中显示的一系列数据是一个特别有用的工具，因为它揭示了韵律随时间的变化（图 5.7）。图 5.8 展示了在一个将谱图技术应用到地层分析的实例（Preto 和 Hinnov，2003）。结果呈现出强烈的轨道性韵律，但是剖面的长度有限，研究结果还不是最佳的。

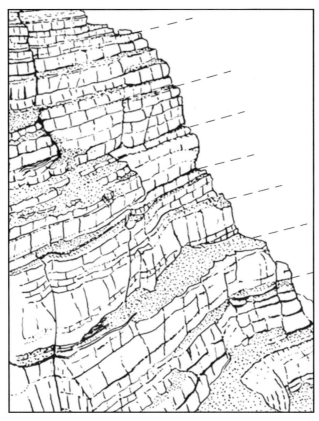

图 5.6　将地层分成 4 级或 5 级（如果它们估计的持续时间在 $10^4 \sim 10^5$ a 之间），通常表明它们是
轨道性起源（据 Fischer，1964）
实例来自上三叠统 Dachestein 组，阿尔卑斯山北部钙质地层

在沉降慢和海平面长期下降的情况下，识别轨道韵律更为复杂。例如，巴哈马台地没有产生任何（甚至遥感）类似于轨道韵律的东西，因为这个记录中充满了间断和漏失的节拍（McNeill 等，1998）。另一方面，斜坡和盆地通过与深海标准的直接对比及时间序列分析（Williams 等，2002）产生了极好的轨道信号（Droxler 等，1988）。

轨道旋回地层学在地层学上具有很大的潜力，正在迅速扩展到层序地层学领域。最近，很多层序地层学者报道的层序边界数量比之前观察到的数量要多得多。例如，Van Wagoner 等（1990）估计 Ⅰ 型不整合的间断时间为 100~150ka，全球曲线（Haq 等，1987）指示层序组。碳酸盐岩记录在许多情况下证实了这一观点（Fischer，1964；Read 和 Goldhammer，1988；Goldhammer 等，1990）。这些观察意味着轨道旋回和地层序列的频带宽泛地重叠，并且这两种方法相互补充。在新近系和第四系，存在连续的轨道时间尺度，许多标准序列都可以与轨道时钟对比，并且根据轨道时钟测定年代（Lourens 和 Hilgen，1997）。

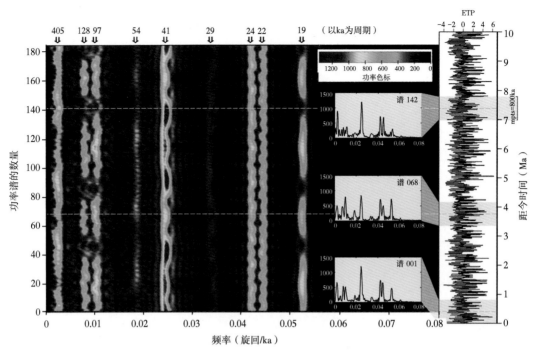

图 5.7 谱图显示了功率谱随时间的变化（据 Laskar 等，1993）

展示了在变化的轨道周期内，在过去 10Ma 期间日照强度特征的变化。谱图可以通过测量那些
可以提供沉积速率变化线索的剖面来重建

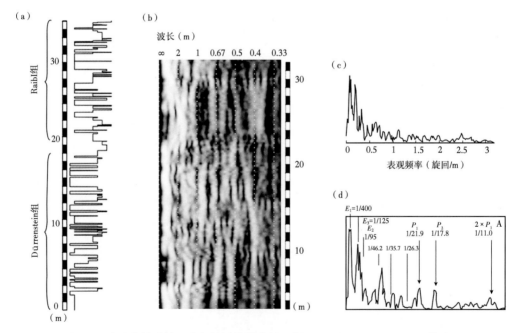

图 5.8 为寻找轨道旋回进行的层韵律分析（据 Preto 和 Hinnov，2003，修改）

来自阿尔卑斯南部三叠系的实例。（a）实测剖面，岩相依据假定的水深进行了排列（最大水深在右边）。（b）整个剖面
的表观频率（旋回/m）的频谱图。谱图由 121 个线谱叠加构建，线谱如（c）所示。峰的侧向位移是因为沉积速率的变
化。这些沉积速率的改变通过假设在 1.6 旋回/m 处的谱峰代表的是短岁差周期（三叠纪估算时间为 178ka）来进行补
偿。（d）在调整至短岁差周期 P_2 后进行的时间序列的功率谱分析，展示的是 1.5π 多频谱与箭头指示的在 95% 或更高水
平通过 F 检测的峰值。E_1-E_3=偏心率周期，P_1-P_2=岁差周期。之间的峰值可能代表倾斜周期

5.3 海洋—大气系统的长期振荡

自旋回及轨道性韵律也可以在露头中开展研究。另外，在过去数十年，已经在 $10^7 \sim 10^8 a$ 时间尺度的沉积记录中发现了令人信服的关于韵律的证据。这些韵律在露头尺度上很少是明显的，它们的发现是通过古海洋学家、古气候学家、地球化学家、沉积学家、地层学家及构造学家的密切合作而得出来的。对于大部分韵律而言，它们仍然是未知的（如果它们真的是周期性的）。然而，几乎所有这些韵律都可以被证明是真正的振荡，而不是被偶然性切入的单向趋势，如生物进化的记录。

显示出与碳酸盐岩沉积和层序地层学特别相关的长期振荡的环境变量是海平面升降、海面温度、冰盖，以及碳酸盐岩和蒸发岩的主要的矿物学特征。这些振荡的原因分为三类：

（1）板块运动速率的振荡；

（2）天体振荡（太阳系及其以外）；

（3）具有许多反馈的复杂系统中的自旋回。

过去 30 年关于碳酸盐岩相关振荡的研究过程表明，开始意见统一，然后重新出现差异和分歧，尽管数据和见解在不断增加（图 5.9）。

Hallam（1977）和 Vail 等（1977）把显生宙的长期海平面升降作为第一变量实现了定量化（图 5.9a）。两条曲线在显生宙几近形成两个旋回，古生代中期和白垩纪是其高点。在一个更大胆的综合研究中，Fischer（1982）将这一海平面升降曲线与主要来自深海钻探项目观察而来的关于古气候和古海洋循环的新见解结合起来（图 5.9b），认为地球是在温室状态和冰室状态振荡，温室状态具高的海平面、温和的气候和高的大气 CO_2 浓度特征，冰室则表现为低的海平面、极地和赤道之间存在大的气候梯度及低的大气 CO_2 浓度。Fischer（1982）估计冰室—温室气候旋回大约 300Ma，受地幔对流的速率变化和板块运动驱动。Sandberg（1983）将 Fischer 的冰室—温室旋回与海洋中非生物碳酸盐沉淀物的矿物学变化联系起来，提出把大气中 CO_2 浓度变化作为因果的纽带（图 5.9d）。Fischer（1982）和 Sandberg（1983）的贡献非常有影响力。"冰室世界"和"温室世界"成了家喻户晓的术语，沉积记录的许多方面都与这种长期振荡有关。在过去的 10 年中，长周期的 CO_2 驱动的冰室—温室旋回概念得到明显的发展，也受到了根本性的挑战。

Hardie（1996）指出，Fischer-Sandberg 波浪曲线的温室阶段与富含 KCl 的海洋蒸发岩出现时间可对比，冰室阶段则富含 $MgSO_4$ 的蒸发岩（图 5.9c, d）。他提出海水成分的变化而非大气中 CO_2 浓度造成了在过去 600Ma 间文石海和方解石海的交替。Hardie（1996）也指出，位于大洋扩张脊的年轻玄武岩的热液蚀变导致 Mg^{2+} 和 SO_4^{2-} 从海水向岩石的净转换，K^+（和 Ca^{2+}）从岩石向海水转换。因此，高速率的海底扩张降低了海水中的 Mg^{2+} 和 SO_4^{2-} 的浓度，增加了 K^+ 的浓度。所以，热液泵为高海平面和海底快速扩张期富含 KCl 蒸发岩、缓慢扩张期富含 $MgSO_4$ 蒸发岩提供了一个解释。因此，Hardie（1996）像 Sandberg（1983）一样考虑了板块构造速率的变化，其最终驱动文石海—方解石海的振荡，尽管耦合机制是以海水化学性质为形式而不是大气中 CO_2 浓度。Stanley 和 Hardie（1998）通过证明它不局限于非生物沉淀拓展了海洋中文石—方解石振荡的概念。对钙化过程具相对弱的内部控制的有机体或钙化非常迅速的有机体（高钙化物）也遵循显生宙中的文石—方解石振荡。Dickson（2004）补充了从棘皮动物残骸中收集到的重要数据。

Veizer 等（2000）利用大量来自原始碳酸盐岩贝壳的对温度敏感的氧同位素比值，对 300Ma 冰室—温室旋回提出了挑战（图 5.9e）。他们发现了约 135Ma±9Ma 的持续振荡。这个信号与冰载碎屑和其他冰川指标分布的强相关性支持了它的气候意义。Veizer 等（2000）报道与 300Ma 的冰室—温室循环与大气 CO_2 浓度的直接估值存在严重的不匹配；他们拒绝将 CO_2 变化作为一个可能的振荡驱动因素。Shaviv 和 Veizer（2003）支持一个 135Ma 周期的天文学因素（图 5.9f），他们指出宇宙射线

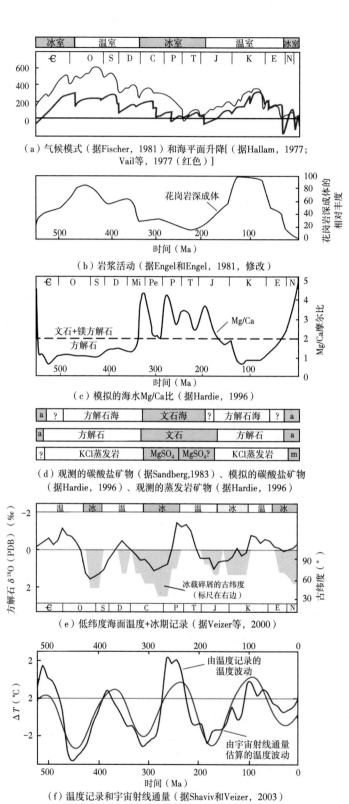

（a）气候模式（据Fischer，1981）和海平面升降[（据Hallam，1977；Vail等，1977（红色）]

（b）岩浆活动（据Engel和Engel，1981，修改）

（c）模拟的海水Mg/Ca比（据Hardie，1996）

（d）观测的碳酸盐矿物（据Sandberg,1983）、模拟的碳酸盐矿物（据Hardie，1996）、观测的蒸发岩矿物（据Hardie，1996）

（e）低纬度海面温度+冰期记录（据Veizer等，2000）

（f）温度记录和宇宙射线通量（据Shaviv和Veizer，2003）

图5.9　显生宙沉积记录中观察到的长周期振荡及其解释

（a）至（d）展示了一个内部一致的大约有300Ma的振荡，此振荡影响了气候、海平面及碳酸盐岩和蒸发岩的矿物学特征；振荡与岩浆活动和板块运动速率的假设变化相匹配。（e）至（f）表示周期大约为135Ma的振荡，与天体驱动的振荡几乎可对比

的通量通过银河系的旋臂而被调节，产生了 143Ma±10Ma 的振荡，与氧同位素比值的 135Ma±9Ma 振荡非常相似。高宇宙射线通量产生更多的低云层、更高的反射率，因此形成更冷的气候。Royer 等（2004）拒绝接受天体控制气候的观点，认为 CO_2 作为主要的驱动因素是非常可行的。他们纠正了 Veizer 等（2000）同位素数据可能的 pH 值影响。这种修正使得 CO_2 记录和气候模型更好地匹配，但是 135Ma 振荡依然存在。

通过对显生宙气候的长期振荡、海平面和碳酸盐化学的简短考察表明，现在对于一个科学家而言，目前很容易获得该研究方向的资助，对于一个想要试图提取永恒事实的作者而言则是相当困难。尽管如此，一些重要的信息清晰地出现了。

（1）有力的证据表明，无冰的温室条件在显生宙是稀少的。根据 Frake 等（1992）和 Crowell（2000），如果使用 5Ma 的窗口，冰碛碎屑在显生宙 60% 的时间都有出现。这意味着冰川—海平面升降在显生宙更应该是一个规律事件而非特例。Gibbs 等（2000）从模拟研究中得出结论：在适宜的古地理条件下，规模的极地冰盖可以在当前 CO_2 浓度 10~14 倍的情况下形成。

（3）从 $\delta^{18}O$ 估计出的冰和温度的证据震荡周期是 135Ma，即小于 Fischer（1982）的冰室—温室循环周期的一半，其估计的是 300Ma。

（3）300Ma 旋回与化学变化同步，即 KCl 和 $MgSO_4$ 蒸发岩，文石和方解石海的交替，以及大气中 CO_2 浓度的某些代表。

5.4 生物进化

生物进化的话题使我们回到了第 1 章的一个观点：生物进化是地质记录变化最重要的原因之一，与板块构造和化学循环同样重要。在整个晚元古代和显生宙中，详细的沉积记录、物种和更高的生物分类单元的出现和灭绝的时间记录。特别是在显生宙中，几个大灭绝之后是物种短期的快速进化及更长时期的缓慢演化，符合间断平衡的概念（EIdredge 和 Gould，1972）。生物演化对沉积记录的深远影响是毋庸置疑的，为 150 年前的生物地层学奠定了坚实的基础。

然而，本书的视野引发了一个更具体的问题：演化对碳酸盐岩体系的基本功能、碳酸盐生产的位置和速率、相带展布及台地建造有什么影响？在显生宙碳酸盐岩世界中，大部分演化变化属于这一类：演员发生变化，但是表演继续，表演是指碳酸盐生产、沉积和早期成岩系统的基本功能。鉴于显生宙期间碳酸盐分泌生物群的剧烈变化，这种说法可能听起来大胆且不切实际。在太古宙和元古宙早期形成了类似 Wilson 标准相带的平顶边缘台地（第 4 章）。该台地具有新元古代的"现代"解剖实例（Hoffman，1974；Grotzinger 和 James，2000）。当然，这并不意味着现代的六射珊瑚礁和元古宙的叠层石礁是可以对比的生态系统，具有类似的食物网、碳酸盐沉淀机制等。在这一层次上，差异是巨大的，但是各自的堆积体的大体解剖和它们受可容纳空间变化速率和沉积物供给速率的基本控制是非常相似的。实际上，如此相似以至于可能在地震数据上无法区分新元古界的和新近系的镶边台地。

空桶可以作为这一观点的一个例子。凸起的台地边缘和较深潟湖的典型几何形态在现代台地上广泛发育，台地边缘是六射珊瑚礁或鲕粒滩。类似的几何形态已经在显生宙和新元古代的多个层位被报道（图 3.23、图 3.24；Meyer，1989；Playford 等，1989；Wendte 等，1992；Van Buchem 等，2000；Grotzinger 和 James，2000；Adams 等，2004）。

也许显生宙生物演化最明显的影响是由于生物大灭绝事件造成的相对短暂的干扰。显生宙的详细记录表明，某些灭绝事件确实影响了碳酸盐生产体系（图 5.10）。一些事件导致生产从 T 工厂转为 M 工厂，也有一些事件导致了相反方向的转变，还有一些事件使 T 工厂内的生产从一个后生动物群转为另一个种群。Hottinger（1989）认为，生物礁建造生物的灭绝可能需要数百万年才能修复，因为这些有机体通常具有很长的生命周期，因此进化缓慢。例如，Hottinger（1989）估计白垩纪末大灭绝之后，需要5~6Ma才能重建生机勃勃的生物礁群落。

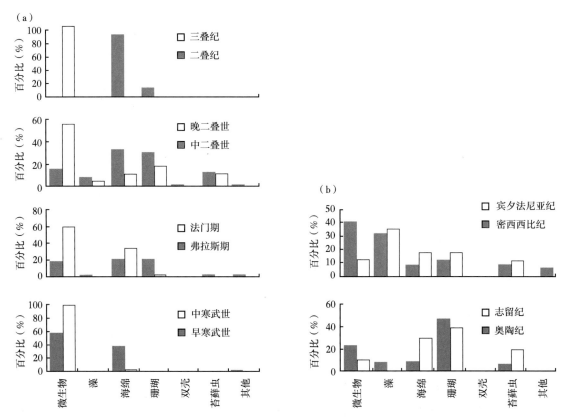

图 5.10　(a) 显生宙生物灭绝事件，导致以骨骼颗粒为主的颗粒沉积转变为微生物沉淀、从 T 工厂转为 M 工厂；
(b) 生物灭绝事件引起从微生物沉淀转向骨骼颗粒沉积为主（据 Flügel 和 Kiessling，2002，修改）

关于显生宙生物礁的数据（图5.11）显示出明显的变化，并伴随着与灭绝有关的迅速下降。还有一些迹象表明，最大碳酸盐产量（一个衡量生物礁群落生长潜力的粗略指标）在大型灭绝之后下降（Bosscher 和 Schlager，1993；Flügel 和 Kiessling，2002）。

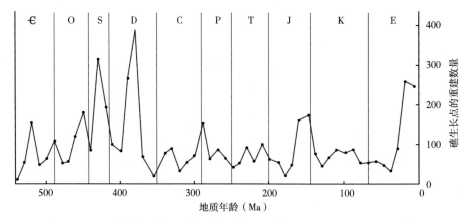

图 5.11　显生宙生物礁数量缺乏稳定时期的波动（据 Kiessling，2002，修改）

显生宙碳酸盐沉积的最明显变化可能是石灰质浮游生物和微型浮游生物的出现。陆架边缘和陆表海、斜坡和隆起及洋盆的远洋中心的碳酸盐沉积物堆积的估计结果呈现出一个有意思的样式：过去100Ma期间，碳酸盐总体堆积速率似乎增加了几倍，堆积的位置从大陆架转移至海洋（图5.12）。

大约 100Ma 前，洋壳上典型的远洋碳酸盐沉积可能是两种趋势开始的原因（Hay，1985；Veizer 和 Mackenzie，2004）。在晚白垩世和新生代，浮游有孔虫和颗石藻类逐渐取代了浅水底栖生物，从海洋中沉淀碳酸盐。这就解释了碳酸盐堆积由大陆向海洋的转移。总碳酸盐堆积的增加可能与这样的事实有关，即远洋沉积物主要沉积在洋壳上，因此比大陆上的碳酸盐更快地再循环。由于沉积转向远洋沉积，"碳酸盐研磨"似乎变得极快。

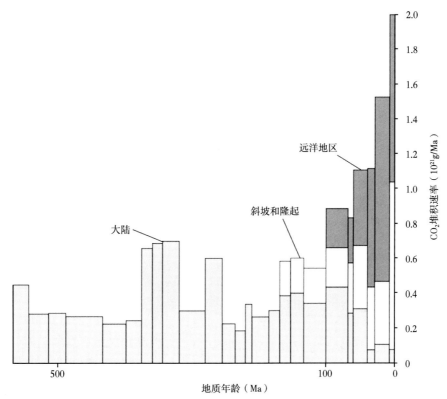

图 5.12　显生宙碳酸盐堆积速率（据 Hay，1985，修改）

自白垩纪中期以来，由于钙质浮游生物的出现，被动大陆边缘和远洋地区沉积物堆积量明显增加

6   层序地层学基本原理

6.1   原理和定义

严谨的定义和一致的术语从一开始就是层序地层学的标志。但是到现在为止，整个领域依然面临着术语泛滥的问题。本书只介绍和使用最基本的术语，其他术语在别处解释，也可以通过索引来检索。

本章的讨论是基于以下假设：

（1）沉积体和由此种种的物理地层单元都是有限延伸的——它们是最普遍意义上的透镜体。

（2）侵蚀面或无沉积面也是有限延伸的。在平坦的盆地底部，硅质碎屑岩质量守恒的原则确定了最终的延伸极限。盆地不断接收沉积物，水柱不能永恒地保持这些物质。由于硅质碎屑沉积物的溶解作用可以忽略不计，大量沉积物必须放置在盆地底部。因此，盆地的部分侵蚀必须通过其他沉积物的增加来补偿。对于碳酸盐沉积而言，质量守恒原理并不适用于深海海底，但是对于浅海和半深海来说依然是一个合理的假设。

（3）在所有地质相关的尺度上，沉积记录被间断所分隔。"完整剖面"的假设（通常是有用的）是理想化的。

（4）任何特定地点的沉积物记录反映了相对海平面运动的历史。海平面升降的历史要么是全球现象的证据（如轨道信号），要么是叠加地球动力学约束的沉积记录的全球性叠置，地球动力学输入是必要的，因为在水负载变化条件下地壳和地幔在发生变形，在相同的海平面升降信号在不同的地区记录也不同（Watts，2001）。

6.1.1   层序和层序边界

Sloss（1963）正式引入沉积层序的概念时，他将层序定义为岩石地层单元……在一个大陆的主要地区可以追踪，以区域间范围的不整合为界。Vail 等（1977）调整了这个定义以便适用于更小的地层单元和地震数据。这些作者将沉积层序定义为"由相对整合的、成因上相关的地层序列组成的地层单元，其顶底由不整合或相应整合所限定"。Vail 等（1977）的定义本质上是一个几何学的，因此非常适用于地震解释。它不包含时间或空间尺度的陈述。该定义进一步避免了任何涉及沉积层序的起源的问题，尽管 Vail（1977）明确表示海平面波动是其主要控制因素。

Vail 等（1977）将层序边界定义为"可观察到的不一致……具有明显地层终止迹象的侵蚀或非沉积的证据，但是在某些地方它们可以演变为不明显的假整合，可以利用生物地层学或其他方法将其识别出来"。这个定义也基本上是建立在几何关系基础上的，并且再次避免了在任何时间或空间尺度的陈述。Vail 等（1977）补充说明不整合的间断一般在一个百万年到几亿年的级别。层序地层边界的定义也缺乏不整合成因的陈述（除了涉及侵蚀和无沉积）。

Van Wagoner 等（1988）为层序和层序边界的定义增加了一个重要的限制条件。他们延续了 Vail 等（1977）对沉积层序的定义，即一个由不整合限定的地层序列，但重新定义了不整合为"一个面……沿着这个面有地表侵蚀削截（以及在某些地区相对应的海底侵蚀）或地表暴露的证据"。这一定义已经被几个重要的出版物所采纳（Posamentier 等，1988；Emery 等，1996）。Van Wagoner 等的定义形成了内在一致的概念：所有的层序边界都与海平面相对下降有关，因此层序的发育主要受海平面升降的控制。尽管如此，建议在层序地层学中不要使用不整合的定义，因为它与不整合这一术语的传统用法不一致且在实际应用过程中面临严重困难。Van Wagoner 等对不整合的定义比这个古老且广泛使用术语（Bates 和 Jackson，1987）的普遍接受的内涵要严格得多。不像 Vail 等（1977）所采用的几何特征，地表暴露的标准在地震数据中验证是非常困难的。即使是在露头研究中，碳酸盐岩地表暴露的证明也需要大量的实验室分析（Esteban 和 Klappa，1983；Goldstein 等，1990；Immenhauser 等，1999）。硅质碎屑岩中，由于大部分地表暴露的记录被随后的海侵所冲刷掉，将这一情况更加复杂化。

层序边界的原始定义是两个整合的、成因相关的地层单元之间的不整合，并不直接意味着受海平面的控制。它仅简单意味着在这个边界上，沉积物输入或沉积物扩散形式突然发生改变。海平面变化通常会引起这些输入和扩散的变化，因为它改变了陆架和斜坡上沉积物的运移路径。但是，海平面解释不足或完全不合适的例子有很多。墨西哥湾的一个例子或许可以说明这一点。

图 6.1、图 6.2 展示了中白垩统的层序边界 MCSB（Buffler，1991）。这是一个盆地范围内的地震标志层，其时间范围为晚阿尔布期至塞诺曼期，姑且将其与 Haq 等（1987）的曲线的 94Ma 低位期对应（Winker 和 Buffler，1988）。然而，根据地层资料，至少还有另外两个低位体系域（96Ma 和 98Ma）也是可能的，而且层序地层边界的特征和所对应的海平面升降事件的幅度是不匹配的。MCSB 可以说是海湾中最显眼的层序边界，然而中白垩世海平面下降的幅度非常有限。在 Haq 等（1987）的曲线上，它们早于两个明显的瓦兰今期低位体系域，落后于土伦期的一个低位体系域。它们都具有中白垩世海平面升降事件两倍的振幅，但是在海湾中均没有一个可比较的地震表现。因此，假设的与海平面事件的相关性不能解释 MCSB 的显著性。MCSB 与海湾其他所有层序边界的区别在于沉积机制的相关变化：中白垩世层序边界标志着海湾周围碳酸盐岩台地边缘的终止发育及深海沉积物的扩展和海底硬地的发育，后来被古近—新近系硅质碎屑岩所覆盖（Schlager 等，1984；Buffler，1991）。沉积机制的变化伴随着沉积物输入和盆地中沉积物扩散的急剧变化（图 6.2）。这个边界的不整合特征在台地淹没时具高陡的侧翼而增强，这种明显的起伏倾向于增强洋流作用（见第 5 章）。

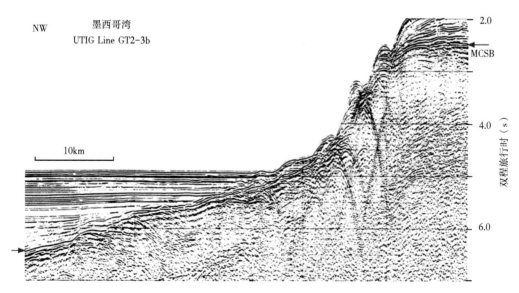

图 6.1　墨西哥湾 Campeche 滩中白垩统层序边界处

（MCSB，红色箭头）沉积输入的变化

右侧的碳酸盐岩台地在白垩纪中期被淹没，随后被深海沉积掩盖。随着碳酸盐沉积物生产停止，
台地的岩屑裙逐渐被来自垂直剖面方向的碎屑岩沉积物埋藏。地震资料由 R. T. Buffler 提供

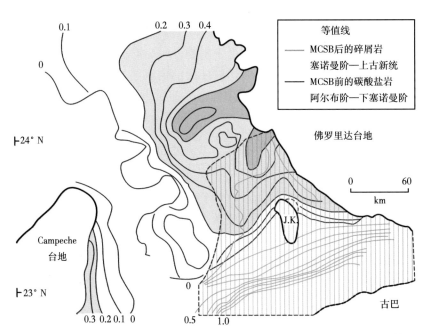

图 6.2　图 6.1 中白垩统层序边界上下的沉积物等厚线（据 Schlager，1989，修改）
展示了不整合面处沉积物输入的变化。不整合之前的等厚线反映了来自台地的碳酸盐岩岩屑输入，
不整合之后的等厚线反映了来自前进的古巴岛弧的硅质碎屑岩的输入；J. K. —侏罗系—白垩系

6.1.2　体系域

　　Fisher 和 McCowan（1967）提出了"沉积体系"这一术语，用于描述由一组沉积过程形成的成因相关的三维岩相组合。河流、三角洲和斜坡是沉积体系的一些实例。同期的沉积体系经常通过侧向转换来形成体系域，如沿着地形坡度。体系域最常见的例子是沉积体系序列在从盆地边缘到深水的穿越。这样一个横断面可能穿过河流体系、三角洲、陆架、斜坡和盆地。

　　层序地层学采用并略微修改了体系域的概念。层序地层序的标准模型规定：在海平面变化周期内，从盆地边缘到深水的体系域存在系统性变化，依此可区分低位体系域、海侵体系域和高位体系域（Posamentier 和 Vail，1988）。图 6.3 展示了适用于硅质碎屑岩、热带碳酸盐岩缓坡和冷水碳酸盐岩的标准模型。关于镶边型台地体系域的定义见第 7 章。低位体系域由发育在相对海平面降至低于先前陆架边缘时的一套沉积体系组成。海侵体系域由海平面从低位上升至先期陆架边缘之上时，沉积环境向陆上迁移而形成的一套沉积体系。最后，高位体系域由形成于海平面高于先期陆架边缘的沉积体系组成，沉积环境和相带向海方向进积。标准模型进一步规定体系域发育先后顺序具有规律性样式。低位体系域直接位于层序边界之上，海侵体系域位于中间，高位体系域则位于层序顶部。层序地层中的体系域起初是根据顶底地层超覆样式、内部地层、叠置样式及在层序中的位置来定义的（Posamentier 等，1988；Van Wagoner 等，1988；Emery 等，1996）。所有这些标准都是基于几何形态，根据相来开展层序体系域的描述是后来增加的。

　　标准模型假定海平面从高位降至低位不会留下重要的沉积记录。随后关于露头和岩心的研究表明，这种普遍化假设是不合理的。越来越多的例子表明，海退造成了大量的沉积物堆积，记录了海岸线和陆架表面的向下迁移（Hunt 和 Tucker，1992；Nummedal 等，1995；Naish 和 Kamp，1997；Belopolsky 和 Droxler，2004）。这些观察结果与理论考虑（Nummedal 等，1993）和数值模拟结果一致。数学模型允许探索在什么情况下海退可能产生沉积物堆积。事实证明，用于生成一个下降阶段体系域的参数设置空间非常大，而用于创建标准模型的几何形态的参数空间很局限。为了生成标准

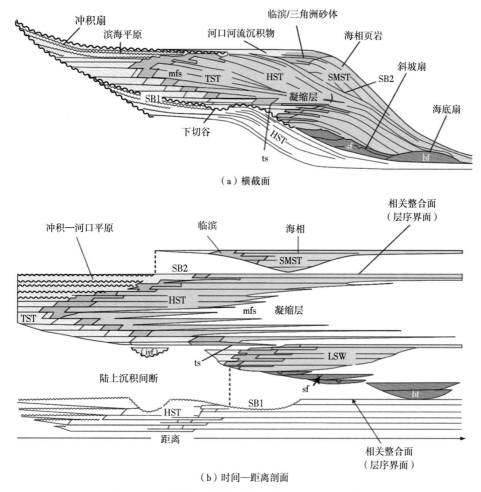

（a）横截面

图 6.3　地层层序及其体系域（据 Vail，1987，修改）

bf—盆底扇；HST—高位体系域；LSW—低位楔；mfs—最大海泛面；SB1—1 型层序边界；SB2—2 型序列边界；
sf—斜坡扇；SMST—陆侵边缘体系域；ts—海侵面；TST—海侵体系域；ivf—下切谷。（a）标准模型的横切面示意图；
（b）水平轴上的距离［与（a）同比例］和垂向轴上的时间（Wheeler 图）的剖面图

模型中的侵蚀不整合，必须假设要么是强烈的地表侵蚀，要么是快速下降的高度不对称的海平面旋回（图 6.4、图 6.5）。极端侵蚀速率与标准模型的经典图表展示的非常小的侵蚀不相符。总之，野外观察和数值模拟表明海平面下降很可能产生沉积记录。标准模型中所展示的情况，即只有高位体系域的适度侵蚀和海平面下降期的无沉积需要非常不对称的海平面旋回，而且下降非常快。将标准模型与海平面的对称正弦波相关联的图表具有误导性。

　　海平面下降过程中形成的沉积体有几种不同的名称：强制海退楔体系域（Hunt 和 Tucker，1992）、下降阶段体系域（Nummedal 等，1995）和海退体系域（Naish 和 Kamp，1997）是常用的。笔者更喜欢"下降阶段体系域（FST）"，因为它提到关键过程——海平面的相对下降，可以直接从体系域的几何形态或相样式推导出来。"强制海退楔体系域"一词有点尴尬，"海退体系域"没有区分强迫海退和沉积性海退，例如高位期进积。

　　本书认为下降阶段体系域是体系域模型的一个重要补充，但不认为其与低位体系域、海侵体系域和高位体系域一样重要。已经利用几何形态对体系域进行定义，因为直接与海平面联系依然需要推测（Posamentier 和 Vail，1988）。在第 7 章中，几何形态被用来定义镶边型台地的体系域。如果在这里应用相同的原理，那么低位体系域将被定义为滨面和陆架表面均低于前期高位体系域中相对应

91

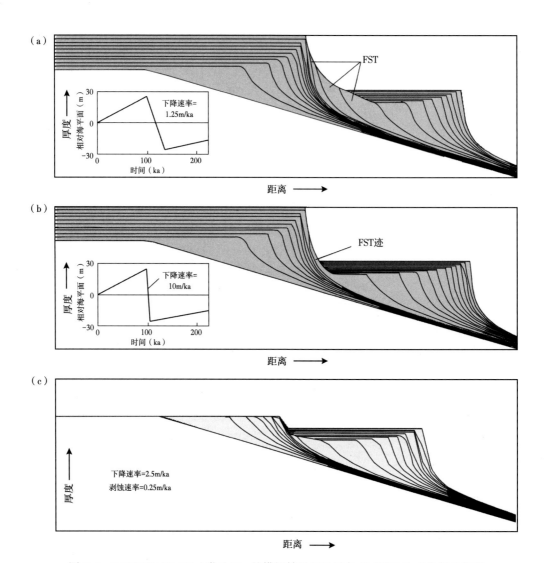

图 6.4　CARBONATE 3D（附录 B）的模拟结果展示避免在系统中生成类似于标准
模型图 6.3 中的下降阶段体系域的困难

使用对称性海平面升降曲线来强制约束，总是生成下降阶段体系域（FST）。甚至使用 1.25m/ka 的快速下降的
不对称性波动也不足以抑制 FST 的生成。（a）生成类似于标准模型的记录；（b）要求下降速率为 10m/ka；
（c）如果海平面下降较慢，结合近地表侵蚀，FST 也可以被消除，但是这一设置严重削截前期的 HST

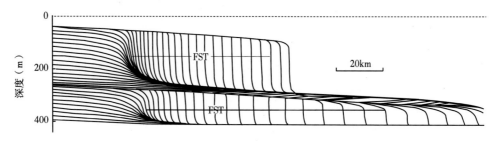

图 6.5　硅质碎屑岩下降阶段体系域模型（STRATA 程序，附录 B）

陆架均匀沉降，沉积物质从左侧供给，并受正旋海平面波动的影响而暴露。海平面旋回的下降阶段
生成广泛的 FST。标准的 LST 形成于下降阶段晚期和上升阶段早期

的面的一个单元。这个定义将下降阶段体系域置于低位域类别——与 Posamentier 和 Allen（1999）的观点一致。下降阶段体系域和标准模型的低位体系域的不同之处在于沉积期陆架表面的向下移动。Posamentier 和 Allen（1999）建议将下降阶段体系域和标准低位体系域分别称为早低位体系域和晚低位体系域。下降阶段体系域这一术语有用且很好，因为它描述了关键过程。参见 Plint 和 Nummedal（2000）的例子和讨论。

关于下降阶段体系域的讨论表明在利用几何标准来定义体系域时参考剖面的重要性。如果没有另外说明，则应该假定参考标准是紧邻前期层序的顶部。

将层序划分为体系域引起除层序边界之外的另外两个边界的识别。

海侵面构成了低位体系域和海侵体系域之间的界限。它标志着海退之后海侵的开始（Posamentier 和 Allen，1999）并代表着层序内第一个重要的横跨陆架的洪泛面（Van Wagoner 等，1988）。

最大海泛面构成海侵体系域与高位体系域之间的边界。它代表陆架上最大海侵时形成的界面（Posamentier 和 Allen，1999）。由于高位体系域的斜坡下超到海侵体系域之上，最大海泛面在地震数据上也被称为"下超面"（图6.3）。最大海泛面似乎是一个更好的术语，因为下超在层序边界处也很常见，此处低位体系域的斜坡下超到前期高位体系域的远端之上。

两种情况下，"面"一词可以用"层段"代替。"面"这一术语在地震解释中具有其合理性。在地震数据中，人们经常可以将一个反射识别为超覆面。然而，一些作者指出，在钻井资料中这种明显的超覆常常对应过渡性岩性边界（Van Hinte，1982；Posamentier 和 Allen，1999）。岩性过渡表明沉积仍在继续，尽管速率较低，并没有单一的超覆面。

"凝缩段"是在体系域文献中值得讨论的另一个术语。在图6.3中，可以看到在横切面上的超覆区在 Wheeler 图解中以凝缩段出现。这再次提醒我们，经典图解源自地震解释并服务于地震解释。图中的凝缩段代表了深海或半深海沉积，它们的沉积速率非常低以至于常常不能被地震数据所分辨。值得注意的是，这并不直接意味着这些沉积物显示出生物地层凝缩的证据，即几个生物带的化石出现在同一层内（Heim，1934）；也不一定意味着饥饿沉积的野外地质证据，如以 Fe-Mn 氧化结壳、磷酸盐结壳或海绿石颗粒形式出现的硬地或自生矿物（Flügel，2004）。

对于层序地层学家来说，术语"凝缩"比生物地层学家或沉积学家所使用的范围更为宽泛。层序地层学中的凝缩相包括上述提及的生物地层学或沉积学的凝缩相，但是该术语也包括洋盆中正常的深海甚至半深海相，洋盆的沉积速率为 $10\mu m/a$ 或更高（Loutit 等，1988）。

体系域的几何特征使得在地震剖面和大型露头中可以描述地层叠置样式（图6.6、图6.7）。应该指出的是，该方案中尖灭样式指的是地震反射终止，地震反射终止并不一定意味着露头或岩心中的真正的不整合。

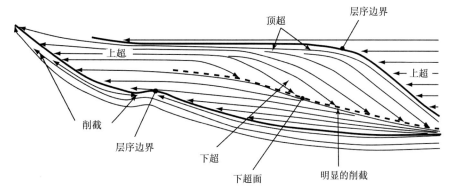

图6.6　标准层序模型中的超覆样式（据 Vail，1987）

注意除了层序边界以外，还存在下超和上超样式，即不整合

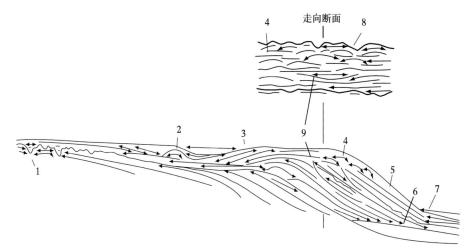

图 6.7 碳酸盐岩层序中的终止样式（据 Handford 和 Loucks，1993，修改）

比硅质碎屑岩中更加多样化，因为存在着许多高产的局部中心，如礁和局部侵蚀性区域（如礁间槽道）。独有的特征是隆起的台地边缘可能同时向陆和海方向进积。数字代表典型情况：1—被海洋沉积物埋藏的岩溶；2—潟湖补丁礁或丘；3—前积的礁后裙；4—台地边缘的生物礁；5—斜坡沉积；6—斜坡沉积下超到盆底之上；7—上超的盆底沉积物；8—层序边界处陆架边缘的下切；9—层序内部陆架边缘的下切

6.1.3　地层时间线和地震反射

野外地质是层序地层学的摇篮，但是在地震解释中的直接适用性是使其在当今时代成为如此重要的工具的原因。事实上，这里的大部分被称为层序地层学标准模型是 Vail 等（1977）以地震地层学的名头将其引入。在沉积记录中的地震反射和时间线（时间面）之间的联系在该背景下至关重要，值得进一步讨论。

Vail 等（1977）倡导用以下表述："主要的地震反射是由岩石中的物理界面所产生的……因此，主要地震反射平行于地层面和不整合"和"……所得到的地震剖面是年代地层的记录……沉积和构造样式，而不是一个穿时的岩性地层的记录……"。

笔者认为，这些优雅的、清晰和简单的表述由于其分类风格而有些误导。在问卷调查中，这一表述——地震反射是时间线必须被归类为正确。然而，精确的表述——地震反射总是代表着时间线是错误的，许多作者已经指出了这一点（Christie-Blick 等，1990；Tipper，1993；Emery 等，1996）。Sheriff 和 Geldart（1995）简要地总结了这种情况："压倒性的证据表明，除了偶尔的异常情况外，地震反射和时间界线是相符的"。实际上，Vail 等（1977）提供了这种异常情况的例子（图 6.8）。作为沉积学家和地层学家，摆在面前的任务是承认时间平行反射的绝大部分证据，但不要忽视那些通常很重要的例外情况，例如下一节讨论的例外情况。

6.1.4　露头和地震数据中的不整合

上述关于层序、时间线和地震反射的讨论将地层不整合作为层序地层学理论中特别重要的元素。随着层序地层学应用到露头和地震数据，认识到露头不整合和地震不整合并不总是匹配是很重要的。通过钻孔和露头地震模拟结果提供了这种不匹配的证据。可能会出现三种不同的情况。

（1）边界：露头地层和地震反射都毗邻一个面。这种情况没有问题，因为野外地质学家和地震解释人员都会将这一特征归为不整合。

（2）在地震中识别不出的露头不整合，因为它们由厘米或分米尺度的微小起伏组成，而两个地层单元大尺度层理依然保持平行，常见于深海沉积物中。

（3）地震中展示的不整合对应露头中的过渡边界，必须区分以下两种情况。

①地震不整合，此处时间线会聚敛成连续但沉积非常缓慢的层段，地震工具将此凝缩层描绘成地层超覆面。在大多数情况下，这个凝缩层符合 Vail 等（1977）对不整合的定义，在凝缩单元之下所有沉积比上覆地层最老的沉积还要老。与经典情况不同的是"无沉积"需要替换成"缓慢沉积"。对于地震解释人员来说，这是一个小小的区别，但当将地震和钻井或露头联系起来时需要注意这一点（Van Hinte，1982）。

②最容易干扰的是假不整合，在相似位置的每一层中发生快速相变，地震工具将这些变化点合并为一个反射。时间线穿越这一反射，因此它不是 Vail 等（1977）定义的不整合，在层序分析完成之前需要将其识别和排除（图6.8—图6.10）。碳酸盐岩—硅质碎屑岩过渡和砂岩—泥岩过渡特别容易产生这种效应。

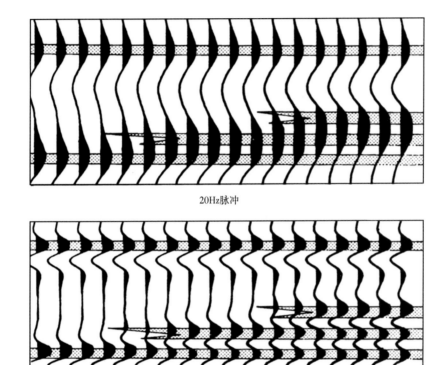

图6.8　砂岩与页岩指状交叉发育的地震模型（据 Vail 等，1977）
频率为20Hz时，下部的反射向层倾斜，大致连接着砂岩舌状体的终端。在50Hz时，单个砂岩舌状体被平行于层的反射揭露出来

假不整合的识别仍处于起步阶段。Vail 等（1977）发现了这种现象（图6.8），但并不认为这是很严重的，笔者认为它值得一定的关注。在露头的地震模型中，通常可以增加波频来揭示指状交叉的真实性质。在这一样式完全分辨之前，一系列短暂的梯级反射会出现在过渡区域。诸如瞬时相位和反射强度之类的复合属性为识别假不整合提供了更多的可能性（Bracco‑Gartner 和 Schlager，1999）。

6.1.5　准层序和简单层序

准层序初始的定义为"成因相关的相对整合的地层序列，以海泛面或与之对应的界面为边界"（Van Wagoner 等，1988）。海泛面被同一作者定义为"一个界面……越过它有水体深度突然加深的证

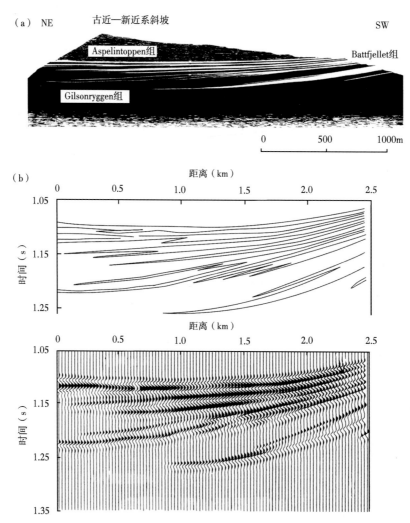

图 6.9　Spitsbergen 古近—新近系地震露头模型中的假不整合（据 Helland-Hansen 等，1994，修改）
（a）露头剖面显示出砂岩（白色）的斜积层与页岩（黑色）呈指状交叉。（b）阻抗模型和垂直入射地震模型
的边界。地震模型表明，在分辨率不能满足反映指状交叉细节的位置会出现假地层尖灭
［如 (0.7~1.9)km/(1.16~1.18)s，(1.6~2.2)km/(1.19~1.24)s］

据。这种加深通常伴随着轻微的海底侵蚀（但不会造成暴露侵蚀或相带向盆地迁移）"。

简单层序，Vail 等（1991）将其定义为一个地层单元，"具有层序的地层和岩性特征，但其持续时间是准层序级别"。作者指出"尽可能去识别简单层序，但是在大多数情况下，简单层序的边界难以识别，因此使用更容易识别的准层序边界"。

毫无疑问，准层序类型的变浅序列是沉积物记录的普遍特征。Van Wagoner 等（1988）指出，它们在滨岸平原、近滨带及陆架环境中发育情况最好。它们很难在河流和深水沉积中定义。这种分布指向了变浅序列的起源：反映了沉积作用发生在有限可容纳空间的环境中，沉积物堆积逐渐达到了可容纳空间的极限（在碳酸盐岩中是潮上带上部）。相对海平面没有发生明显下降，海水通过轻微的海泛再次海侵潮坪，伴随着小的侵蚀。这种变浅旋回在浅水碳酸盐岩中（第 3 章）是一种已建好的地层样式。然而，由海泛面约束的变浅旋回并不是浅水碳酸盐岩中唯一的模式。对称的变浅—变深旋回、变深旋回、没有明显变浅或变深的振荡序列均非常普遍（Enos 和 Samankassou，1998）。

与准层序相反，简单层序要求相对海平面下降作为边界事件。这种模式在地质记录中也很普遍，尤其是在显著的冰川导致海平面升降的冰期时代。

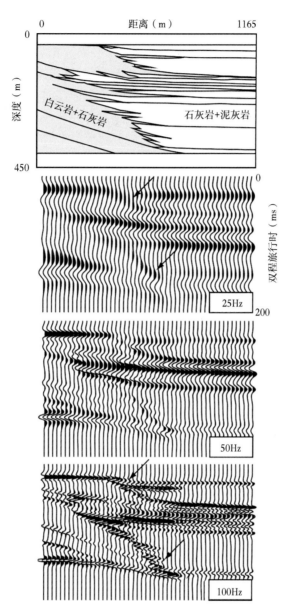

图 6.10　增加地震分辨率可以解决假不整合的问题（据 Stafleu，1994，修改）

最上面的图展示了斜坡碳酸盐岩与泥质盆地沉积指状交叉发育。25Hz 的地震模型（垂直入射）在两处表现
出假上超（箭头）。随着地震频率从 25Hz 增加到 100Hz，假上超恰好表现出为指状交叉样式（100Hz 图的箭头）。
特别的判断特征是过渡区域梯形发育的透镜状反射集。实例来自南阿尔卑斯山的 Picco di Vallandro

应用准层序和简单层序的概念要求能够明确区分最大海泛面和暴露面，最大海泛面反映了从浅至深的突然变化，暴露面则反映了从浅海到暴露到深水洪泛的面。在碳酸盐岩中，这可能是很麻烦的，因为潮上带上部已经遭受淡水成岩改造，并且地表暴露面并不需要以明显间断的形式出现在地层记录中。因此，两种界面的区分在文献报道中大多被忽略，如巴哈马台地和其他现存台地在更新世冰期—间冰期旋回被定义为准层序，尽管它们受暴露不整合面所限，在此期间海平面位于台地顶部以下 100m 或更低的位置（Kievman，1998）。

6.1.6　海平面

海平面是层序地层学中的一个关键要素。根据标准模式，它是层序地层发育的主要原因，它肯定代表了沉积学中最重要的环境边界的一个。海平面很容易可视化，但是测量海平面的抬升及其随时间的变化是一项艰巨的任务。

相对海平面是指相对于对陆地上的固定点测量的海平面（Revelle 等，1990）。在海洋工程中，这个固定点通常选择在海岸附近的陆地表面。层序地层学在沉积物堆积中选定一个固定点，最好是靠近底部或在其底部（Posamentier 等，1988；Emery 等，1996）。许多地层学家和沉积学家明确或默认地假定海底是测量相对海平面的固定点（Hallam，1998）。这种常见的地层学实践和层序地层学方法之间的差异是根本性的。通过层序地层学方法确定的相对海平面变化代表了海平面和构造运动的总和，通过海底测量得到的相对海平面变化则代表了海平面、构造运动、沉积物堆积和压实作用的总和。按照层序地层学标准，1000m 的浅水石灰岩代表了相对海平面上升了 1000m（可能很大程度上是由区域沉降造成的）。根据常见的地层学标准，石灰岩堆积并不指示相对海平面的变化（或者仅由潮上带和潮间带交替指示的微小振荡）。

（1）海平面升降。当引入这个术语时，Suess（1888）称这种海平面改变源自海洋，并将它们与固体地球表面隆升或沉降造成的海平面变化进行对比。如今，海平面升降被定义为相对于地球固定基准面（如地球的中心）的全球海平面的高程（Kendall 和 Lerche，1988）。很难估算过去的海平面高度，因为它取决于使用的代理指标（Kendall 和 Lerche，1988；Harrison，1990）。

（2）海退。区分相对海平面和海平面不足以从地层记录中恰当地提取海平面的信号。还需要做另外一种区分，即沉积型海退和侵蚀型海退（Grabau，1924；Curray，1964）或正常海退和强制海退（Posamentier 等，1992b）。沉积型或正常海退发生在向滨岸地区的沉积物供给超过相对海平面上升形成的可容纳空间的地方。侵蚀型或强制海退是由于相对海平面下降造成的。在这种情况下，无论沉积物供给如何，海岸线都会向海（向下）移动。高位体系域的前积形成正常海退，在层序边界形成期，从高位体系域向低位体系域的下移，或在下降体系域阶段向下迁移是强制海退体系域的实例。

强制海退在相对海平面曲线的构建中起着关键作用，因为它是相对海平面下降的明确证据，而高位体系域和海侵体系域的前积和退积则可能是由于海平面变化或沉积物供给的变化引起的（Jervey，1988；Schlager，1993）。在硅质碎屑岩中区分正常海侵和强制海退依赖于几何学标准，如陆架坡折或下切谷的逐级下移，以及相带发育样式，如具有侵蚀底面的滨面沉积（Posamentier 等，1992b；Naish 和 Kamp，1997）。在碳酸盐岩台地上，边缘带的逐级下降是一个好的识别标准，主要是因为陆架坡折比碎屑岩体系的陆架坡折更容易定义（见第 3 章）。暴露的岩石学证据包括岩溶、土壤、陆生植物的遗迹等。淡水成岩作用自身并非可靠诊断指标，因为它也可能发生在沉积体系海退期，当沉积体系建造到潮上带高位，如潮坪上（Halley 和 Harris，1979；Gebelein 等，1980）。

来自层序解剖的海平面。地层学家是历史学家，而且和大多数历史学家一样，他们有可能存在过度解读手头文件的问题。层序地层学也不例外。关于如何将层序解剖中某些特征和潜在的海平面曲线关联起来，以及相反地，如何利用层序解剖来构建一个海平面曲线，发表文献中给出了大量的建议。这些技术大多数是有价值的启发式实验结果。但是，应该记住，通常正在处理的是一个非确定性系统，即有比方程更多的变量。因此，有几种方法来解释地层记录。从层序到海平面升降历史的道路通常基于简单化假设，如其他环境变量恒定、海平面升降曲线呈近正弦曲线形态等。

Goldstein 和 Franseen（1995）的钉点方法促进了实测数据和推测性插值的分离。该技术依赖于一个事实，即大多数沉积物仅提供够了水深和海平面位置的粗略估计，但是有一些特征，即钉点，将海平面位置限制到很窄的范围，如在后滨沉积物中或在暴露面向海一端。图 6.11 展示了利用钉点重建海平面曲线的方法。它的优点是将固定点和推测性插值得到很好的区分。

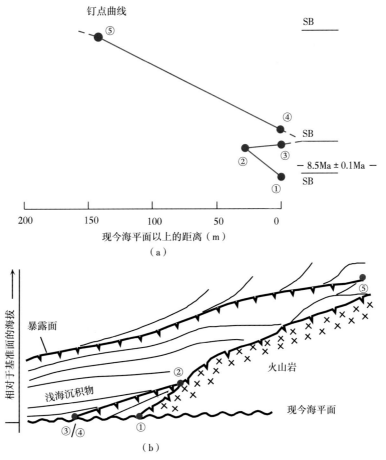

图 6.11 利用沉积记录重建海平面变化的钉点技术（据 Goldstein 和 Franseen，1995，修改）

（a）中新统上超于一个火山体之上的示意图。火山岩被陆相风化表面覆盖，另外两个陆表暴露面（=层序界面）切割了海相沉积序列。钉点用红色圆点表示：①火山体的陆表暴露面与现今海平面相交，提供了基准面和（b）所示海平面曲线的起始点。②近滨海相沉积上超火山岩陆表暴露面之上，被另一个陆表暴露面所覆盖；因此点②位于非常接近于海平面曲线的上部转向处。③/④点②的陆表暴露面向现今海平面下倾，此处被上覆更年轻的海相沉积所覆盖。这里出现两个钉点，③为陆表暴露面，④为覆盖在该处暴露面之上的最老的海相沉积。（b）基于谨慎的年龄测定和露头区海拔高度的测量，重建海平面曲线（红色）。注意点②非常接近地展示了海平面转折点。相比之下，点③和点④位于同一位置，海拔相同，但年龄不同；它们占据了海平面曲线的两点，点③和点④之间海平面下降有多快依然未知

6.2 可容纳空间和沉积物供给——地层层序的双重控制因素

标准层序地层学的基本原则认为，层序和其体系域本质上受控于海平面变化（Vail 等，1977；Van Wagoner 等，1988；Posamentier 等，1988；Emery 等，1996）。重新思考这些引出这一表述的观点和假设非常重要。

其至对图 6.3 展示的标准模型的粗略性检验也表明，一级样式受控于两个变量——可容纳空间变化速率和沉积物供给变化速率。如果将 S 定义为体系中沉积物的体积，将 A 定义为可容纳空间，即可用于沉积的空间，那么层序和体系域主要受控于两个速率，即 A' 和 S'。

$A' = dA/dt$，表示可容纳空间变化的时间速率，即地壳冷却、沉积物负载、沉积物压实、构造变形、海平面升降等引起的沉降速率总和。A' 可以为负值，代表可容纳空间的减少。$S' = dS/dt$，表示沉积物供给的时间速率；同样，S' 可也可以为负值，代表体系遭受侵蚀和沉积物的流失。

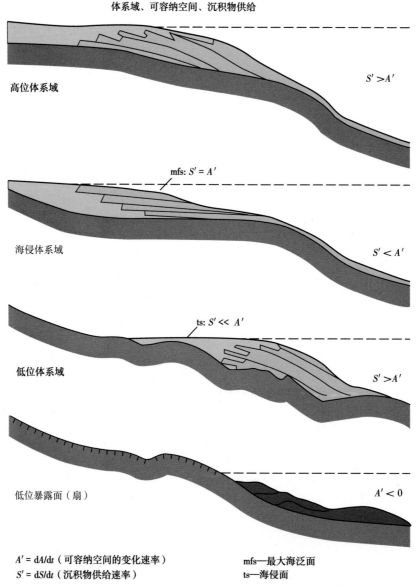

图 6.12 总结了 Vail（1987）描述的经典层序地层模型的体系域和主要界面的 A' 和 S' 关系。体系域的进积和退积，海侵面和最大洪泛面均受控于 A' 和 S' 的相互作用。只有从高位体系域至低位体系域的陆架坡折逐级下降及伴随形成的 I 型层序边界受 A' 单独控制——它们是可容纳空间负向变化的结果。如果可容纳空间减少和基准面下降，无论沉积物供给速率如何，都必然发育逐级下降和暴露不整合。

体系域、可容纳空间、沉积物供给

高位体系域 $S' > A'$

mfs: $S' = A'$

海侵体系域 $S' < A'$

ts: $S' \ll A'$

低位体系域 $S' > A'$

低位暴露面（扇） $A' < 0$

$A' = dA/dt$（可容纳空间的变化速率）　　　　　mfs——最大海泛面
$S' = dS/dt$（沉积物供给速率）　　　　　　　　ts——海侵面

图 6.12　硅质碎屑岩中体系域的沉积学解释（据 Schlager，1992，修改）
它们是可容纳空间变化率 A' 和沉积物供给变化率 S' 之间相互作用的结果。延伸至正常海域的暴露面
是相对海平面下降的判断标志，并不能由沉积物供给变化产生。绿色表示冲积平原—滨海、
浅蓝色表示浅海—半深海、深蓝色表示浊积扇

A' 几乎完全是相对海平面的函数。但必须提出一个警示：A' 及 S' 代表时间上量的变化，即导数 dV/dt。层序地层模型考虑仅有垂直维度上的变化，偏导数 $\partial z/\partial t$，或两维变化（$\partial z/\partial t$）·（$\partial x/\partial t$）。人们默认这些偏导数是对可容纳空间变化的良好近似——但这个前提并不总是成立。实际上，一个缺陷是显而易见的。随着沉积体系的进积导致斜坡高度逐渐增加，保持稳定斜坡所需沉积物的体积

也逐渐增加（Jervey，1988）。这就会降低进积速率，最终引起硅质碎屑岩中的退积。镶边碳酸盐岩台地也会受到同样的影响，但通过形成隆起的边缘、空桶和最终完全淹没等展示不同的响应特征（Schlager，1981）。

沉积物供给速率 S' 仅与海平面具有微弱的关系，且是一个可能完全独立于海平面的层序发育主控因素。在硅质碎屑体系中，沉积物供给主要受控于内陆条件的制约。碳酸盐的增长 G' 与海洋环境和有机体演化密切有关。全新世在这方面尤为重要，因为海平面升降史已得到很好的约束。全新世沿岸地区存在大量受沉积物供给差异控制的高位体系域和海侵体系域一起发育的实例。例如，许多主要的河流三角洲当前正在发育前积高位体系，而相邻的岸线却因缺乏沉积物供给，退积并发育海侵体系域。

层序地层学标准模型对待沉积物供给一定程度上并不一致。一方面，沉积物供给被认为是层序发育的重要控制因素（Vail，1987；Jervey，1988；Van Wagoner 等，1988；Posamentier 等，1988；Haq，1991；Emery 等，1996）。另一个方面非常明确地支持以下观点：相对海平面变化主导了层序地层学（Vail 等，1977；Vail，1987）。体系域的标准模型假设沉积物供给量稳定（Posamentier 等，1988），或沉积物供给变化慢于海平面变化，仅对层序具有修饰作用（Vail，1987）。这种假设也是一种先决条件：将海侵体系域和高位体系域及最大海泛面同相对海平面曲线的特定部分相对比（Posamentier 等，1988；Vail 等，1991；Handford 和 Loucks，1993；Emery 等，1996）。

沉积的首要准则几乎不支持可容纳空间效应通常比沉积物供给效应更占主导地位这一观点（当然，除暴露不整合面及逐级下降之外）。沉积速率的大部分变化可能是空间上沉积物供给变化引起的。Schlager（1993）展示了意大利河流的沉积物携载量变化了 5 倍，台湾河流的产量则变化了 40 倍。两个地区面积都很小且位于同一个气候带内。因此，这些数字肯定与层序地层学有关，$10\sim100km$ 的空间尺度和许多层序地层研究是相当的。将这种比较限定在一个气候带内的区域就增加了它们与层序地层学的相关性：单个三级层序倾向于形成于一个气候带内，因为层序的时间尺度（$10^5\sim10^6 a$）对板块构造将区域移动到另一个气候带而言太短暂。

地质记录也显示在地质历史中搬运至海洋的沉积物供给量已经发生变化。例如，新生代最晚期的沉积速率明显高于早期——可能是广泛的冰川作用的结果。沉积物供给的长周期变化必然是全球性海底扩张和沉降的结果。可以预计，输入到海洋的沉积物供给量的周期性变化与 Haq 等（1987）和 Hallam（1977）的一级旋回有关。

总之，标准层序地层学的假设认为层序地层样式主要受控于与海平面变化相关的可容纳空间，而不是沉积物供给变化，并不是源自一些基本沉积地质的原理，而是基于案例研究及其他们的解释。因此，这种假设不应该被简单地接受，而应尽可能地进行验证。陆架坡折的前积和退积并不是海平面变化的可靠信号。利用沉积序列来重建海平面变化需要其他两个信息来源：首先，暴露不整合和逐级下降的时间和范围决定海平面下降；其次，浅水沉积体系的垂向加积速率，这些沉积相指示了沉积时未脱离海平面（如某些碳酸盐岩台地）。这些记录可以合理估计海平面上升的时间和变化量。

可容纳空间变化的速率和沉积物供给变化速率之间的平衡不仅控制了沉积体系的前积和退积。它还通过水体深度的变化对小尺度几何形态和相带样式产生深远影响。将在第 7 章讨论这种碳酸盐岩体系中的这种影响。

6.3 层序记录中的级次与分形

层序的级次概念已经出现在层序地层学第一部专题出版物中。Vail 等（1977）将层序记录描述成具有等级的旋回，按照持续时间分为一级、二级及三级。在它们以时间分类引入之后不久，基于沉积结构的层序级次也出现了。一个重要的步骤是对准层序的识别——经典层序地层学的构建模块，它们由以受洪泛面约束而不是暴露面为界的向上变浅的序列构成（Van Wagoner 等，1988；Van Wagoner 等，1990）。在另一个方面，在许多情况下还观察到，标准三级层序的构建模块是"简单层序"，即由暴露面约束的地层单元，并像标准三级层序一样构建（Vail 等，1991；Mitchum 和 Van Wagoner，1991）。

Vail 等（1991）和 Duval 等（1998）提出了将特定解剖学特征分配给每一个层序级次的综合分类（图 6.13）。这些作者提出，四级或更短级次的旋回具有准层序的解剖结构，三级旋回与层序地层学标准模型一致，以暴露面为界，由低位体系域、海侵体系域和高位体系域组成。这个标准层序明显不对称。二级和一级被认为逐渐变得对称。尤其一级旋回被视为大陆内部的洪泛和暴露的接近于对称的样式，被称为"大陆侵入周期"（Duval 等，1998）。

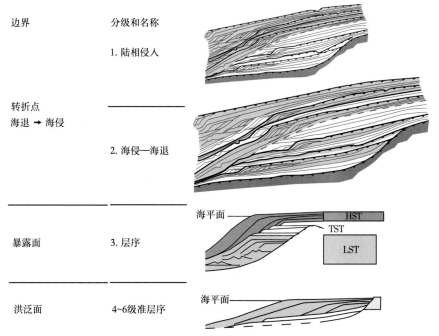

图 6.13　Duval 等（1998）的层序级别和层序解剖学特征

级次是按照持续时间定义的，同时也参照它们的沉积解剖结构和层序边界种类来表征

6.3.1　标准模式中级次概念的评述

当以持续时间作为定义层级的主要原则被普遍认可时，定义中的实际数据却相差甚巨。两个数据集可以说明这一点。图 6.14 展示了 Haq 等（1987）的海平面曲线中二级和三级层序旋回的持续时间。在它们的模式中，这两类具有非常清晰的差别，但是在持续范围上存在较大范围叠置。图 6.15 中展示自这一概念提出后关键文献中使用的定义。在二级至四级范围内，在任一边的偏差大约为一个级次。对于更短级次的类别而言，差距甚至更大，而且这些数值似乎并不随着时间和数据量的增加而趋于一致。最后，有人指出许多作者选择在对数范围内不变的持续时间，通常与十的整数次方年相符。这种实践也表明这些级次是方便性的划分。

基于这些困难，Hardenbol 等（1998）放弃了二级和三级旋回的划分。他们认为需要更好的理解机制来证明这种分类的正确性。笔者当然认可，层序级次的定义的方式和后来修改的这些定义给人留下的印象是层序级次是方便性的划分，而不是自然结构的表达。

如果通过沉积物解剖来研究层序级次的特征，这种印象就会加强。Vail 等（1991）和 Duval 等（1998）引入了概念和实例，但是没有关于层序持续时间和沉积型解剖结构假设的相关性的统计数

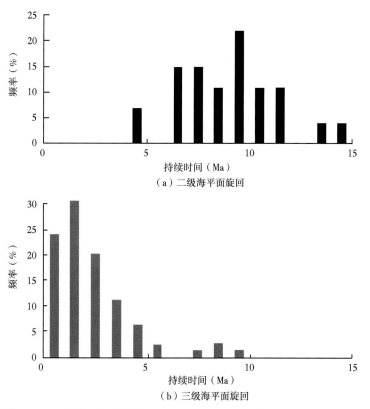

图 6.14　Haq 等（1987）的海平面曲线中的三级和二级海平面旋回持续时间（据 Schlager，2004）
尽管它们的模式存在不同，这两个级次持续时间存在大范围的重叠

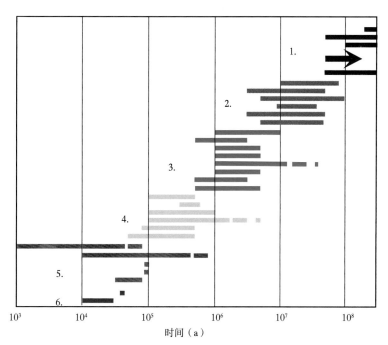

图 6.15　自 1977 年以来不同作者定义的地层层序的级次（据 Schlager，2004，修改）
在每个分类中，最早发表的位于最上面。在 4~6 级甚至更高级别层序中，每个边界的
差异大概为 1/2 级，观点似乎并没有随着时间而变得统一

据。直到今天，统计数据的缺乏也体现了对这个话题的讨论。定性观察显示，层序持续时间和解剖结构之间没有明显的相关性。持续 $10^4 \sim 10^5 a$ 的序列往往是准层序类型，但也有许多标准类型的层序，如新近系。在 $10^6 a$ 尺度的层序中，有大量的层序单元是以洪泛面为界，没有可识别的低位体系域。最后，在任何时间尺度上，都会观察到一些层序，其解剖结构或多或少是对称的，表现出水体加深，随后变浅，或者沉积物先变细后变粗的趋势。因此，长周期是对称的，三级层序及更短级次的层序是不对称的表述需要定量化研究。对称性旋回在长周期旋回中可能占有较高比例，但它们一定也存在于三级或更短时间域内（参见第 7 章中实例）。

6.3.2　分形——层序地层学中级次的替代方案

在 $10^3 \sim 10^6 a$ 时间范围内的层序记录研究工作已经足够为层序地层学中级次概念提供一种替代方案。

沉积解剖学研究表明，许多与层序模型相关的地层样式在很大的范围内是不变的。此外，一个富有说服力的实例表明层序的两个基本控制因素——海平面和沉积物供给的变化是时间域的分形。

基于这些观察，提出了以下概念模型（Schlager，2004）：层序和体系域的样式是尺度上的不变量和统计分形。在体系域的分布和层序地层边界的性质中，两种类型在模型的有效性范围内几乎为同等可能（图 6.16、图 6.17）。

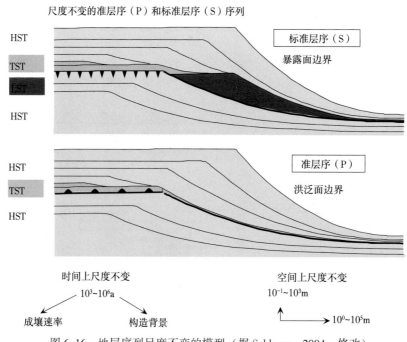

图 6.16　地层序列尺度不变的模型（据 Schlager，2004，修改）

标准层序（以暴露面为界的层序）和以洪泛面为边界的准层序被认为在 $10^3 \sim 10^6 a$ 的范围内近于等比例出现

（1）标准层序或 S 层序的演替序列：高位体系域—层序边界—低位体系域—海侵体系域—高位体系域。层序边界是一个由相对海平面降低引起的Ⅰ型或Ⅱ型边界（强制海退）。

（2）准层序或 P 序列的演替序列：高位体系域—层序边界—海侵体系域—高位体系域。层序边界是一个Ⅲ型边界，即位于海相沉积物之上的洪泛面，缺乏明显的陆表暴露或强制海退的证据。

这两种类型之间的关键差异在于，标准层序是以强制海退面为界，要求相对海平面的下降。准层序是以Ⅲ型层序边界为约束，即洪泛面，缺乏强制海退的证据。因此，准层序及其Ⅲ型边界可能

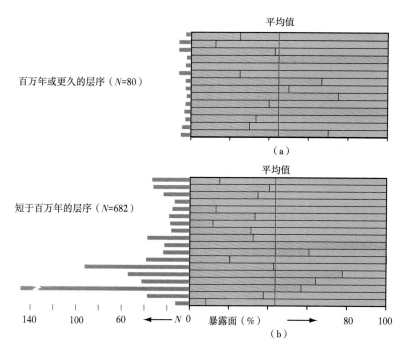

图 6.17 碳酸盐岩标准层序边界（橙色）和准层序边界（蓝色）（据 Schlager，2004，修改）

每个横条代表一个测量剖面，已分析界面的数目在左边 (a) 持续时间长于 1Ma 的旋回。(b) 周期短于 1Ma 的旋回。

来源：Buchbinder 等（2000）；D'Argenio 等（1997）；D'Argenio 等（1999）；Egenhoff 等（1999）；Föllmi 等（1994）；Hillgärtner（1999）；Immenhauser 等（2001）；Immenhauser 等（2004）；Minero（1988）；Saller 等（1993）；Strasser 和 Hillgärtner（1998）；Van Buchem 等（2000）；Van Buchem 等（1996）；Wendte 等（1992）；Wendte 和 Muir（1995）

是沉积物供给或相对海平面变化的波动形成的。Ⅲ 型层序边界已经被 Vail 和 Todd（1981）认为是一种重要的不整合，由 Schlager（1999b）提出了这一概念。

鉴于准层序和标准层序是由用地层单元表示的时间长度和边界类型来定义的，Schlager（2004）引入了单独由边界性质定义的 S 层序和 P 层序。这些术语可以避免，并且如果能够严格根据它们的边界性质而摒弃它们所代表的时间长度，则可以用标准层序和准层序进行替代：准层序是由洪泛面约束的层序，标准层序则以暴露面为边界。在本书中，这些定义将被应用。这种用法很常见（Nummedal 等，1993），但并非统一意见。

保守估计这一模型的有效性在时间域是 $10^3 \sim 10^6$ a，空间的水平方向为 $10^1 \sim 10^5$ m，垂向上为 $10^0 \sim 10^3$ m。下面给出了这些范围合理性的理由。

模型的时间范围可以证明如下。洪泛面与暴露面的统计数据是基于持续时间为 $10^4 \sim 10^5$ a 的地层旋回，物理过程也以相似的方式在更短的时间内运行。然而，可识别的暴露面的形成取决于其速率相当低的土壤化过程。有机质的堆积是最快的土壤化过程之一，仍需要数千年的时间才能显著发育（Birkeland，1999）。类似地，易于保存的钙质结壳以每千年几毫米的速率形成（Robbin 和 Stipp，1979）。最后，岩石—水相互作用的模拟表明，全岩的 δ^{13}C 的显著减少需要至少 $10^3 \sim 10^4$ a（Yang，2001）。基于这些迹象，笔者认为一个可以保存的暴露记录，即使在碳酸盐岩中，也大约需要 10^3 a。这个数字被用于模型持续时间的下限，因为它假定准层序和标准层序的出现是大致相同的。在短于 10^3 a 的层序中，准层序似乎可能占据了主导地位，因为没有足够的时间来发育可识别的暴露面。

仍需要解决的一个问题是碳酸盐岩和硅质碎屑岩中暴露事件的不同保存潜力。硅质碎屑岩中坚硬的结壳并不常见，并且沉积物的岩化比碳酸盐岩要慢得多。因此，土壤和陆表的其他痕迹可能在随后的海侵过程中很容易被冲走。这一情形不同于长时间的暴露过程，长时间的暴露期间，深的下切谷可能形成，并通过它们的形态来保存暴露证据和局限性地貌来展示古土壤。

分形模型的上限的设定是缺乏数据的。由于图 6.17 不包含超过 10^7a 的周期，因为将有效范围限制在短于 10^7a 的序列似乎是谨慎的。除了基于数据库设定的限制外，构造可能会是另一个限制。很少有盆地和大陆的边缘在 10^8a 或更长时间内没有明显的构造变形或岩浆活动。因此，10^8a 范围内的旋回记录主要是受大陆内部的洪泛和暴露驱动，而较短的旋回主要是来自海洋边缘。这种背景差异可以解释 Vail 等（1991）和 Duval 等（1998）报道的一级旋回特征。

模型的空间范围基本上是时间限制的结果。在 $10^3 \sim 10^6$a 的范围内，通常观测到的层序组厚度范围是 $10^0 \sim 10^3$m，水平延伸的范围为 $10^1 \sim 10^5$m。更大的水平范围是近乎全部沉积体的一个特征，反映出一个事实：在地球表面，垂直梯度通常超过水平梯度几个数量级。

6.3.3　层序的分形属性的支持证据

上面介绍的概念模型得到了三个方面的支持——沉积解剖结构、沉积物供给和海平面升降，以及时间域上准层序和标准层序的分布。

沉积解剖学，即沉积体的外部几何形状和内部的沉积结构，在时间和空间的广泛范围内是尺度不变的（事实上，许多特征在更宽广的范围内都是尺度不变性的）。如果没有针对尺度的特定对象，无法判断图 6.18 中的三角洲—峡谷体系是几十厘米还是百千米宽，是形成于数小时还是数十万年内。类似的表述可以用于雪崩前积层、辫状河和曲流河，以及许多其他沉积样式。Thorne（1995）描述了前积的斜度尺度不变特征，并为它们建立了一个尺度不变的定量模型。Van Wagoner 等（2003）提出了三角洲形状的堆积体是受热力学原理控制形成的。Posamentier 和 Allen（1999）提供了许多典型层序解剖的实例，它们发育的时间和空间尺度远小于这些地层层序，但仍然以完全类似的样式发育。最后，与海平面同步的前积和上下运动的陆架边缘的轨迹具有分形特征（图 6.19）。最后一个例子很重要，因为它能够允许估计分形维数——这是在地下预测中使用分形模型的重要先决条件。

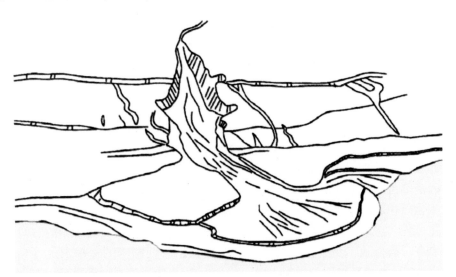

图 6.18　由 Posamentier 等（1992）描述的这个河谷—三角洲完美地证实了沉积解剖的尺度
不变性。由于没有特征尺度的对象，不能估计体系的纬度（三角洲延伸大约 2m）

上一节将海平面和沉积物供给的变化确定为层序发育的两个根本控制因素。二者都具有分形特征。随着观测时间跨度的增加，沉积物供给速率系统减少（图 6.20）。人们普遍接受的是这种稳固性样式是由于在各种尺度上间断的出现而产生的。实际上，这种减少遵循幂次定律，强有力地表明地层记录中间断的分布具有分形特征，Plotnick（1986）提出地层序列是随机的康托尔（Cantor）集，

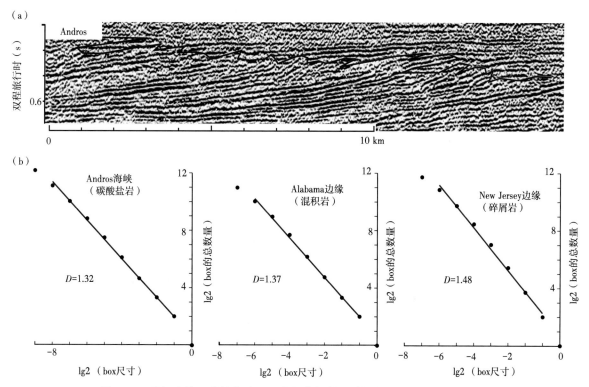

图 6.19　陆架边缘迁移的轨迹（一个层序解剖的关键特征）显示出分形特征

数据来自大巴哈马滩的新生代（Eberli 和 Ginsburg，1988）和新泽西近海（Greenlee，1988）。（a）Eberli 和 Ginsburg（1988）使用 Western Geophysical 的地震测线确定的巴哈马陆架坡折的部分迁移路径；（b）基于 box 尺寸的陆架坡折迁移路径的分形分析（见附录）。box 尺寸为 $2^2 \sim 2^6$ 的直线趋势展示了 box 尺寸和涵盖曲线所需 box 数量之间的幂次关系。这反过来也表明在这些限制中，陆架坡折的路径具有分形特征。由于有限尺寸的影响，在右边该趋势有些不规律。由于地震分辨率限制，失去了左边的趋势

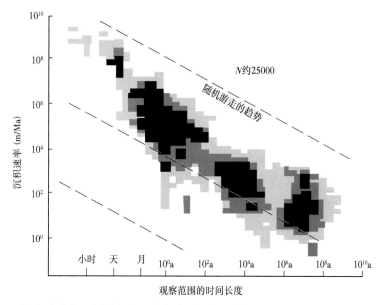

图 6.20　沉积速率与观测时间窗口的长度之间的对数投影图（据 Sadler，1981，修改）
每个时间窗口内沉积速率变化较大，但是整体趋势是线性的，接近于随机游走的趋势

在所有尺度上都有间断。

海平面波动已经在数秒至数亿年的时间尺度上被广泛研究。对于许多数据集，发现幂次定律控制了其频率和波能之间的关系。Harrison（2002）综合了覆盖 12 个数量级的数据，并得出结论：在数年至数亿年的时间尺度（地质相关范围内）海平面波动的一级趋势具有分形特征（图 6.21），存在级次的岛屿打破了这一趋势，例如，近期的海平面历史受强烈的轨道控制影响。这一趋势在高频海浪领域中分崩离析。Hsui 等（1993）利用重标极差分析发现 Haq 等（1987）的海平面曲线分形特征。Fluegeman 和 Snow（1989）在深海沉积的新近纪氧同位素（代表海平面）记录中观察到了相同的特征。

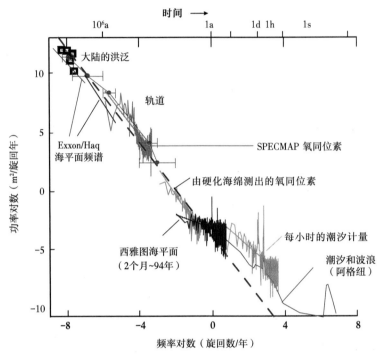

图 6.21　覆盖 15 级振幅的海平面波动的功率谱（据 Harrison，2002，修改）

在 $10^0 \sim 10^8 a$ 的地层学相关的范围，一级趋势是一个幂次定律，表明海平面波动谱是一个分形，其维数非常接近于白色噪声。对于高频区，这一趋势被打破。轨道韵律为主的记录表现为打破趋势的分级的岛屿

沉积记录中的准层序和标准层序的分布并不支持以百万年尺度划分标准层序，以较短时间尺度划分准层序域。更准确地说，据观察这两种类型共存且时常交替。Vail 等（1991）报道了在短周期内出现了准层序和标准层序。此外，在百万年时间尺度存在越来越多的层序，在没有事先暴露的情况下，被淹没不整合（即洪泛面）限制而终止发育（见第 7 章）。最后，图 6.17 总结了 700 多条来自详细观测的碳酸盐岩层序边界的数据。图 6.17 数据选择的重要标准如下：

（1）对每个不连续面的性质进行了详细和具体的观察；

（2）至少接受了洪泛面是层序边界的可能性。

最后一个标准对于图 6.17 中的长周期很重要，因为许多作者会遵循 Van Wagoner 等（1988）的文章，仅接受暴露面作为百万年域的层序边界。

在硅质碎屑岩中，暴露记录可能存在很强的保存差异。因为沉积物表面的岩化基本上缺失，短期暴露事件中形成的土壤很可能被随后的海侵（沟蚀面）冲走。长期的暴露常常在下切谷充填中保存下来。

6.3.4　分形和分级级次的影响

在许多层序数据中，旋回等级的影响非常强烈。该模型并不意味着这种影响是虚假的。分形特

征是在更细的尺度上重复相同的样式。因此，以特定分辨率拍摄的分形都会显示更粗糙和更精细的叠加。旋回分级级次的关键区别是特征尺度的缺乏。此外，统计分形中明显的级次（这是模型所必需的）对于从总体中抽取的每个随机样本是不同的。

这里提出的分形模型用来预测层序记录，像其他自然时间序列一样，具有变量一致性的噪声特征，因而可预测性是变化的（Turcotte，1997；Hergarten，2002）。该模型还预测在层序记录中分级波动（如轨道旋回）的影响一般是微弱的，只有在特殊情况下才占据主导地位（图6.21中的轨道数据）。

6.3.5 分形模型的目标和范围

该模型提出的意图是作为一个概念框架来指导未来的数据分析，为层序的统计表征提供一个基础。逻辑上，下一步是确定层序重要特征的分形维数，并探索分形域的限制。反过来，这种见解可以用于数据集之间的插值和超出观察技术性限制的外推，例如超出地震数据的分辨率。

通过一个例子来说明分形模型和级次模型在预测方面的区别。让我们假设一个被动边缘的地震数据能够识别体系域和不整合的层序边界。粗略估计表明，边界之间时间间隔为数百万年。Duval等（1998）的模型将会预测该地震可识别的层序是三级层序，因此标准层序以暴露面和低位体系域为边界。这些层序的构建模块（通常超出地震分辨率）可用于预测以洪泛面为边界的准层序。分形模型预测这些地震可见的层序及其构建模块，构建模块由大约同比例的准层序和标准层序混合构成。根据扩大的统计数据库，该模型对两种类型的确切比例的提取有待改进。$P:S$ 比率可能随着构造环境、长周期的海平面变化趋势、沉积物组分（如硅质碎屑岩或碳酸盐岩）和其他环境因素的变化而变化。在没有特定约束的情况下，模型假设 $P:S$ 比率为1。同样，在图6.19中观测范围或其他更广泛数据库中，如果缺乏区域性或其他特定约束条件，该模型会假定陆架边缘轨迹将是分形维数为 D 的分形。

分形模型传递的沉积速率或海平面升降的估计与沉积解剖学相类似。在缺乏特定的约束条件下，该模型假设沉积速率 S' 与层序持续时间的平方根倒数成正比，即：

$$S' \propto t^{-0.5}$$

该公式基于 Sadler（1981，1999）发现的一级趋势，随着观测范围的增加，沉积速率降低。该方法同样适用于海平面的预测。根据 Harrison（2002）发现的整体趋势，在没有特定约束条件的情况下，该模型假设海平面波动的强度（即振幅的平方）随着频率 f 的增加而减少：

$$P = 10^{-4} \times f^{-2}$$

式中，f 为每年的旋回，旋回/a；P 为功率，$(m^2 \cdot a)$/旋回。最重要的是要认识到，只要模型基于统计学的有效数据和合理论据，该模型就可以进行更详细的任何类型的量化。

在缺乏不整合的情况下，模型可以应用吗？标准层序地层模型已经指出，层序边界不整合可以侧向延伸至对应的整合界面。旋回叠置样式和相分析（Goldhammer等，1990；Hillgartner，1998；Homewood 和 Eberli，2000；Van Buchem 等，2000）已经证实层序边界、最大洪泛面等可以是快速过渡的层段而非单一的界面。尺度不变模型（图6.16）也适用于这些情况。特别是海泛面易于形成洪泛层，这是因为海洋不可能在任何地方同时侵蚀海床。

碳酸盐岩中的Ⅲ型层序边界是标准层序结构和准层序结构共存的逻辑性结果（图6.16）。Vail 和 Todd（1981）、Schlager（1999b）已经识别出该类型边界。淹没不整合是当碳酸盐工厂关闭时形成Ⅲ型边界的特例。

6.3.6 尺度不变分形样式的起源

尺度不变分形通常表现为其他分形的结果（Hergarten，2002）。在地表第一层的地层层序基本上由可容纳空间变化速率和沉积物供给速率的相互作用而形成（图6.11；Jervey，1988；Schlager，

1993）。两个变量都展示出分形特征：可容纳空间主要受相对海平面变化的控制，过去的许多海平面曲线已被证实具有分形特征（Fluegemann 和 Snow，1989；Hsui 等，1993）。随着时间间隔的增加，沉积速率的长期降低表明沉积物供给的尺度不变性和分形性质（Sadler，1981，1999）。在更基础的层面上，最重要的沉积作用和侵蚀地质过程是动荡的，并且动荡的无秩序性可能是地层层序和一般的沉积物记录中尺度不变分形样式占主导地位的原因之一。另一个可能的原因是沉积体系向自我组织的临界状态演化的趋势（Bak 等，1987；Hergarten，2002；Rankey 等，2002）。

6.4　层序的起源

　　层序地层学标准模型中的作者不但提供了以不整合为边界的地层单元的概念模型，而且还提供了关于层序地层的起源的有力陈述。Vail 等（1977）根据沉积学理论认为，地层层序主要是由相对海平面变化引起的；他们进一步认为，大多数层序是全球同步的，因此海平面升降一定是层序发育的主要原因。Vail（1987）将构造沉降、气候和沉积物供给列为主要控制因素，但得出结论认为"沉积层序的根本控制因素，是短期海平面升降变化叠加在长期构造变化上"。

　　根据 Van Wagoner 等（1988）"层序……被解释为海平面升降、构造沉降和沉积物供给变化速率之间相互作用的响应"。总体而言，标准模型的作者清楚地假设层序发育是受海平面升降、局部构造运动和沉积物供给的相互作用影响而形成的。但是，他们也假定海平面升降控制了层序记录。这一假设的主要论据是层序全球性对比的成功和海平面运动估计的相似性（Vail 等，1977；Haq 等，1987；Hardenbol 等，1998；Billups 和 Schrag，2002；图 6.22）。然而，对于新近纪以前的层序而言，

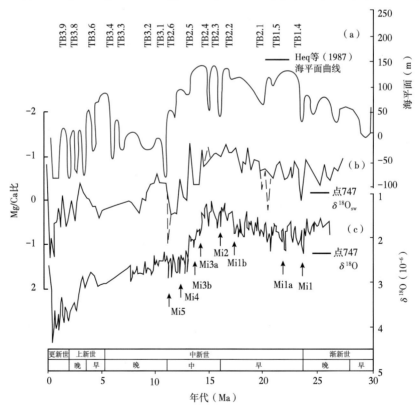

图 6.22　来自 ODP747 点温度和冰体积的古海洋指标与层序地层海平面曲线的对比（据 Billups 和 Schrag，2002）

（a）红色：Haq（1987）等的海平面曲线；（b）海水 $\delta^{18}O$，全球海平面的一个代理指标，由底栖有孔虫的 Mg/Ca 比和 $\delta^{18}O$ 配对测量得出；（c）直接在 747 点测量所得 $\delta^{18}O$ 曲线。曲线的整体相似性和许多单一事件的一致性表明冰期——海平面升降引起的海平面曲线是过去 30Ma 的层序记录的主要控制因素

海平面曲线包含很多事件，它们之间的间距接近于最好的测年技术的分辨率。Miall（1992）用一个恰当的实验说明了在这些情况下对比地层事件的缺陷（图 6.23）。Miall（1992）的研究结果尤为有意义，如果认为在深水沉积物中发现了最好的全球性对比，而层序记录显示它理想化的分异是出现在浅水沉积中的。

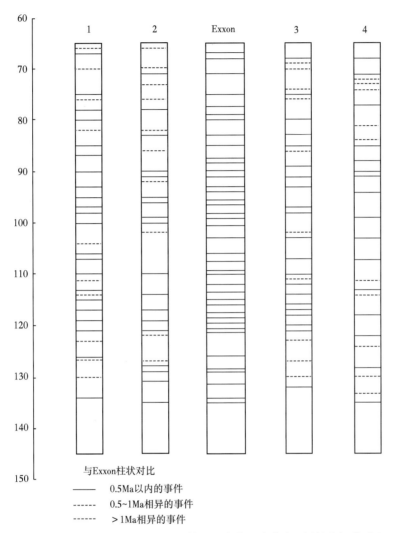

图 6.23 Exxon 海平面图表（Haq 等，1987）和随机数目生成的四个合成地层柱之间的对比（据 Miall，1992）
水平线代表在下降最快时绘制的海平面旋回的边界。可对比性程度高，即使最坏的情况（第 3 列），
77% 的旋回与 Exxon 柱状图的对比结果小于 1Ma

沉积记录的主要控制因素是海平面升降的表述迅速遭到构造学家的挑战（Pitman，1978；Watts 等，1982；Cloetingh，1988），这些争论一直持续至今（Miall，1997；Watts，2001）。这个问题对全球性对比至关重要，但这部分超出了本书的沉积学讨论范围。层序地层学中海平面升降和区域构造之间的平衡在本书中并不是一个中心问题，因为任何给定位置的沉积记录都不能区分出海平面升降和区域构造海平面变化。

针对海平面升降的两个严格测试：（1）全球性叠加海平面记录并展示出事件的近于同步；（2）将相对海平面变化的记录与全球性事由相关联，如地球轨道的扰动。这两项技术都对地层学提出了很高的要求，它们都需要时间上的高地层分辨率及全球性和跨越相边界的可靠对比。这些条件较一般假设而言，很少能够满足。因此，层序的海平面升降控制更多是假设而非证实。

　　尽管海平面升降仍存在问题，层序地层学仍是一个分析沉积记录的强大和实用的概念。关于碳酸盐岩，本章概述的沉积学原理表明，先验层序应该被视为相对海平面运动（即海平面升降叠加区域构造作用）与沉积物供给之间相互作用的结果。接下来一章将讨论碳酸盐岩中的沉积物供给受海洋环境的强烈控制。因此，Vail（1987）在控制因素清单中增加了气候因素在碳酸盐岩体系中的重要性。

7 T工厂的层序地层学

7.1 碳酸盐工厂和沉积偏好的原理

沉积体系与报纸类似，都是报道当天的事件，但是每家都有不同的编辑偏好。读者应当了解报纸的编辑偏好。同样，地质学家应该知道沉积体系在记录海平面和其他环境因素的偏好。

三种碳酸盐工厂在记录层序地层事件方面有着各自的偏好，并且都与硅质碎屑岩标准模型有着不同程度的差异。然而，这并不是说层序地层学不适用于这些体系。相反，沉积体系的比较沉积学清楚地显示，标准模型的基本特征为所有沉积体系共有，再次彰显了层序地层学作为一个统一概念的力量。

本章将主要基于T工厂的沉积来展开对碳酸盐岩层序地层学的讨论。它们在地质记录中体积占据主导地位，它们的层序地层学最为人知。通过对T工厂与标准模型的对比，第8章讨论了C工厂和M工厂的层序地层学。

7.2 T工厂——层序地层学相关关键属性

在第2章描述了T工厂并将其与其他工厂进行对比。以下是对层序地层学至关重要的相关属性的总结。

（1）T工厂的生产率很高，但是生产深度窗口非常狭窄，通常是水体最上面100m（或更浅）。

（2）T工厂可以在沉积环境中建造抗浪骨架，既可以通过有机格架的建造，也可以在海底或短暂暴露期间粘结碳酸盐砂。这些建造独立于海岸线位置。它们可以靠近海岸也可以远离海岸。一旦形成，它们倾向保持在原地并向上发育，而不是侧向迁移。

（3）由于能够形成刚性结构，经典的向海倾斜的陆架和沉积物供给保持平衡，沉积物器量和波浪能量之间是一个瞬变的条件，而不像硅质碎屑岩或冷水碳酸盐岩那样稳定平衡。在T工厂，倾斜陆架（被碳酸盐岩沉积学家称为缓坡）演化为一个镶边台地，在那里一个生物礁或颗粒滩构成的远滨带保护了一个潟湖。这个潟湖的绝大部分可能会被沉积物充填至海平面，因为大的海洋波浪被台缘过滤掉，不会影响到潟湖底面。

（4）镶边台地比硅质碎屑岩陆架更加平坦，或者可能会发育从台缘向潟湖的反向倾斜沉积。如果在海平面上升期，台缘被淹没，相带通常会向陆地方向"跳跃"相当长的距离。

（5）T工厂碳酸盐岩含有丰富的亚稳态矿物。通过溶解这些亚稳态组分和沉淀稳定的方解石实现的岩化过程是迅速的。一旦岩化，石灰岩就会发育岩溶面，岩溶面的机械剥蚀最少，化学溶蚀相对较慢，因为大量雨水是渗透通过年轻的多孔岩石而不是流经其表面。因此，T工厂碳酸盐岩的高位体系域经常比在硅质碎屑岩或冷水碳酸盐岩中的更容易保存，随着海平面下降它们经常被冲刷。

（6）从黏土级至颗粒级的大量的颗粒物质被搬运至斜坡和盆地，这是因为在非常浅的T工厂台地上可容纳空间有限，而且工厂的生产总量通常远远超过在平台顶部的可存储量。

7.3   T工厂——层序解剖

7.3.1   台地边缘的重要性

在陆架坡折处热带碳酸盐岩台地发育刚性抗浪结构的能力通常会造成在海平面处形成隆升的台地边缘，从而保护稍微深一点的潟湖，潟湖轻微上升至向陆方向更远的潮汐带（见第3章）。这些"防御性的"台地边缘可能是热带碳酸盐岩的层序解剖中最重要的特征。当这些台地边缘被海平面超越时，它们会导致相带的"跳跃"和上超中逐渐迁移的中断。不要将这种跳跃与海平面下降混淆。此外，隆起的台缘有垂直叠置的强烈倾向，礁生长礁之上，颗粒滩叠置在颗粒滩之上，因为环境条件有利于新的生物礁发育在旧的生物礁顶部，在一个老的颗粒滩顶部发育一个鲕粒滩。图7.1展示了台缘建造和风的联合作用下巴哈马群岛台地的大型解剖结构。在左边，迎风面，台地边缘垂向叠置，响应于海平面的体系域的逐渐侧向迁移被中断。图7.1右边的背风向边缘与经典层序模型更为类似，因为来自离岸的松散沉积物搬运发挥了更重要的作用。然而，由礁或岩化颗粒滩建造的台缘很重要，即使在进积台缘中亦是如此：建造型台缘往往间歇性发育并表现为透镜状；它们不能在图7.1中低分辨率的地震剖面中识别出来，但是可以在全新世的高分辨率资料中看到（图7.2）。这些具掩埋边缘的前积台地的振荡性陆架边缘似乎产生碳酸盐岩地震地层学中最可靠的海平面记录。

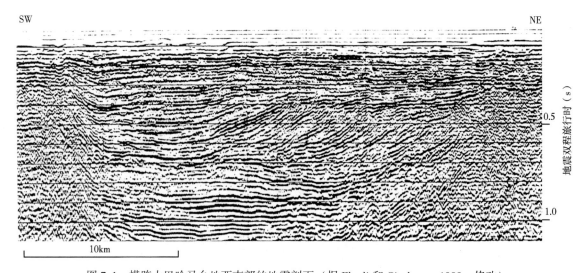

图7.1   横跨大巴哈马台地西南部的地震剖面（据 Eberli 和 Ginsburg，1988，修改）

两个新生代的台地围住一个盆地，盆地逐渐被右边前积的台地充填。左侧的台地边缘仅是加积。左边缘的地震不连续样式及其上升至临近台地之上的趋势表明其由叠置的生物礁或颗粒滩组成。在这种情况下，很难识别层序和体系域。在右侧前积台缘则容易得多。延伸至整个盆地的连续反射表明两个台地之间没有同沉积构造运动。这两个台地都经历了相同的海平面波动历史，它们的差异是由沉积物供给引起的：右侧界面向下风向，接受来自邻近台地的大量沉积物；左侧界面向上风向，因此遭受沉积物剥蚀

7.3.2   T工厂中的体系域及可容纳空间和产量对其控制

标准模型的体系域是根据几何形状来定义的，随后根据相对海平面的变化进行解释（见第6章）。非常相似的定义可以应用于热带碳酸盐岩（图7.3）。一个显著的差异是，镶边发育良好的热带碳酸盐岩台地普遍具有水平顶部而不是向海倾斜的陆架剖面。

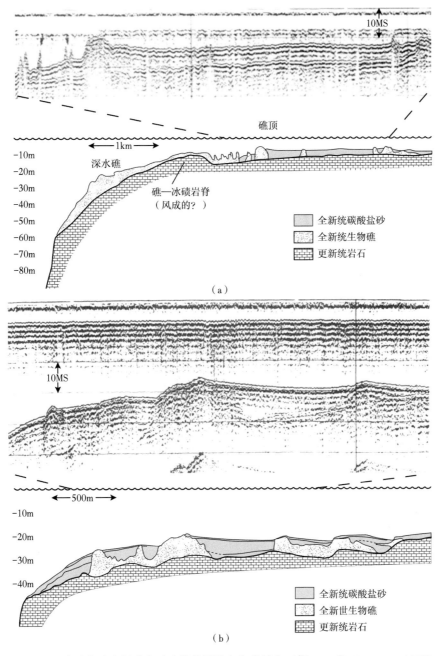

图 7.2 巴哈马台地全新世台地边缘的迎风向和背风向（据 Hine 和 Neumann，1977）

（a）生物礁在迎风向边缘积极地生长；（b）由于离岸沉积物搬运，大部分被埋藏在背风向的沉积物

　　在第 6 章中，标准模型的体系域被解释为可容纳空间变化速率和沉积物供给速率之间的平衡结果（见图 6.12）。在碳酸盐岩中，情况类似，除了外部沉积物供给不得不由 G（原地生长和生产的碳酸盐物质）替代。沉积物的几何形状和体系域再次由两个先前的独立速率控制：$A' = dA/dt$，第 6 章定义的可容纳空间变化速率 $G' = dG/dt$，即台地生产沉积物和建造抗浪结构的速率。体系能够承受的最大增长速率及增长潜力在整个台地都有所不同。至少必须区分 G'_r =台地边缘的生长速率，G'_p =台地内部的生长速率。

　　基于 A' 和 G' 之间的关系，可以区分出 5 种典型样式（图 7.4）。前三种情况对应图 6.12 中标准模型的三个体系域。最后两种情况是镶边型热带碳酸盐岩的特有情况。空桶和淹没台地顶部尤其重

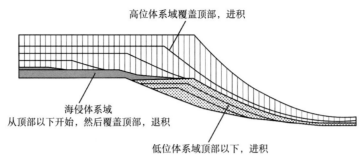

图 7.3　镶边碳酸盐岩台地上体系域的术语（据 Schlager 等，1994）

前一旋回的台地边缘作为参照。顶部低于前一台地顶部的体系域是低位体系，覆盖在前一台地顶部的体系域要么是海侵体系域要么是高位体系域，这取决于它们是退积还是进积。镶边台地的顶部一般非常平坦，边缘的淹没通常导致台地边缘的突然后退

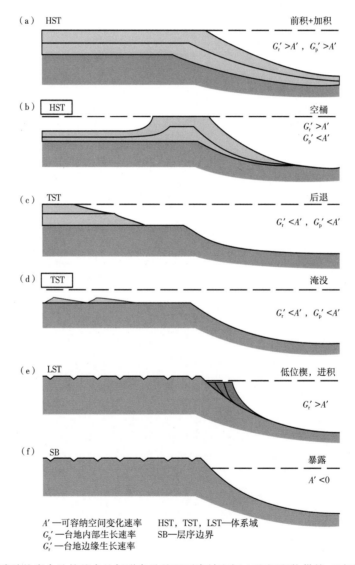

图 7.4　热带碳酸盐岩台地的基本几何形态及基于可容纳空间 A' 和沉积物供给 G' 变化对它们的解释

字母 G 代表碳酸盐生长，表示大部分物质是在沉积环境中产生，尽管侧向搬运可能占比较大；（a）、（c）、（e）和（f）与标准模型的体系域非常类似（见图 6.12）。（b）和（d）是热带碳酸盐岩台地所特有。空桶和完全淹没表示体系中各元素增长潜力的重要性。浸没于透光带以下意味着生产系统部分或全部关闭

要，因为它们形成了用于识别地震数据中热带碳酸盐岩台地的判断样式。

图 7.1 说明了沉积物供给在层序解剖中的重要性。整个地区形成了一个稳定的区块，因此经历了相同的海平面变化过程。迎风向和背风向台缘之间的显著差异必须完全归因于碳酸盐生产和供应的差异。

7.3.3 由碳酸盐岩台地地震影像判断海平面运动

基于它们建造至海平面的平坦顶部和它们对水深非常敏感的生物群落，碳酸盐岩台地成为海洋中最可靠的测杆之一。这一可靠程度通过阻止暴露台地的侵蚀得到加强。生物礁天生具有岩石一样的坚硬结构，其他台地沉积物在暴露时，经常可以在几千年以内发生岩化。随后的侵蚀以化学溶蚀为主，而且主要发生在岩石内部而非其表面。地表剥蚀通常低于硅质碎屑岩，通过确定总体沉降、测量海相沉积层厚度，外加暴露层的位置和定年可以确定出一个合理的海平面记录（图 7.4；Ludwig 等，1988；McNeill 等，1988）。

保护性的边缘和强化的抗侵蚀能力的结合为层序地层学创造了一些特殊的机会。快速前积的台地边缘易于将陆架表面的原始高程保存得特别好，包括非常重要的体低位体系域。Eberli 和 Ginsburg (1988)、Eberli 等 (2001)、Sarg (1988，1989) 和 Pomar (1993) 报道了非常好的利用陆架表面波动技术来从碳酸盐岩中获取海平面曲线的案例（图 7.5）。另见 Purdy 等 (2003) 来自更新世的地震实例。

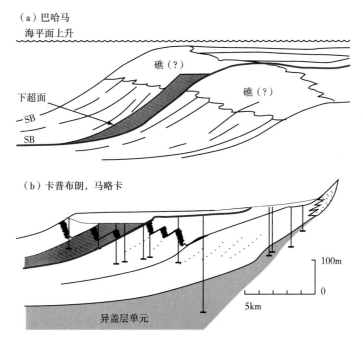

图 7.5 下降的台地边缘是热带碳酸盐岩中海平面波动的最佳几何指标之一
在这两个例子中，红色阴影都表示了体系域的最小范围，可以通过红色参考线进行定义
（a）巴哈马，新生代，基于地震数据和一些钻孔资料（据 Eberli 和 Ginsburg，1988，修改）；（b）马略卡岛，中新世，
基于连续露头和钻孔资料。生物礁带（黑色）的爬升和下降揭示了韵律的级次（据 Pomar，1993，修改）

7.4 T工厂体系域的浅水相带

尽管有几何学定义，但是许多作者认为体系域也展示特定的相样式（Posamentier 等，1988；Handford 和 Loucks，1993）。

由于几何形状反映了也一定会影响沉积环境的条件，因此沉积体的几何形状和它们的相之间存在联系确实非常可能。就碳酸盐岩台地而言，三个体系域的几何形态会立即引出关于沉积环境和体系域的相的相关结论。例如，低位体系域可能会比较狭窄，正常海洋环境，并且缺乏成熟台地的巨大的浅水潟湖。另一个方面，海侵体系域和高位体系域从前期高位体系域继承了台地顶部广布的浅水环境。在海侵体系域，退积的台地边缘意味着沉积物供给滞后于由相对海平面上升而产生的可容纳空间的增长。因此，在海侵阶段，水体深度增加，广海条件扩散到台地顶部。相反地，高位体系域的前积表明沉积物供给速率超过可容纳空间增长速率，水体深度降低并且台地顶部的循环趋于局限。高位体系域的前积可能是双向的，充填空的潟湖和向海方向扩展台地（见图 3.19；Saller 等，1993）。

7.4.1 现代巴哈马和佛罗里达的体系域相带

为了检验这些推测性的结论并更加详细地讨论相带，笔者将视线转向佛罗里达—巴哈马台地的现代环境。如果有人遵循图 7.3 中这些定义，那么三个体系域在这些台地上均有发育（图 7.6、图 7.7）。起初，这似乎是令人惊讶的，因为在整个区域内海平面升降运动实际上是相同的。然而，继承性地貌和沉积物供给变化的影响足以将它们分异。

（1）低位体系域（图 7.6—图 7.8）。低位体系域的类比物是狭窄的碳酸盐岩陆架，它们镶边于末次间冰期高位体系域的暴露石灰岩。这些陆架的宽度从 100m 至超过 2000m 不等。沉积覆盖物由 Bathurst（1971）介绍的珊瑚藻岩相组成：骨骼颗粒、硬地和生物礁（裙礁、保护狭窄潟湖的障壁礁及潟湖中的补丁礁）。Lidz 等（2003）描绘的大多数"外露礁"也属于这一类。生物群落以藻类、珊瑚、软体动物和有孔虫为主，源自生物礁和平坦海床上的海草群落。非常细的碳酸盐砂和灰泥的比例约 10%，球粒达 25%（Bathurst，1971），鲕粒很少见。一个可能的特例是在 Caicos 滩的某些颗粒滩（Wanless 和 Dravis，1989），那里沉淀作用非常迅速，它们从这一狭窄的有利带搬离之前就在临滨形成了鲕粒。化学条件尚未开展研究，然而，这个过程很可能依赖于高盐度潟湖海水的回流，因此最终要求有一个淹没的台地顶部——在海平面的真正低位期，该条件不能够满足。大多数巴哈马的珊瑚藻陆架是饥饿型沉积物。然而，这个环境的生产力很高，将很快追赶上海平面并开始前积。由于该体系面临高陡的斜坡，预期的前积会比较慢。

（2）海侵体系域（图 7.6，图 7.7，图 7.9a）。在巴哈马和佛罗里达州南部的大部分地区，海平面已经淹没台地顶部并且沉积过程明显是追着上升的海平面的。沿着台地边缘，在过去 10000a 里，礁体已经反复后退，现在的障壁礁位于边缘陡崖之后 200~1000m（Hine 和 Neumann，1977）。这些障壁是不连续的，浅水生物礁仅占据了台地周长的一部分（边缘指数小于 0.25）。主要由鲕粒组成的颗粒滩广泛分布。就像生物礁一样，这些颗粒滩也是相当无效的障壁。典型的是潮汐坝带，在台地上延伸 20~30km，但其向海一端却不能到达台地边缘。沙坝之间的潮道往往比沙坝本身宽。覆盖巴哈马滩广阔的内部的沉积物主要是球粒、鲕粒和葡萄石团块，骨骼颗粒含量一般少于 15%，灰泥少于 10%，更高比例灰泥仅出现在岛屿的被风侧（Bathurst，1971）。硬地是常见的。在较大范围内，更新世表面是裸露的或被珊瑚和海绵薄薄地覆盖着，有时可见补丁礁（海侵面）。其他的硬地出现在沉积被洋流和波浪持续期所中断的全新统层段中（如大巴哈马滩东部舌形体）。在沉积盖层中，相序是向上变深的，红树林泥炭和局限潟湖的灰泥质沉积位于沉积序列底部，广海、风成砂在序列顶部（Enos，1977）。

（3）高位体系域（图 7.6、图 7.7、图 7.9a、图 7.10）。尽管全新世在稳定的佛罗里达—巴哈马地区海平面的上升是相当一致的，但沉积覆盖物并不是统一表现出海侵特征。在洋流和波浪将沉积物扫到一起或碳酸盐产量特别高的地方，沉积已经追赶上了上升的海平面。在这些地区，沉积物已经填满可用的可容纳空间，并且开始侧向前积。在几何学上，全新世的这些部分沉积属于高位体系

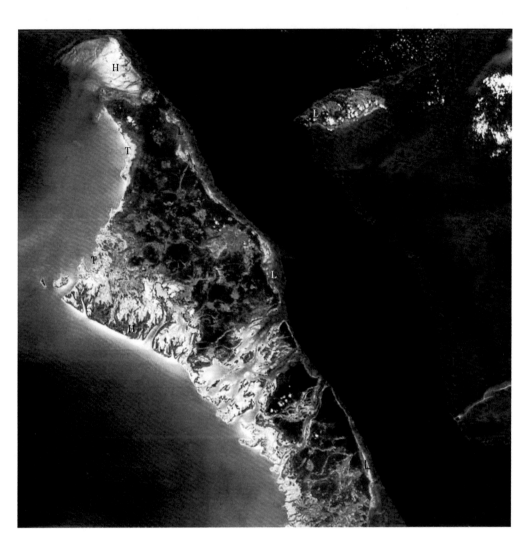

图 7.6　Andros 岛和大巴哈马滩周围的卫星图像（据 Harris 和 Kowalik，1994，修改）

尽管近期海平面升降史一致，但三个体系域发育条件同时在 Andros 岛附近同时出现。这是继承性地貌、沉积物生产率变化和沉积物侧向运输综合作用的结果。Andros 岛与大洋舌状深水海槽之间的狭窄陆架上存在低位体系域条件（L）。海侵体系域条件（T）在岛的西北侧有很好的记录，那里向海一侧的窄的潮坪带正在被侵蚀，而在陆地一侧正在被海侵。高位条件（H）在 Andros 岛北部西南向的潮坪和 Joulters 礁鲕粒滩占优势。大洋舌东部的台地主要处于海侵条件

域。实例包括 Joulters 礁的鲕粒滩和 Andros 的西南潮坪。

　　Joulters 礁的颗粒滩与海侵环境中的发育的颗粒滩明显不同。在 Joulters 礁颗粒滩形成了一个近乎连续的、与边缘平行的障壁，其中心部位宽达数千米，并且到达潮间带，局部被海滩—沙丘岛所覆盖（Harris，1979）。潮道是狭窄的，间隔很大，且经常被移动的砂堵塞其中一端。岩心显示潮间带颗粒滩已经建立在浅海球粒碳酸盐砂之上。在过去的 1000 年，形成了岛屿并向海前积。类似的海滩—砂丘复合体的前积在其他巴哈马台地也被描述过（Wanless 和 Dravis，1989）。

　　更有意义的前积发生在 Andros 西南的潮坪上。Williams 岛的 S 带在过去 6000 年前积了 15～20km，与此同时，Williams 岛的北部潮坪却在后退（图 7.6；Hardie 和 Shinn，1986）。浅海灰泥和泥质潮坪的快速堆积造就了前积的发生。狭窄的潮道向海的淤塞，以及与岸线平行的不活跃海滩砂脊证明了这种逐步的前积。

　　在其他碳酸盐岩台地上，变浅的和前积的全新世体系域也很普遍。波斯湾卡塔尔的潮坪和障壁岛已经建造了一个 15m 厚的楔状体，在全新世已经前积了 5～10km（Hardie 和 Shinn，1986）。加勒

比海和太平洋西南的生物礁和礁裙已经建造至海平面，并且向海和向陆方向同时进积（James 和 Macintyre，1985）。在高位期沉积的早期，海平面快速上升造成潟湖变空，台地边缘的双向前积是很普遍的。

（4）变浅和变深趋势的意义。沉积地质学中的许多信息可以以垂直地层剖面的形式获得。在这样的剖面中，碳酸盐岩低位体系域表现为台地顶部（或碳酸盐陆架）出现暴露面，并且在斜坡上出现逐级下降的浅水沉积物。海侵体系域和高位体系域均在台地顶部发育海相沉积。通过在垂向序列中观察到的沉积环境变化可以加以区分：海侵体系域向上变深（逐渐变为广海），高位体系域中逐渐变浅（并且越来越局限）。

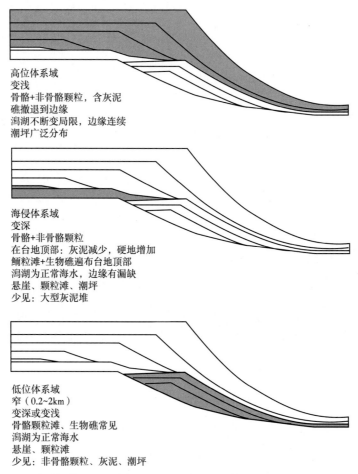

图 7.7　基于巴哈马和佛罗里达全新世记录的碳酸盐岩体系域相特征（据 Schlager，2002）

以上对全新世体系的研究再次表明，在碳酸盐岩剖面中，只有海相沉积之上具有暴露面的低位体系域是海平面变化的可靠指标。从海侵体系域到高位体系域的转变是并不是一个清晰的记录，反之亦然。它可能是由相对海平面变化或沉积物供给的改变（或者是二者的结合）产生的。如果定义相对海平面变化不仅与水体深度的变化有关，还与海平面和某些深部地层参照面之间的距离变化有关，如基底的顶部或一个深层标准层，那么得出这样的结论就是必然的。有着充分的理由，层序地层学家在几篇战略性的论文中坚持这一定义（Vail 等，1977；Posamentier 等，1988；Jervey，1988）。本书推荐接受这一定义及其内涵。在可能的情况下，应该绘制变浅和变深趋势并加以对比，但它们和海平面变化的关系应该保持开放，直到有独立的证据消除不确定性。这种证据可能包括将变浅或变深趋势与不同的暴露韵律或轨道周期相关联，轨道周期具有额外的优势，它们的海平面构成海平面升降。

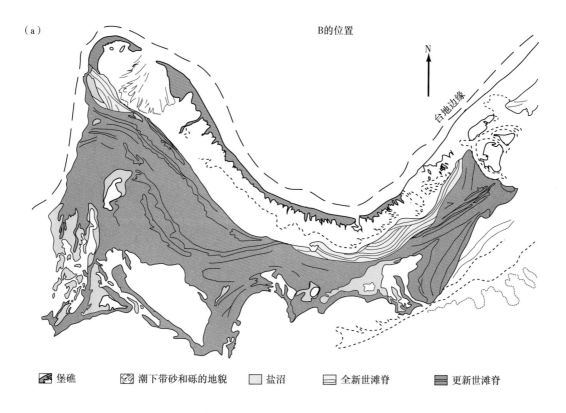

堡礁　　潮下带砂和砾的地貌　　盐沼　　全新世滩脊　　更新世滩脊

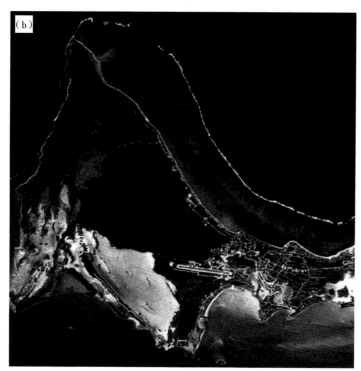

图 7.8 （a）位于巴哈马东南的 Caicos 滩的一部分（据 Wanless 和 Dravis，1989，修改）该台地展示了海平面、先期地貌和沉积物供给之间复杂的相互作用。该岛狭窄陆架西和北仍然类似于一个低位体系域，与更新世岛屿的陡崖边界相邻。台地的其余部分处于海侵和高位环境。（b）为（a）的左边的卫星图像。L—低位环境（据 Harris 和 Kowalik，1994）

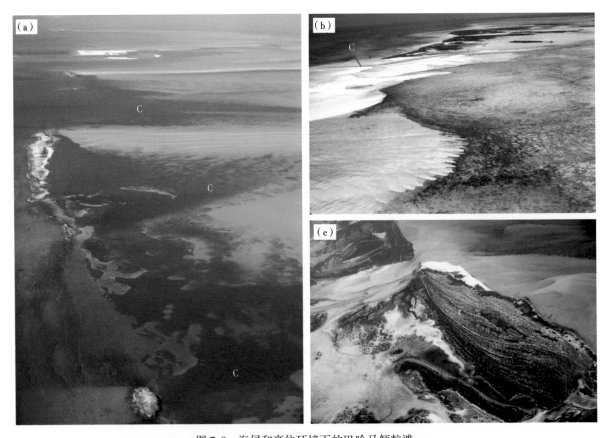

图 7.9　海侵和高位环境下的巴哈马鲕粒滩

（a）Cat 礁：海侵浅滩，沙坝很薄，固定在更新世岛屿后面，潮道（C）很宽；（b）Joulters 礁岩礁高位体系域浅滩；
潮道很少且窄，沙坝已经连接成一个连续的带；（c）Joulters 浅滩之上的前积滩脊（r）和风成沙丘

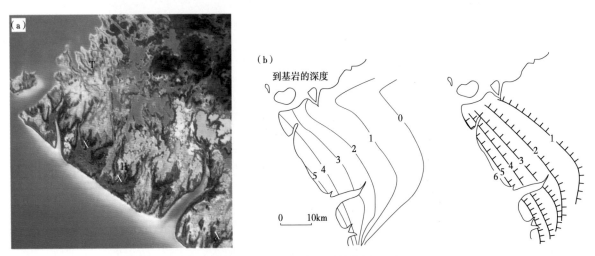

图 7.10　Andros 岛以西的潮坪

（a）卫星图像展示了处于海侵条件的西北潮坪（T），高位体系域条件（H）的西南潮坪。在海侵潮坪上，向海的海滩
是破烂不堪的，侵蚀性的，潮道深且连通性很好。潮道网络有效地淹没和排出潮坪内侧的静水。在高位体系域潮坪，
向海的海滩外形光滑和加积（X 表示一些老的海岸沙脊）（据 Harris 和 Kowalik，1994，修改）；（b）古海岸线位置及
西南潮坪的高位楔的厚度（据 Hardie 和 Shinn，1986，修改）

（5）碳酸盐岩体系域识别的流程图（图7.11、图7.12）。图7.11是基于图7.3的几何定义。如果有台地从滨岸至盆地的横截面信息，尤其是台地边缘的位置，该流程是可以应用的。地震剖面、大尺度露头或对比完好的系列钻孔或剖面露头可能会提供这些信息。然而，在单个钻孔和露头剖面中识别层序和体系域也存在很强的需求。在这种情况下，体系域的判别标志一定要参照其他证据。图7.12提供了这种情况下的一个流程图。然而，在单一剖面中识别体系域仍然比剖面法存在更大的投机性和不可靠性。

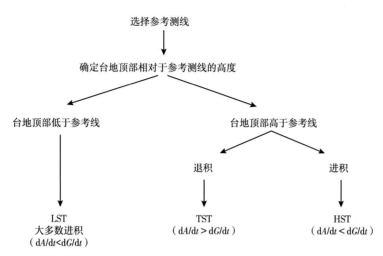

图7.11 当碳酸盐岩台地的横截面可用时（特别是台地边缘的位置）用于识别体系域的流程图

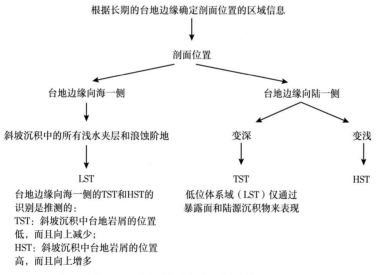

图7.12 在单剖面或钻孔中识别体系域

这一技术比横断面方法更具投机性，依靠诸如变深或变浅趋势的代理指标。参照长周期边缘，剖面的位置需要作为输入项

7.4.2 古代体系域的术语

Handford和Loucks（1993）根据古代的实例和碳酸盐岩沉积学原理，完成了对体系域相样式的大量成果汇编。他们的结果与上面总结的全新世观测结果非常吻合。Handford和Loucks（1993）认为低位体系是狭窄的，利于发育生物礁和碳酸盐砂；海侵体系域冲刷作用强烈，生物礁再次繁盛且遍布台地顶部，潮坪是狭窄的或缺失的；在高位体系域，台地内部趋于变得更加局限和富泥，潮坪范围扩张。在斜坡上，只要斜坡足够陡峭，整个层序旋回内都会出现垮塌和沉积物重力流。对于

碳酸盐岩—硅质碎屑岩的混合体系，Handford 和 Loucks（1993）预测，在低位体系域，下切谷将会切开狭窄的碳酸盐岩相带，并将硅质碎屑岩搬运至盆地。在高位体系域，台地的向陆部分被硅质碎屑岩充填，潮湿条件下发育成滨岸平原或在干旱条件下形成盐沼。

Homewood（1996）从理论角度完成了体系域解剖学和相分析。他认为可容纳空间增长速率、生态条件和碳酸盐岩生产之间存在强烈的联系。这样的反馈是极有可能的，但是怀疑它们对可靠性的预测而言过于简单。例如，Homewood（1996）预测海侵体系将以生物群落中的 r（战略家）为主导，高位体系域则为 K（战略家），如生物礁建造者。通过上述全新世体系域的分析发现了几乎相反的相模式：在海侵体系域的后期生物礁繁盛，而在高位体系域形成的过程中，台地环境开始变得逐渐局限且松散沉积物的前积体掩埋了许多生物礁，礁的分布区域开始收缩。

7.4.3　生态礁、地质礁、地震礁

第 2 章和第 3 章强调在台地边缘长出生物礁对形成顶部平坦台地的重要性，尤其是热带碳酸盐岩。什么是生物礁的问题持续引发地质学家之间的热烈讨论。Dunham（1970）在讨论中提出了一种新颖的观点，他提出通过区分生态礁，通过有机体建造和粘结，以及可能通过松散沉积物的粘结形成的地层礁来定义这一术语。这种区分已经被证实是非常有用的，但是将地震资料越来越多地用来识别生物礁又将问题再次复杂化了。

由几何外形和反射特征定义的地震礁并不直接对应生态礁或地层礁。地震学往往会忽视小的生物礁，或者将非礁沉积识别成生物礁。按照地震的标准，生物礁的存活部分很小，很容易被破坏且很快被它们自己的碎屑所掩埋。露头中礁的识别标准通常远低于正常地震分辨率（见图 4.6）。地震工具只能够用于识别已经生长数代，厚度累计至数十米至数百米的生物礁。在礁体生长位置侧向迁移的地方，生物礁不会堆叠成地震可识别的构造，而是形成夹在岩屑沉积中的小型透镜体。这些小的建造在野外很容易识别，但是在标准地震数据中大部分被隐藏起来。

同等重要的是地震工具展示了比在地层或生态意义上实际更多的礁的情况。由几何外形和反射特征定义的礁除了包含生态礁外，还包括向陆一侧的礁裙和礁前侧粗糙的成层性差的礁麓堆积体（图 7.13）。此外，与生物礁指状交叉的颗粒滩可能也被包含于地震礁单元之内。

礁核区域　　　　　　　　礁后岩屑裙　　　　　　　台地内部

图 7.13　阿尔卑斯山脉北部的三叠系 Dachstein 组的生物礁—潟湖过渡特征

左侧的块状石灰岩逐渐过渡为右边台地内部成层性好的石灰岩（地层受阿尔卑斯构造运动的影响变倾斜）。块状石灰岩中的红线表示最左侧的原地生物礁和中部礁后裙的砾石及砂级碳酸盐岩的大致边界；红色箭头指示礁裙和层状潟湖相的边界（Zankl，1969）。地震数据几乎确定可以显示出礁和礁裙沉积是一个不连续反射带，选定韵律性层状石灰岩转变位置作为一个相变带

7.4.4 体系域和相的经验法则

现代和古代的体系域的相特征源于碳酸盐沉积的两个原则：沉积物供给速率和可容纳空间增长速率之间的平衡，以及碳酸盐岩体系倾向发育平坦顶部和陡峭斜坡的趋势。速率间的平衡关系变化解释了海侵体系域和高位体系域之间的差异，平顶—陡斜坡形态将低位体系域与海侵体系域和高位体系域区分开来。下面是关于体系域相的一些经验法则。它们大多数与速率的平衡和形态特征直接相关。

（1）低位体系域的浅水带比海侵体系域和高位体系域窄得多。有限的宽度是透光带与陡峭斜坡之间交叉的几何结果。对于顶部倾角为0.1°、斜坡倾角为10°的台地而言，低位体系域和高位体系域的宽度相差约两个数量级。因此，低位体系域趋于冲刷频繁，属正常海洋，生物礁、硬地和颗粒质海岸发育；沉积物一般为粗粒，以骨骼颗粒为主；鲕粒很少发育，是因为在狭窄的陆架上潮流很弱。相序可能是变浅或向上变深，台地边缘前积或后退。没有迹象表明碳酸盐岩低位体系域仅前积，也没有相关的理论基础支持这一假设。

（2）海侵体系域以可容纳空间增长速率超过沉积物供给速率为特征。因此，沉积相序是向上变深。生物礁边缘和颗粒滩狭窄且被较宽的潮道所分割，台地内部被很好地冲刷，为正常海洋；补丁礁向陆方向散布很广。在极端情况下，台缘可能完全缺失，以至于台地暂时呈现为一个缓坡，与前一期高位斜坡的剖面叠加而使得远端变陡。由于缺乏保护性障壁，浅海环境中灰泥是很罕见的，然而深水洪泛可能会将水体深度增加使其位于浪基面以下，从而使得深水泥堆积在颠选的早期海侵体系域之上。

（3）高位体系域是以沉积物供给速率超过可容纳空间增长速率为特征。因此，台地边缘的颗粒滩和礁变得更宽更连续。相序是向上变浅的，台内的局限程度逐渐增加，灰泥可能开始在潟湖中和扩张的潮坪中堆积。潟湖补丁礁一般向上减少。

（4）在海侵体系域和高位体系域中，非骨骼颗粒（鲕粒、似球粒）往往比低位体系域中更加丰富，因为它们受益于潮流的扩大和在广阔淹没台地顶部的大范围波浪簸选。只要碳酸盐沉淀速率与现代巴哈马或波斯湾的沉淀速率在同一范围，这种分布样式就成立。更快的沉淀速率可能会导致鲕粒和坚硬的似球粒在狭窄的台地上形成。

（5）斜坡和盆地的沉积通常可以用以区分滩顶淹没和暴露的时间，即一侧为高位体系域和海侵体系域，另一侧是低位体系域。这种差异的关键是颗粒构成，如鲕粒和台地灰泥的丰度。在这种情况下，相分析是一种比沉积体几何分析更好的工具，后者一般以分析斜坡角的差异为主。

经验法则是基于碳酸盐岩沉积的第一原理，以及对现代和古代碳酸盐岩体系域的观察。然而，几何学定义的体系域和碳酸盐岩相之间的联系依然是间接的和脆弱的，容易被相的其他影响因素扰乱。从体系域几何形态中预测相将在未来一段时间内仍是艺术和科学的融合。

7.5 深水中的T层序

7.5.1 台地周缘环境——台地体系的一部分

T工厂的台地、斜坡及盆底的岩屑裙是一个连贯的体系。在这个方面，T工厂类似于硅质碎屑岩体系，后者陆源沉积物供给和向海域下斜坡输送形成了一个沉积环境和相之间相互关联的体系。在T工厂，供给沉积体系的沉积物是台地顶部的透光带内生产的。由于处于比较浅的位置，碳酸盐岩生产对使台地顶部暴露和淹没的海平面变化非常敏感。不断变化的产量的影响通过体系向下斜坡传播，并且使它们感受台地周缘斜坡上和盆底相带和沉积速率的变化。两个与深水环境海平面的影响相关的重要主题是高位期输送和巨砾的起源，讨论如下。

7.5.2 高位期输送

更新世，在海平面的冰期低位期间，向深海的硅质碎屑沉积物供给达到最大值是一个公认的事实。在巴哈马最早提出了镶边碳酸盐岩台地处于这种韵律的相反的情况：Kier 和 Pilkey（1971）及 Lynts 等（1973）指出，随着大量文石质泥从台地上被扫落，台间盆地的沉积速率在间冰期达到顶峰。Schlager 和 Chermak（1979）观察到全新世浊积岩的输入也很高，在最后一个冰期却很低。Mullins（1983）首先强调了这种响应于海平面的"碳酸盐方式"，Droxler 和 Schlager（1985）定义这一术语为"高位期输送"。这表明碳酸盐岩台地在其顶部遭受洪泛时，间冰期高位期生产并输送出大量的沉积物。该模式在巴哈马滩得到很好的证实（图 7.14；Droxler 等，1983；Mullins，1983；Reijmer 等，1988；Spezzaferri 等，2002；Rendle 和 Reijmer，2002）。而且，在加勒比海、印度洋和大堡礁的台地上也观察到同样的趋势（图 7.15；Droxler 等，1990；Davies 等，1989；Schlager 等，1994；Andresen 等，2003）。

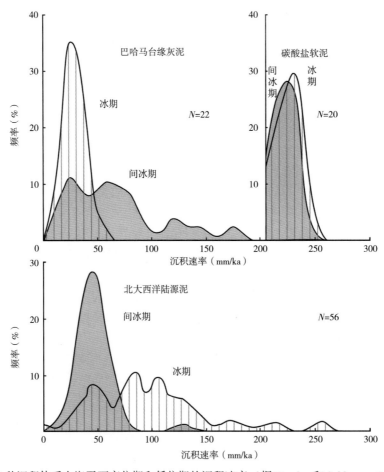

图 7.14　各种沉积体系在海平面高位期和低位期的沉积速率（据 Droxler 和 Schlager，1985，修改）
来自大陆上升的陆源泥中，间冰期的高位阶段，沉积速率低且一致；在冰期低位期（低位输送），沉积速率高且变化较快（浊积岩控制）。在台地周缘灰泥沉积中，模式是颠倒的（高位输送）。在深海碳酸盐软泥中，高位期和低位期的沉积速率均保持较低且一致

由于受沉积物生产和成岩作用的综合作用，热带碳酸盐岩台地的高位输送现象明显。一个台地的沉积物生产量随着其规模及台地生产区域增大而增加，台地顶部暴露面积一般小于洪泛淹没后台地的生产区域。在巴哈马，淹水的台地顶部比低位期的浅水生产带大一个数量级（Droxler 等，1983；

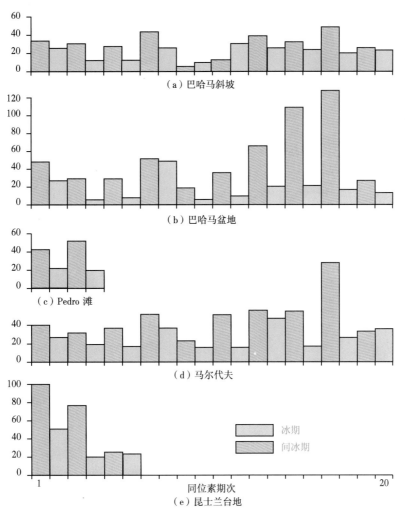

图 7.15　巴哈马群岛、加勒比海 Pedro 滩、澳大利亚昆士兰台地和马尔代夫（印度洋）晚第四纪
高位期和低位期沉积速率（据 Reijmer 等，1988；Droxler 等，1990；Schlager 等，1994）
在所有案例下，冰期低位阶段（阴影部分）的沉积速率一般都低于间冰期高位阶段的海平面上升速率。其他
趋势调整了这种模式（如在巴哈马群岛和马尔代夫，沉积速率向上降低），但它们并没有消除这种模式

Schlager 等，1994）。高位期产量增加的效果被低位期碳酸盐岩的快速岩化作用所增强。硅质碎屑岩在低位期较高沉积物输入的一部分归功于对前期高位体系域沉积的剥蚀。碳酸盐岩的成岩作用很大程度上消除了这种影响。海洋环境中，在任何被波浪和洋流打断连续沉积的地方，海相地层有发生岩化并形成硬灰岩层的强烈倾向（Schlager 等，1994）。因此，当海平面开始下降且浪基面降低时，广泛发育的硬石灰岩层将保护高位期沉积物。当沉积物最终被暴露时，它们倾向于在数百年至几千年内发育一种岩化物质的"盔甲"，这一观点已经被众多全新世岩石岛屿证实（Halley 和 Harris，1979）。随后的侵蚀主要是通过化学溶蚀作用，扩大孔隙度并形成洞穴网络，但保持表面剥蚀低于硅质碎屑岩（见图 2.28）。

在高位期层段中浊积岩更加常见，形成高位组合（图 7.16）。此外，淹没台地高的沉积物输出形成了斜坡上的沉积物高位楔，现存碳酸盐岩台地的全新世沉积物为典型示范。

在低位期，台地的生产并未完全停止。沉积物继续由狭窄的颗粒滩和裙礁，以及切割入暴露台地的侵蚀型海崖生成。然而，并没有证据表明低位期沉积物输入率达到了高位期的输入率，可能除了异常的角砾岩体外。海平面低位期的太平洋环礁周围假定的礁裙建造并未经过精细研究（Thiede，

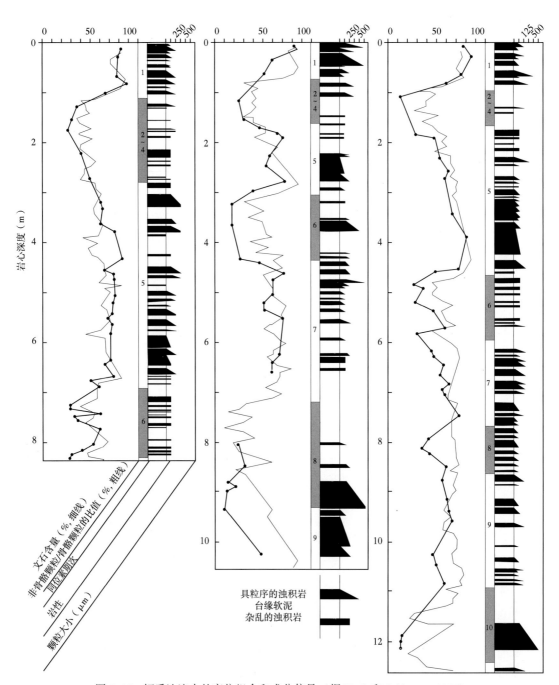

图 7.16 钙质浊流中的高位组合和成分信号（据 Haak 和 Schlager，1989）

来自大洋舌的第四系岩心（大洋舌是一个被大巴哈马滩环绕的盆地）。浊积岩在间冰期高位最为发育，此时滩顶被水淹并生产沉积物；在冰期低位期，浊流沉积薄且稀少。浊积岩的成分也有所变化：高位期浊积层中富含球粒和鲕粒，即通过潮流和波浪的淘选相互作用形成于浅水滩处的颗粒。低位浊积岩主要由骨骼物质构成，包括礁碎屑，因为裙礁和骨骼颗粒可以随着海平面降低而向下迁移。冰期—间冰期地层学可以通过文石/方解石比率变化来提供，这种性质与氧同位素曲线密切相关

1981；Dolan，1989）。低位期的沉积物输入在成分上是不同的，可以通过岩相分析加以区分。

高位输送的极限可以从其成因推测。高位期和低位期产量之间的差异取决于台地地势。具有陡峭斜坡的平顶镶边台地比那些发育平缓斜坡的台地更加容易发生高位输送（图 7.17）。除台地形态外，海平面周期的持续时间也很重要。当海平面周期长（如数百万年）和侧翼平缓时，台地可以建

立起一个低位楔，部分替代台地顶部损失的生产区域（图7.17）。最后，岩化作用和抗低位期侵蚀的强度随着纬度不同而不同，可能也随年代变化而变化。冷水碳酸盐岩不像热带碳酸盐岩那样易于发生海底岩化（Opdyke和Wilkinson，1990）。由于亚稳态文石和镁方解石含量低，因此暴露后的岩化作用也降低了。古生界碳酸盐岩有可能因为亚稳态矿物的含量低而更容易发生低位期冲刷侵蚀。Driscoll等（1991）对新生界冷水碳酸盐岩的低位输送已有描述。

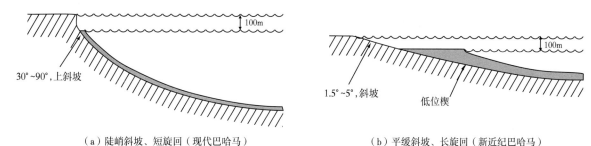

（a）陡峭斜坡、短旋回（现代巴哈马）　　　　（b）平缓斜坡、长旋回（新近纪巴哈马）

图7.17　（a）在发育有陡峭边缘的台地周缘和短的海平面周期内，高位输送最为明显；（b）平缓的侧翼和长周期旋回产生宽阔的低位楔，这可能会产生滩顶沉积物并抑制高位输送的影响（据Schlager，1992，修改）

碳酸盐岩和硅质碎屑岩之间对抗共生的行为通常会导致碳酸盐岩高位沉积体和硅质碎屑岩的低位楔的交互沉积（特拉华盆地，Wilson，1975；坎宁盆地，Southgate等，1993）。

近年来，通过对台地侧翼上台地来源浊积岩的成分分析，补充了台地顶部的海平面研究。这些钙质浊积岩的沉积环境低于海平面波动范围，因此它们在低位期沉积不会中断。高位期浊积岩不但在丰度上有所不同，而且与低位期浊积岩的组分也多有差异，它们含有更多的鲕粒、球粒和葡萄石——这些颗粒需要滩体顶部被淹没才能形成。这在巴哈马群岛的更新统浊积岩中已有详细记录（图7.16）。Reijmer等（1991，1994）报道了一个三叠纪的例子，Everts（1991）报道了古近—新近纪的实例。

碳酸盐岩岩石学不仅揭示了现代颗粒的组成。来源于台地更老的、岩化部分的侵蚀的岩石碎屑很容易识别。然而，在台地顶部，岩屑并不证明低位体系域环境，因为在台地发育历史周期内任何时间都可以在侧翼发生对较老岩石的切割作用（Grammer等，1993）。在Exuma Sound岛处巴哈马边缘的坍塌产生了浊流中高度混合的岩石碎屑，而时间为Sangamonian期高位期（Crevello和Schlager，1980）。

组分的局限性与高位输送一致。如果台地能够大到发育一个局限的具有自身特有沉积物的内部区域，那么可以在长周期的海平面旋回中构建一个具有大范围的低位楔的台地，可能会很好地输出与高位体系域物质组分类似的沉积物。

体系域的模型假定海平面控制了海底扇的发育或缺失，以及它们在斜坡角上的位置高或低。现代海洋学和流体动力学理论的观点表明，扇体沉积的发育主要是浊流输送能力和权限之间的函数。这些参数，反过来，又取决于沉积物供给和地形（坡角、引导流动的峡谷大小等）。海平面可以影响沉积物供给，在一定程度上影响地形，但是这时它必须和其他作用竞争。

对于碳酸盐岩台地，Schlager和Camber（1986）提出了一个斜坡演化模型，是台地高度的函数（见图3.12）。该模型预测，随着斜坡角度的增加，沉积中心将向盆地移动。陡坡可以被浊流路过甚至被侵蚀，无论海平面位置如何，扇体都可能超覆在这些斜坡之上。这些重力流驱动的沉积体位置和形状主要是地形的函数。碳酸盐沉积物（特别是生物礁）以其快速建造陡峭地貌而闻名。重力驱动的沉积物的沉积中心将随着海底地貌的变化而快速迁移。因此，碳酸盐岩领域中扇体和海底峡谷不能作为海平面运动的可靠指标。

7.5.3 巨砾和海平面

在第4章，巨砾作为 T 工厂和 M 工厂的斜坡和盆地上普遍而显著的特征被引入。它们在这里值得进一步讨论，因为它们在海平面控制的层序中的具体位置存在争议。

由 Vail（1987）和 Van Wagoner 等（1987）总结的标准模型对碳酸盐岩没有具体的表述。Sarg（1988）发表了碳酸盐岩层序地层学的先驱性论文，关于重力驱动的沉积的表述严格地遵循标准模式。他得出的结论是，大多数碳酸盐岩（包括巨砾）是海平面低位期从过于陡峭的台地边缘坍塌而输送来的。Vail 等（1991）和 Jacquin 等（1991）也得出了类似的结论。Hunt 和 Tucker（1993）注意到在低位期巨砾可能特别丰富，但是"并不为相对海平面下降或低位期所独有"。Spence 和 Tucker（1997）也强调了台缘崩塌及巨砾的伴生沉积可能发生在高位期及低位期。然而，他们也总结认为，由于承压含水层内孔隙水超压和岩石结构中的应力增加，低位期可能有利于斜坡崩塌和巨砾发育。下面将仔细讨论这些机制。

（1）超压孔隙流体引起的崩塌。在海平面下降期斜坡沉积物中产生的超压具有较小的剪切强度，因此容易崩塌。承压含水层似乎利于这种超压的产生和失效，因为这些含水层中的孔隙压力受控于台地内的高水位，而局部静水压力因上覆海水柱的减少而显著降低（图7.18）。问题是：考虑到年轻的碳酸盐岩在低位期的固有渗透率高和洞穴岩溶体系的发育，在什么情况下会在年轻的碳酸盐岩中产生明显的超压？

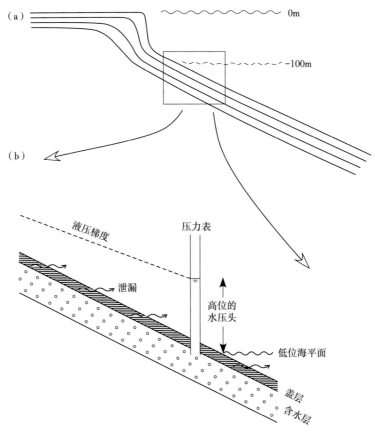

图 7.18 在海平面的低位期可能的封闭性超压含水层的环境

（a）镶边台地的边缘经历了100m幅度的海平面旋回。（b）斜坡上的封闭超压含水层的情况，例如一层碳酸盐砂被一层胶结的灰泥所封盖。液压梯度为水头差除以水平距离。封闭含水层中的液压梯度是由海平面下降产生的，通过封盖层的泄漏而消散。

示意图近似于最后一次间冰期—冰期转换期之后的情形。该过程对封盖层的连续性和质量提出了更高的要求

　　大巴哈马滩的更新统和新近系可以作为一个实例，因为其沉积解剖学和物理特性已是广为人知的。巴哈马浅水相的平均基质渗透率约为 10mD（Melim 等，2001），加上岩溶暗渠的良好网络体系能够支持长距离的循环（Whitaker 和 Smart，1990）。Kooi 的定量流动模型表明，在这些情况下，台地岩石在海平面下降期不可能保持明显的超压。巴哈马群岛更新统台地岩石的有效冲刷被 Unda 钻孔观测证实，位于台地边缘以内 10km 处，目前被混合海水向下充注至 200m 左右（Swart 等，2001）。大巴哈马滩的斜坡沉积呈现出不同的景象。它们的渗透率大于 100mD，却被渗透率为 0.01mD 或更小的胶结层所分隔（Kenter 等，2001；Melim 等，2001）。如果致密层是广泛且横向连续的，这种组合提供了保持超压的可能性，有些事到现在仍然不可得知。通过对北海白垩极端低渗透率的测量，深水碳酸盐岩的局部封盖潜力得到了证实（Mallon 等，2005）。然而，同样的白垩在岩心柱上部 1000m 或之下的地方通常处于静水压力平衡状态也是得到公认的（Scholle 等，1983）。

　　（2）岩石结构中的应力增加。Spence 和 Tucker（1997）提出海平面下降期浮力损失导致的应力增大可能会引起台地边缘的斜坡崩塌，这个可能性很大。这是否是一个普遍现象还有待于观察。第四系石灰岩中大量近于垂直的海崖表明，在许多情况下，大气水的岩化作用硬化岩石的速率比海平面下降使其破碎的体积的增长速率更高。

　　另一个增加压力的机制得到了近期关于碳酸盐岩斜坡的研究的支持——通过沉积物负荷增加应力。Spence 和 Tucker（1997）指出，在处于休止角的碎屑沉积物中，压力不会随着沉积物增加而变大。然而，有种情况不同，就是原地生长的坚固沉积体，诸如生物礁或原地泥晶碳酸盐岩体（见第 2 章）。一些作者已经观察到，通过原地沉积，以层状、透镜状或丘状形式存在的大量原地泥晶碳酸盐岩已经出现在 T 工厂和 M 工厂的斜坡上（Playford，1980；Brandner 等，1991；Blendinger，1994；Wood，1999；Blendinger，2001；Keim 和 Schlager，2001）。这些沉积体刚形成时是坚硬的，并且代表局部负荷，可能会引发滑动或坍塌（图 7.19）。在巨砾中普遍出现的原地泥晶碳酸盐岩和海相胶结物肯定暗含这种联系。

　　总而言之，在这一点上，评估可能引起大规模滑动、坍塌和泥石流的过程并不能提供海平面下降是巨砾形成的主要驱动因素的证据。没有进一步的信息，巨砾不应该被视为一个特定海平面位置的指标。在特定情况下是否存在特定关联，需要在案例研究中确定。Ineson 和 Surlyk（2000）提供了

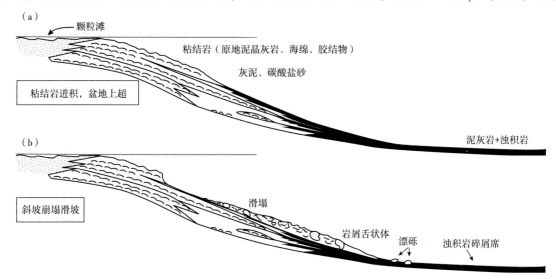

图 7.19　坚硬的原地泥晶碳酸盐岩透镜体和灰泥丘的生长使得剪切力增加造成斜坡
崩塌的模型（据 Schlager 等，1991，修改）

模型基于在阿尔卑斯南部三叠系斜坡上的观测：（a）原地泥晶粘结岩生长使斜坡过负载；
（b）斜坡崩塌搬运走多余负载，坍塌和巨砾的岩屑舌状体位于下斜坡和盆底

一个非常重要的此类案例。基于强有力的间接证据，他们的寒武系案例的巨砾与高位期和低位期均有关，但是最大和最广泛的位置出现在低位期。

7.6 约束界面

7.6.1 层序边界

Vail 等（1977）将分割地层的整合序列的不整合定义为层序边界，这个定义是宽泛的，为进一步细化留下了空间。在一篇前瞻性的论文中，Vail 和 Todd（1981）提出了六种通过陆表或海洋侵蚀产生不整合的方式，其中三种被认为适合作为层序边界。三种中的两个已经被广泛接受。本书建议增加第三种类型［不同于 Vail 和 Todd（1981）的第三种类型］。这三种类型在下面进行简要表述，随后进行更详细的评价。

（1）类型 I。当相对海平面低于前期层序的陆架坡折时，I 型层序边界形成。新的层序开始于一个低位体系域，其平坦顶部明显低于下伏高位体系域的最年轻的陆架面。

（2）类型 II。当相对海平面下降至老的滨岸线和陆架坡折之间的某处时，II 型层序边界形成。因此，只有内陆架被暴露，新的层序开始于陆架边缘楔。这个楔状体是一个低位体系域，其陆架坡折仅比前期陆架坡折略低，但是它的平坦顶部延伸至前期陆架坡折之上。

（3）类型 III。III 型层序边界意味着相对海平面没有下降。它形成于海平面上升速度快于沉积体系加积速度的时期，以至于一个海侵体系域直接覆盖在前期的高位体系域之上，通常伴随着明显的海相沉积间断（Saller 等，1993；Schlager，1998，1999b）。海洋侵蚀通常使得这一层序边界更加突出，特别是在淹没型碳酸盐岩台地上。

从沉积学的角度，这三种类型层序边界具有相当不同的特性。I 型不整合在很多方面都是理想的层序边界。它具有良好的几何表现，因为陆架坡折的逐级下降，以及在碳酸盐岩中，岩溶地貌有时甚至在地震数据中也可见。I 型不整合面也具有明显的岩性标志，以陆源影响叠加到海相沉积物之上为特征（微松藻、植物根、钙质土壤）。最后，I 型不整合是相对海平面明显下降的确凿证据。

II 型层序边界类似于 I 型边界，但不是太明显。由于前期高位体系域和陆架边缘楔之间的高程差不明显，II 型层序边界的几何表现被削弱，标准地震数据可能无法识别。岩性标志不如 I 型不整合广泛，因为只有部分的陆架暴露，近地表改造穿透深度有限。II 型不整合是相对海平面轻微下降的证据。至关重要的是，只有存在内陆架暴露证据时才将不整合定义为 II 型。将只有暴露的可疑证据的不整合定义为 II 型层序边界已司空见惯。笔者建议将这种不整合描述为层序边界，并避免进一步明确边界类型。

在镶边碳酸盐岩台地 II 型边界并不常见，因为边缘倾向于建造至海平面。这种情况下，台地顶部没有整体向海倾斜，仅几米的海平面下降就会将台地暴露至陆架边缘，并形成 I 型不整合。然而，Sarg（1988）指出，在某些镶边台地上（如瓜达卢普山的二叠系）最外层的台地确实有一个明显向海方向的下倾，在适度的海平面下降期，留下了一个陆架边缘楔发育的空间。这些台地"悬肩"发育的原因可能取决于边缘的性质：它由深水原地泥晶碳酸盐岩群落和广泛的海相胶结物组成，这个体系不一定会建造至海平面——台地的地形顶部可能由位于深水边缘向陆方向的颗粒滩形成。

III 型边界反映了独立或相互作用产生海洋不整合的两个独立过程的影响：（1）通过急剧变化的地形放大海洋潮汐浪；（2）台地泛滥或淹没，即通过下潜至透光区以下而消亡。两个过程的叠加效应可以产生超过 100Ma 的海相沉积间断，并代表着地层记录中一些最明显的地震不整合面（见图 2.25、图 7.20、图 7.21）。应该指出的是，只有接受 Vail 等（1977）的原始定义，III 型不整合才

能作为层序边界。它们并不是 Van Wagoner 等（1988）定义的不整合（也不是层序边界）。为了与
Van Wagoner等（1988）的定义保持一致，Sarg 提出了对于中国南海中新统流花台地（图7.20）淹没
不整合的另一种解释。他将台地的顶部视为最大洪泛面，并将层序边界放在台地内部的暴露面。这
种解释是可行的，但是有两个方面不令人满意：层序边界在地震上几乎不可见，并且有一个大型的
不整合和地层转折点位于层序之内。

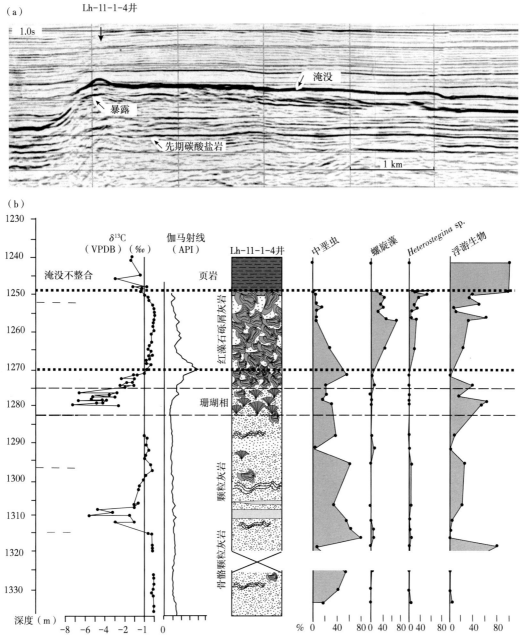

图 7.20　（a）中国南海中新统流花台地的地震剖面中的淹没不整合（及Ⅲ型层序边界）。注意沉
积记录的不对称性：左侧固定的、隆起的边缘和右边的后退。在半深海页岩覆盖台地之前，饥饿
沉积和海洋侵蚀已经持续了一段时间（据 Erlich 等，1990，修改）；（b）流花台地的钻孔数据表明
碳酸盐岩台地内部可能存在暴露，但是淹没不整合处未发现暴露的证据。中垩虫（*Miogypsinids*）
的减少，螺旋藻（*Spiroclypeids*）、*Heterostegina* sp. 和浮游生物增加指示了水体深度逐渐增加
（据 Erlich 等，1990；Scattler，2005，修改）

为了理解Ⅲ型边界的起源，需要简要讨论两个过程：台地洪泛或淹没，以及地形急剧变化造成的潮流能量增大。淹没的沉积记录是可变的，但总是代表着沉积物输入和扩散的主要变化。基本模式是沉积环境的加深至透光带以下，从而位于 T 工厂的生产区域之下。淹没过程不需要彻底。台地可能被泛滥并浸没至半透明但仍处于透光条件的状态。在这些情况下，应该说是"初期溺水"（Read，1982）或明显的洪泛。这种洪泛事件往往导致台地边缘的后退和重新定向。洪泛或淹没的记录可能展现出从浅水至深水的逐渐过渡，但是主要沉积间断和突然变化更为常见。沉积间断记录的一个常见原因是通过急剧变化地形造成的潮流能量增大。淹没的台地增强了（通常为缓慢的）海洋潮汐，这可能引发强烈而持久的海洋侵蚀。其结果是形成淹没台地和（半）深海覆盖物（或覆盖物之内）之间的大型沉积间断。这些间断的持续时间大部分超过 10Ma，有些甚至超过 100Ma（见图 2.25；Schlager，1999b）。

随着台地淹没，沉积物组成和扩散的剧烈变化通常会形成一个被 Schlager（1989）称为淹没不整合的不整合面。几何学上，这个不整合面类似于低位期不整合，因为盆地局限的沉积体上超在淹没台地的斜坡上（图 7.20、图 7.21）。但实际上，不整合必须在相对海平面上升或高位期间形成，因为只有在台地顶部发生洪泛时才可能发生淹没。淹没的台地和淹没不整合在地质记录中很常见，其

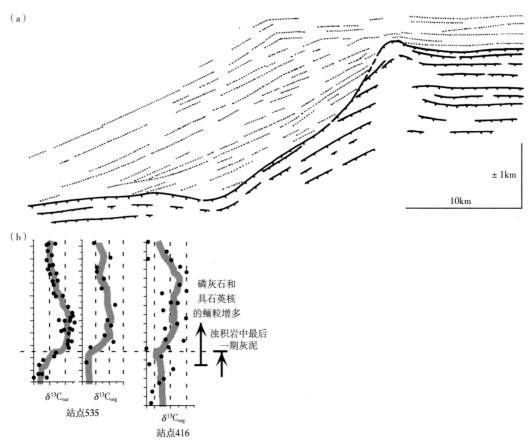

图 7.21 （a）摩洛哥附近的侏罗系—白垩系 Mazagan 台地。台地（加粗、牙齿线）在早白垩世（Valanginian）被淹没，并被硅质碎屑岩（虚线）上超，这些硅质碎屑岩从右往左越过台地，也在向海方向一侧进行堆积，自下而上掩埋台地侧翼。这种海洋上超是由碳酸盐岩斜坡的高倾角（约 20°）造成的，几何形状类似于低位浊积岩楔状体。（b）台地带向海方向的深水沉积记录将台地淹没和古海洋学连续起来。通过 DSDP（深海钻探计划）416 号站点钙质浊积岩组分的变化记录了台地的终止。淹没时间与碳酸盐岩和有机质中较重碳同位素的漂移相吻合，表明在 416 号站点和西大西洋 534 号站点记录到了全球缺氧事件（据 Schlager，1980，1989；Wortmann 和 Weissert，2001）

中一些已经被解释为主要的低位期的结果。这可能解释了来自层序地层学的海平面曲线和其他技术所得曲线之间的差异（图7.22）。隆起的边缘和空桶是淹没不整合的普遍特征，这对于它们的识别提供了很好的标准。

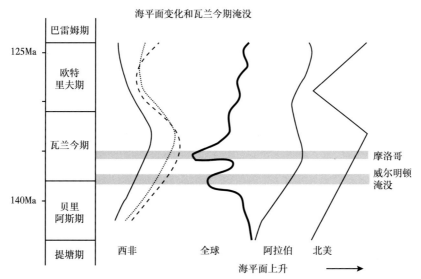

图 7.22　早白垩世海平面曲线非常相似（据 Schlager，1989）

指示了强烈的海平面升降的控制作用，Haq 等（1987）的全球层序地层学曲线（加粗）与其他记录不一致，可能是因为广泛的瓦兰今期淹没不整合被误解释为低位体系域

淹没可以是一种持续事件，造成生产性的台地表面逐渐或阶段性收缩。这个过程的最后一步往往表现为之前台地边缘最具生产力的部分被分解为一串的补丁。这些补丁呈丘状，因为它们被深深地淹没，不再被波浪所刨蚀（图7.20、图7.21、图7.23）。

地震数据中的淹没事件通常比暴露事件表现得更加明显。事实上，由于淹没造成的地震反射层和不整合过于明显，在地震地层学中经常被选为层序边界。在淹没之前没有暴露的，这造成一个定义问题（Erlich 等，1990；Wendte 等，1992；Saller 等，1993；Moldovanyi 等，1995）。Ⅲ型边界，即高位体系域和上覆海侵体系域之间的不整合，没有暴露但海洋侵蚀作用很强，避免了这一问题。它也是把淹没不整合作为一级地层转折点。在海平面升降周期内海平面下降速率与沉降速率永远不匹配的地区，不会发生暴露，且Ⅲ型不整合可能是特定位置这一海平面升降旋回的唯一记录（图7.24）。

淹没事件或显著的洪泛（=初始淹没）事件已经被用作碳酸盐岩钻孔和露头的层序边界。典型样式是一个高位体系域被一个海侵体系域所覆盖，二者之间没有暴露界面（Bosellini 等，1999；Van Buchem 等，2000）。

7.6.2　海侵面和最大海泛面

在热带生物礁或台地上有两个面（或层段）很常见，尽管与硅质碎屑体系的标准有些差异。

（1）海侵面。它的变化非常大，取决于低位体系域的范围。如果低位体系域狭窄且以生物礁生长为主，而不是松散沉积物的堆积，那么海侵面可能会随着它在孤立的礁体上下沉积而具有好几米的沉积起伏。下全新统就有这种类型的实例。

（2）最大海泛面。在热带碳酸盐岩台地和生物礁上，通常可以定义最大海泛的水平面为相带趋势从变深到变浅的变化点。T 工厂的沉积物对深度相当敏感，因此可以明确地确定变深和变浅的趋势。由于台地顶部几乎是水平的、地层近于平行及缺少超覆现象，最大海泛面作为高位期斜积层下超面的识别比较困难或不可能。因此，最大海泛面通常表示为层段而非面。处理这种"逐渐变化的

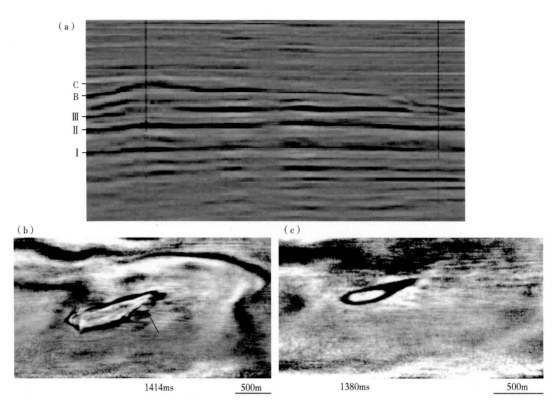

图 7.23 中国南海一个中新统建造的后退和淹没（据 Zampetti 等，2004，修改）

（a）碳酸盐岩建造的深度偏移剖面和两口井用来较正时间剖面中更常见的垂直变形。层Ⅰ形成了一个平缓背斜，标志着在平缓褶皱基底上建造发育的开始。Ⅱ层和Ⅲ层近于水平，代表平顶台地的生长阶段。Ⅲ层以上，建造开始后退且从丘顶向丘状转换，表明逐渐浸没至波浪作用区以下，开始淹没。（b）三维地震数据的时间切片，展示了紧邻Ⅲ层之上平顶台地阶段的建造。箭头表示坍塌痕迹。（c）丘生长末期阶段的时间切片。光滑的椭圆外形（一般不存在不规则喀斯特地貌）表明缓坡淹没和死亡

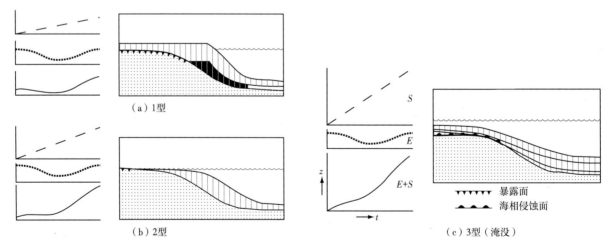

图 7.24 海平面升降和沉降相互作用的概念模型（据 Schlager，1999b）

相同的海平面升降周期能够产生不同类型的层序边界，其类型取决于沉降速率：（a）如果海平面下降速率明显超过沉降速率，则形成 1 型层序边界。（b）如果海平面下降速率与沉降速率大致相当，则形成 2 型层序边界。（c）如果海平面下降率低于沉降速率，则不会发生暴露，然而这一体系在随后的与快速沉降同步进行海平面上升期可能被淹没或深水洪泛，将会形成 3 型层序边界。

S—构造沉降；E—海平面升降；E+S—构造沉降与海平面升降叠加效应；t—时间；z—总沉降

层序地层学"的技术将在本章最后讨论。

7.6.3 假不整合

在第 6 章指出，地震不整合和露头不整合并不总是相匹配。在碳酸盐岩中，特别是热带碳酸盐岩中，露头记录和地震记录之间的偏差似乎比硅质碎屑岩中更为常见。碳酸盐岩的下列特征可能是造成这种偏差的原因。

（1）碳酸盐岩可以建造更为陡峭的斜坡，因为泥质深水碳酸盐岩的剪切强度大于硅质碎屑岩类比物，并且在海底或近海底处沉积物容易发生岩化。因此，碳酸盐岩中沉积斜坡角度的总范围通常比硅质碎屑岩体系的更宽。

（2）在沉积物堆积过程中，碳酸盐岩斜坡角度可以随着时间的推移而发生快速的侧向变化。这是因为有许多局部沉积物来源，生产包括原地格架和各种大小颗粒的生产和快速岩化会阻碍沉积物的侧向搬运，而侧向搬运通常会减少硅质碎屑岩的斜坡角度变化。

（3）从碳酸盐工厂到周围硅质碎屑岩区域的变化可能特别快，因为存在许多局部的碳酸盐生产地点和因快速胶结导致的有限的侧向搬运。露头的地震模型是一种直接将露头观察和地震图像进行比较的方法。Bosellini（1984，1988）对碳酸盐岩层序地层学中露头的潜力进行了详细说明，随后提出了碳酸盐岩中大尺度露头的实际地震模型（Middton，1987；Rudolph 等，1989；Schlager 等，1991；Biddle 等，1992；Stafleu，1994；Bracco Gartner 和 Schlager，1999；Anselmetti 等，1997；Kenter 等，2001）。绝大多数地震模型的可能意义在于在地震模型中展示了一个或多个超覆样式，而它们在露头中或形成地震模型基础的波阻抗模型中是不存在的。

图 7.25 至图 7.30 展示了这些假的超覆的基本类型和实例，被 Schlager 等（1991）称为假不整合。假不整合包括假顶超、假上超和假下超。在大多数情况下，指状交叉样式的真实特征会随着频率增加和分辨率的提高而显示出来（图 6.10、图 7.28）。然而，解决该问题可能需要数倍的频率增加。在模型中很容易完成，但在实际数据中很困难或不可能完成。Bracco Gartner 和 Schlager（1999）发现，利用地震属性和瞬时相位，能够允许人们在明显低于标准反射显示的频率上区分上超和指状交叉。

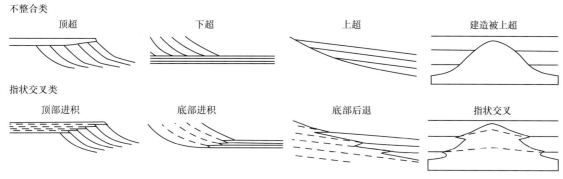

图 7.25 生物礁和台地的沉积几何结构

其中真正的不整合和相指状交叉产生的伪不整合可能难以区分

在澳大利亚东部地区新近系发现了一个典型的假下超的海底实例（图 7.29；Isern 等，2002）。澳大利亚西部具有非常类似的反射结构，未经钻探验证，被 Cathro 等（2003）解释为真正的不整合。

目前，不知道地震不整合中的多大比例是假不整合，它们对应的是相带的变化或岩石柱中明显的厚度变化。不过，这个百分比可能很重要，不应该把这个问题丢在一边。

在笔者小组建立的十几个露头模型或来自 1989—1995 年文献汇编（Schlager，1996）的露头模型中，至少 50% 为假不整合。在碳酸盐岩中普遍出现假不整合的主要原因可能是碳酸盐工厂边缘急剧的相变和快速的厚度变化。图 7.25 总结了观察到的这些假超覆出现的最常见情况。

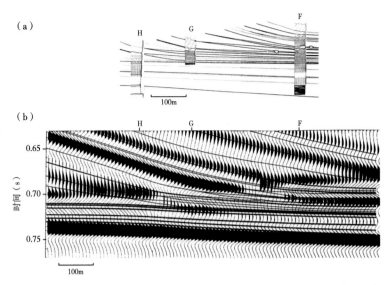

图 7.26　南阿尔卑斯山的 Picco di Vallandro（Dürrenstein）的三叠系斜坡—盆地过渡特征（据 Rudolph 等，1989）

（a）碳酸盐岩斜坡沉积物（左上）和灰泥质盆地沉积物（右下）之间的指状交叉。（b）25Hz 垂直入射地震模型显示了斜坡和盆地域内的地层平行反射，但也产生了倾斜于层的反射——一个攀爬在斜坡角的假下超反射。这个斜坡的底部反射是不连续的，并且在图的中部 1/3 处向上移动，但图的左边 1/3 和右边 1/3 的连续部分仍然明显地穿越时间线

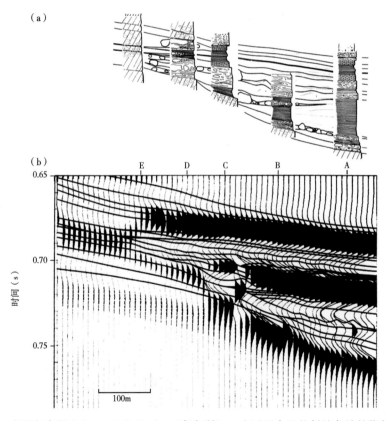

图 7.27　南阿尔卑斯山 Picco di Vallandro（意大利）一个后退台地的斜坡角处的指状交叉细节

（据 Rudolph 等，1989；Bracco-Gartner 和 Schlager，1999）

（a）斜坡碳酸盐岩和黏土质盆地沉积的指状交叉，当盆地中堆积速率快于斜坡沉积速率时会同时沉积碳酸盐沉积物的滑塌和碎屑流沉积舌状体，以至于盆地沉积物侵占下斜坡；（b）25Hz 的垂直入射地震模型分别显示了斜坡和盆地中的层平行反射。此外，几乎连续的反射与地层斜交，形成了盆地沉积物上超在斜坡上

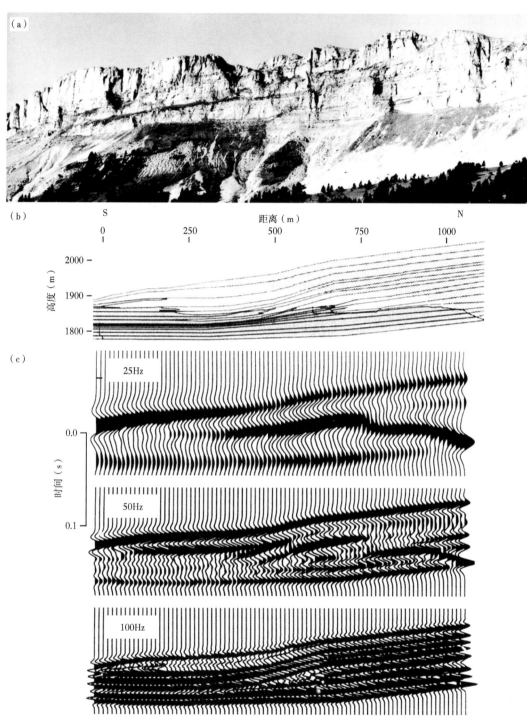

图 7.28　西阿尔卑斯山（法国）Vercors 山的一个白垩系前积碳酸盐岩台地的
S 形斜坡沉积（据 Stafleu 等，1994，修改）

（a）露头照片。右上方干净的台地颗粒石灰岩随着它们沿斜坡向下逐渐变为灰泥和黏土沉积。在斜坡角，岩屑石灰岩与泥质泥晶灰岩或灰泥大部分被岩屑堆覆盖。（b）用于构建地震模型的岩性模型。线条表示用于约束岩石地层单元和穿越三个不同相的层面：干净颗粒灰岩（点状），泥粒灰岩—粒泥灰岩（空白），泥晶灰岩（灰色）。由于不同的阻抗值被分配给各岩石地层单元，地层面起到了潜在的反射层作用。（c）三个不同频率的（b）的垂直入射地震模型。100Hz 模型以基本正确的形式显示了岩石地层样式。由于分辨率不足，25Hz 和 50Hz 的模型出现假超覆现象。50Hz 的模型特别容易引起误解，因为斜坡沉积的局部变平产生了低位体系域上超在高位斜坡的假象

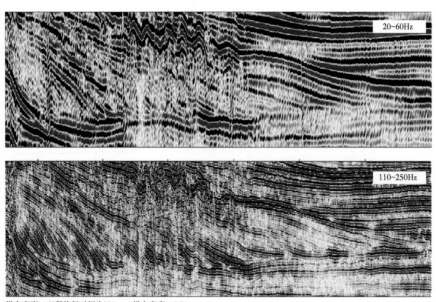

纵向高度：双程旅行时间为200ms；横向宽度：16km

图 7.29　太平洋西南 Marion 台地中新统台地斜坡角处的下超（据 Isern 等，2002）

前积的斜坡沉积是干净的砂屑灰岩，平坦的盆地沉积是含少量黏土的砂屑石灰岩。岩性的轻微差异加上倾角之间的明显变化足以在 20~60Hz 频率下产生假不整合（下超）。100~250Hz 时，可以看到斜坡角处的反射是弯曲的而不是在几个地方终止

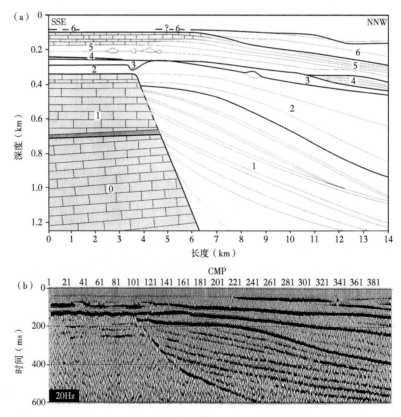

图 7.30　意大利亚平宁山脉 Maiella 山的地层解剖学和地震露头模型（据 Anselmetti 等，1997）

（a）由露头观测得到的地层模型。线条代表着与阻抗变化相关的地层层面。（b）合成地震记录与（a）的整体解剖相当吻合，但是在 CMP101~201 之间的单元 1 和单元 2 的边界处显示明显的假顶超

7.7   碳酸盐岩层序中的硅质碎屑岩和蒸发岩

第4章中得出的结论是硅质碎屑岩和蒸发岩可能出现在所有的碳酸盐岩相带，但是概率各有不同。层序和体系域的情况也是相似的。

硅质碎屑岩可能出现在所有体系域之中，但是它们在低位体系域底部最常见，在高位体系域的陆架边缘最少见。这种二分法导致混合体系中的"交互沉积"现象，例如瓜达卢普山的二叠系（Wilson，1975；Sarg 等，1999）。交互的沉积意味着最大沉积区在盆地中心和盆地边缘之间交替出现。当碳酸盐岩台地加积和前积最迅速时，盆地处于饥饿状态；另一个方面，盆地中的厚层硅质碎屑岩沉积单元在盆地边缘则可能没有同期沉积。交互沉积作用是碳酸盐岩的高位输送和硅质碎屑岩的低位输送原理的逻辑结论。

在台地内部的高位体系域和海侵体系域，硅质碎屑岩可能比在台地边缘更加普遍。在瓜达卢普的二叠系，高位台地旋回是"向上变干净"的，即它们在底部富含石英，在顶部则变为干净的碳酸盐岩（图7.31）。Sarg（2001）综述了碳酸盐岩层序中蒸发岩的存在。它们可能出现在所有体系域中，但是概率不同（图7.32）。在处于海平面低位时，局限盆地变得近于孤立且盐度较大，厚层蒸发岩可形成低位期沉积。在海侵体系域，当前一高位期的潟湖洼地被淹没时，可能形成规模的蒸发岩。

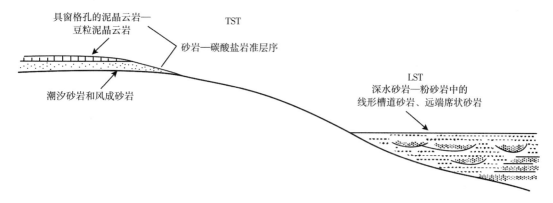

图7.31　瓜达卢普山二叠系硅质碎屑岩（主要是石英砂和粉砂）的分布（据Sarg 等，1999，修改）
当台地主体暴露时，低位期大量的硅质碎屑岩堆积在深水盆地中；硅质碎屑岩的小型舌状体堆积
在海侵体系域和高位体系域的碳酸盐岩台地之间（"向上变干净旋回"）

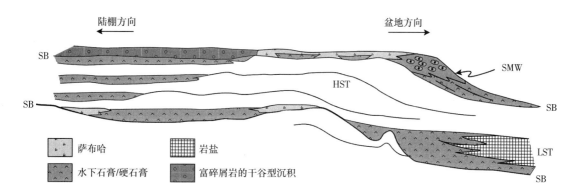

图7.32　碳酸盐岩层序中的蒸发岩分布（据Sarg，2001，修改）
在所有相带和所有体系域中都可能出现蒸发盐体（阴影）。然而，它们在低位体系域和海侵体系域中
最为常见。在盆地范围超盐度期，连续石膏沉积层可能在所有的环境中取代碳酸盐岩，包括陆架边缘

高位体系域通常在海相沉积向陆一端的萨布哈中发育蒸发岩。最后，如果海水是超盐度的，但是海平面仍然高到足以淹没之前的碳酸盐岩陆架，石膏/硬石膏沉积物可能占据在所有的沉积环境。根据图 7.3 中体系域的定义，这将是一个主要由蒸发岩沉积构成的高位体系域。

7.8　两个新近系碳酸盐岩层序地层学研究实例

7.8.1　巴哈马群岛西北部

　　巴哈马北部已经成为热带碳酸盐岩解释的模式和标准。第 2 章和第 3 章反复提及其这一角色。通过沿着工业地震测线所钻的科研井和由大洋钻探项目向近海延伸的组合，该区也已成为碳酸盐岩层序地层学的一个重要标定点。巴哈马钻探项目提供了 2 口位于台地上的钻井资料（Ginsburg，2001），大洋钻探计划第 166 号分部提供了 5 口位于斜坡和盆地相的钻井资料（Eberli 等，1997）。

　　地质背景。佛罗里达南部和巴哈马群岛的碳酸盐岩台地是北美地台的被动陆缘的一部分，这是一个在侏罗纪裂开的成熟边缘，在上新世—更新世，它的沉降速率已经减缓为每百万年几十米（McNeill 等，2001）。碳酸盐岩相类型反映为热带碳酸盐岩台地，主要由生物礁或颗粒滩形成镶边。热带气候以东—东北向信风为主。层序地层学的研究主要集中在大巴哈马滩台地的一个边缘，其面向信风的背风向，并接壤一个位于两个海峡（佛罗里达海峡和 Santaren 海峡）交汇处的盆地。这两个海峡均被强烈的向北方向的海流扫过，并在研究区汇集（图 7.33）。它们是北大西洋顺时针亚热带环流的一个部分。虽然该环流属于大洋的表层环流（见图 1.4），但是因西部边界洋流体量很大，因此能够将巴哈马群岛海峡填充至底部。结果，研究区的沉积物堆积由碳酸盐生产、巴哈马滩顶往背风向的输送、海平面及扫过斜坡和盆底的洋流共同作用来塑造。

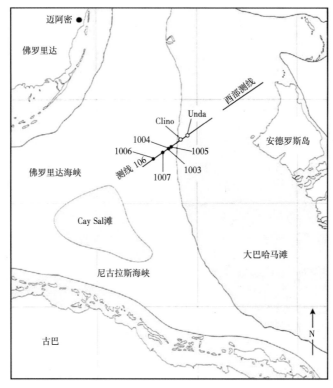

图 7.33　大巴哈马滩西部和周围环境的位置图（据 Eberli 等，2002）

标明了钻孔和地震剖面及浅水碳酸盐岩环境（阴影）

Eberli（2000）、Anselmetti 等（2000）、Eberli 等（2001，2002）等建立的层序地层学研究呈现出了非常一致的样式。在地震数据中识别出了不整合约束的地层组合，并且从台地到盆地进行了追踪（图7.34）。通过校验炮和测井曲线将边界标定在了横切面的 7 口井上。通过岩石地层学、生物地层学和地磁地层学技术完成了这些井之间的对比。这个特别详细的案例研究得出了几个非常重要的结论。

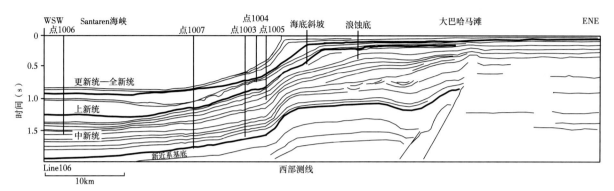

图 7.34 大巴哈马滩西南的地震剖面地层解剖图（据 Eberli 等，2002，修改）
展示了 17 个新近系层序边界从台地到盆地的对比

（1）通过追踪地震反射层进行对比和利用岩性地层学的分析结果是一致的——不同技术提出的时间线从未交叉（图7.35）。

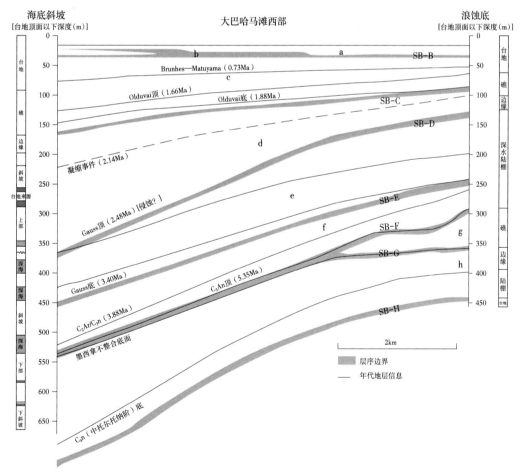

图 7.35 磁性反转的时间线与层序边界（据 Eberli 等，2001，修改）
时间线和层序边界的分散和会合，但从不交叉

（2）这种令人非常满意的对比结果是通过利用来自岩心的年龄数据和岩性观察约束地震解释而实现的。由于反射轴的反复合并和分散，单纯利用地震数据进行从台地至盆地的对比将面临很大的不确定性。洋流是引起这个问题的主要原因——它们在盆地底部产生沉积物漂移和冲刷，并且间歇性地切割斜坡沉积中的主要沉积间断（图 7.37）。另一方面，洋流可能与海平面波动同步，由于海峡的横截面积减小，以至于低位期遭受更强烈的侵蚀（Eberli 等，2001）。

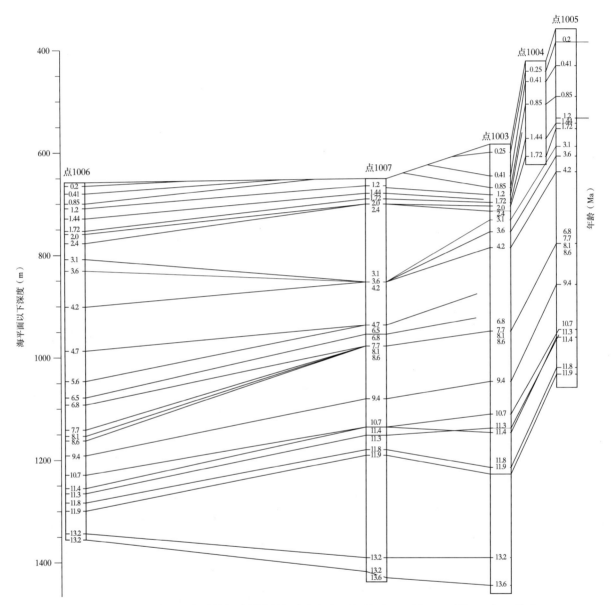

图 7.36　图 7.34 中所示大洋钻探计划的钻探点之间的时间线对比（据 Eberli 等，1997，修改）
仅通过追踪地震反射的年龄数据会产生很大的不确定性，因为随着沉积物的搬运而增厚和减薄会导致时间
线的合并和发散。图 7.34 中的一致性对比是通过将来自钻孔的背景精确度加入地震数据中所获得

（3）在台地环境，层序以暴露面为边界；在深水区域，层序边界是以硬地为标记的突然相变或沉积间断。长达百万年的沉积间断和广泛的海洋胶结或硬地的自生矿化作用几乎确定地反映了洋流活动。台地周缘环境通常有很好的沉积物供给和无沉积的长期间断，暗示是由外因引起的。

（4）低位楔清晰可辨，但是它们规模很小，且很少有明显的台地边缘（图 7.34）。

（5）高位输送作用主导了这一背风向斜坡。高位期以前积为主，加积作用则很弱（Eberli 等，

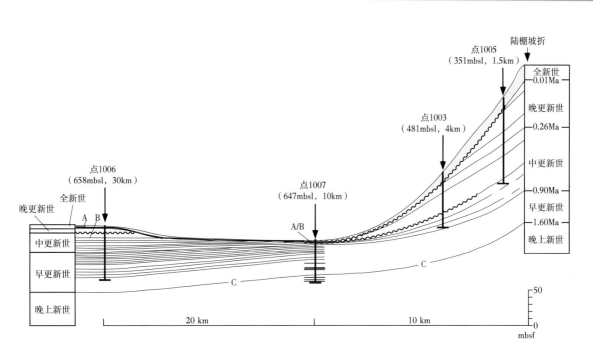

图 7.37 佛罗里达海峡处的巴哈马台地斜坡的侵蚀削截（据 Rendle 和 Reijmer，2002，修改）

侵蚀可能是随着斜坡逐渐增高变陡（图 3.12）和来自墨西哥湾湾流的冲刷作用引起的，

mbsl—海平面以下深度（m）；mbsf—海底以下深度（m）

2001）。在这种情况下，滩顶的碳酸盐产量很高，但是可容纳空间很小，以至于多余的沉积物都被搬运至背风向斜坡。斜坡沉积物富含灰泥，砂级浊积岩含量较低。与其他巴哈马地区的盆地情况类似，大多数浊流可能路过斜坡并且将它们的沉积物堆积在盆地底部（Schlager 和 Chermak，1979；Mullins等，1984；Harwood 和 Towers，1988）。

（6）成岩作用似乎强化了层序边界，因为在海平面旋回内台地的暴露和洪泛改变了斜坡之上沉积物的组成和数量（图 7.38）。在高位期，由台地向斜坡的沉积物输出量很高，因此斜坡沉积物含

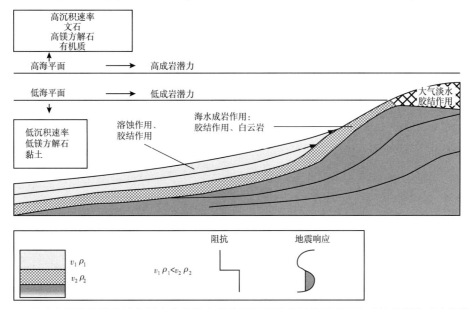

图 7.38 通过选择性海洋胶结作用在高位期和低位期沉积的边界处形成侧向连续的阻抗对比的模式图

（据 Eberli，2002，修改）

胶结作用优先影响高位期沉积，因为它们富含丰富的亚稳态文石

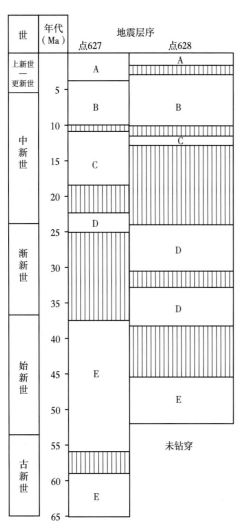

图 7.39　Blake 高原新生代沉积物中的间断
（据 Austin 等，1986，修改）

钻孔仅相距 10km，但是沉积和侵蚀历史相差甚大。这两个钻孔都位于小巴哈马滩斜坡向海方向的隆起处。沉积物反映了深海沉积物、来自台地远端沉积物重力流的输入，以及底流的重新改造三者之间的相互作用。重力流在它们的远端，几乎不会受到侵蚀。因此，沉积间断可能是由等深流引起的

有大量亚稳态文石。在低位期，沉积物输出量降低，斜坡沉积物之中的文石含量降低。由于成分不同，斜坡上高位期沉积物比低位期沉积物胶结得更好。其结果是在层序边界处具有明显的阻抗对比，坚硬的、胶结很好的高位沉积层被胶结较弱的低位沉积层覆盖。

关于层序边界的悬而未决的一个问题如图 7.39 所示。然而，佛罗里达海峡中的记录表明形成于海平面的低位期的沉积间断、在 Blake 高原上的两个钻孔的记录毫无规律。这些钻孔相距仅 10km，但是它们的沉积间断在年龄和持续时间上存在着显著差异，并且与地震层序边界的可对比性不强（Austin 等，1986）。一种可能的解释是如果墨西哥湾海槽狭窄，如佛罗里达海峡，那么洋流侵蚀和海平面保持一致；另一方面，如果墨西哥湾流可以自由蜿蜒流淌（如 Blake 高原），则侵蚀就是不规律的。在 Blake 高原上，地震数据（Pinet 和 Popenoe，1985）表现出相当不规则的侵蚀样式。

7.8.2　马略卡岛的晚中新统

Pomar（1991，1993）、Pomar 等（1996）详细描述了马略卡地中海岛屿的上中新统碳酸盐岩，Pomar 和 Ward（1999）对巴哈马案例进行了几个方面的重要补充。非但没有被现代碳酸盐岩台地所掩埋，马略卡的岩石反而暴露于几千米长的海崖中，并且已经在数百个水井中钻揭，因而提供了一个非常好的机会开展数米至数十米尺度的层序解剖研究。这种尺度的层序解剖细节已经在巴哈马的钻井中加以描述，但是并未解决地震或井间对比的问题。

地质背景。中新统石灰岩、白云岩和泥灰岩属于 Betic 山脉山间磨拉石盆地的沉积物充填，Betic 山脉是一个欧洲南部阿尔卑斯山脉的造山带。与巴哈马不同，Betic 磨拉石盆地经历了长期的沉积后隆升和地表侵蚀。马略卡岛的碳酸盐岩属于上中新统（托尔托纳阶—墨西拿阶）。Pomar 等（1996）估计沉积阶段持续了大约 2Ma。它们的相带清晰地显示出 T 工厂的典型特征：丰富的造礁珊瑚和绿藻，富灰泥潟湖和台地边缘快速生长的珊瑚礁。台地在不到 100m 水深的陆架上发育，其在这段时间内沉降缓慢。海平面上下波动，但是长期呈稳定或下降趋势（Abreu 等，1998）。因此，可容纳空间的增长速率相当低。另一个方面，碳酸盐岩生长速率一直很高。因此，在研究区间内，台地进积了 20km。

综合分析良好的露头和仔细的观测得出了一些重要的认识。

（1）沉积韵律出现在各种尺度上。被称为 S 形（Pomar，1991；Pomar 等，1996；Pomar 和 Ward，1999）的单个沉积单元组成 S 形组，再组成复层组，最后组成巨组。整个地层被认为等同于标准模型中三级层序的主体部分。在这旋回级次中基本沉积样式保持不变。Pomar 和 Ward（1999）

注意到 S 形"不是一个准层序……而是……一个小规模的沉积层序"和"S 形的组、复层组和巨组……也表现出沉积层序的特征……"。

（2）台地以强烈的进积作用和极小的加积作用为特征（图 7.40、图 7.41）。尚未观察到后退的台缘或向上变深的沉积层。该序列是一个沉积物供给主导体系的极端实例，好的边缘的碳酸盐岩生产速率几乎总是超过可容纳空间增长速率（图 7.4）。下面列出的层序地层特征是这一基本背景的直接结果。

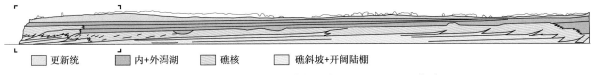

☐ 更新统　☐ 内+外潟湖　☐ 礁核　☐ 礁斜坡+开阔陆棚

图 7.40　2km 海崖露头的示意图（据 Pomar，2000，修改）

前积实际上是连续的，但是加积速率不同。具有零或负加积率（逐级下降）

特征的长期前积被短期的重大的加积所分割

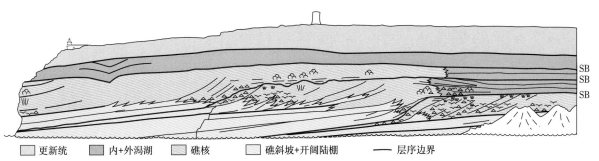

☐ 更新统　☐ 内+外潟湖　☐ 礁核　☐ 礁斜坡+开阔陆棚　—— 层序边界

图 7.41　马略卡岛 Blanc 海峡中新统石灰岩中地层样式、相及暴露侵蚀面的露头示意图（据 Pomar，2000，修改）

这是一个沉积物供给占主导地位的沉积体系的实例，前积非常迅速，仅被侵蚀暴露面打断，没有后退。暴露后的洪泛没有形成可测量的沉积物堆积；1 型层序边界形态上与海侵面和最大海泛面相一致。地层几何形状和珊瑚形态表明，右下角的 S 形顶部被削截，但珊瑚带没有向进积方向下移。中心的中间单元也是如此。因此，被削截的 S 形是否代表了 Pomar（2000）所指的退覆体系域或顶部在低位期被侵蚀的高位体系域仍然值得讨论。注意中间单元右侧处抬升的边缘和向陆方向倾斜的礁后裙

（3）边界层面是侵蚀性的，并具地表暴露的常见证据。洪泛事件非常敏感，它们通常由开阔陆架石灰岩组成，上超到斜坡的生物礁碎屑的舌状体之上。开阔陆架沉积物的舌状体延伸至边缘礁的顶部，这种现象是极罕见的。

（4）图 7.3 和图 7.4 中定义的海侵体系域并未发育。沉积记录由高位体系域和低位体系域组成。然而，有两种样式表明相对海平面上升引起的可容纳空间增长速率有时会超过碳酸盐生产速率：①台地边缘的生物礁边缘偶尔会超过潟湖底部，并发育向陆方向轻微倾斜的斜坡（图 7.41）；②台地边缘的向海方向，开阔陆架的沉积物经常上超及部分掩盖礁岩屑堆的舌状体，表明前积作用暂时停止。

（5）S 形边缘剖面的优势地位和陡峭低位海崖的缺乏表明机械改造是非常重要的，沉积物中碎屑与格架的比值相当高。

（6）斜坡上的精细深度分带（图 7.42、图 7.43；Pomar，1991）允许人们至少可以根据斜积层上的削截深度粗略地估计低位期的侵蚀量。估算出的低位期侵蚀量相当可观，再次表明该体系存在大型的机械侵蚀和向海方向的岩屑高效搬运。

（7）观测结果的高分辨率引发了对体系域分类的讨论。Pomar 和 Ward（1995）将高位体系域划分为加积体系和高位静止体系。低位体系域被分为一个退覆体系和一个低位静止体系。作为标准分类的细分，这一分类是有益的。应该指出的是，加积体系和高位静止体系都符合图 7.3 和图 7.4 中高位体系域的定义。同样，退覆体系和低位静止体系也符合低位体系域的标准。所

提出的退覆体系域需要区分在海平面下降时沉积的体系域（退覆体系域）和在后续低位期形成的仅顶部被削掉的前积体系域。后者仅代表一个侵蚀的高位体系域。即使珊瑚的详细深度分区在这个方面也经常变得不明确（图 7.41）。

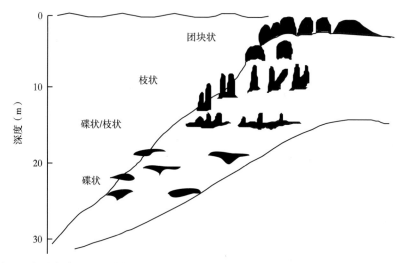

图 7.42　利用珊瑚形态建立的礁前斜坡上的深度分区，现代沉积类比如图 2.7 所示（据 Pomar，1991）

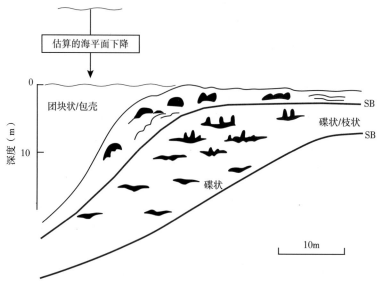

图 7.43　两个 S 形单元之间边界处相对海平面下降的野外证据（据 Pomar，1991，修改）
指示 10~20m 水深的枝状珊瑚的分布区，被年轻的 S 形中指示 0~10m 水深的块状珊瑚和包壳珊瑚（它们在相同水深处）覆盖

7.9　逐渐变化的层序地层学

本节的标题听起来像是一个明显的自相矛盾的说法。地层层序的定义是以不整合为界的整合序列，不整合清楚地表明沉积记录中的间断对于定义层序是必要的。另一方面，大型间断与逐渐变化的地层是矛盾的。

标准的层序模型（见第 6 章）在层序边界处具有明显的间断和超覆，在海侵面和最大海泛面处则不太明显。因此，由标准层序组成的地层序列表现出高度不对称性的旋回，在其层序界面处被明显的间断所削截。许多案例研究都记录了这些削截，层序的不对称性结构符合标准层序模型（Van

Wagoner 等，1990；Anderson 和 Fillon，2004；Eberli 等，2002；Pomar 等，1996）。然而，层序地层学案例研究也表明，不对称的、强烈削截的标准模型有其局限性，而且存在相当数量的地层序列表现出海侵向海退趋势逐渐过渡，反之亦然。这些旋回往往都是对称的，边界是渐变的。

具有渐变边界的对称旋回最著名的案例是一级和二级层序。一级层序一开始就被认为是近于对称的，具有渐变性边界的海侵—海退序列，与平缓的海平面旋回有关（Vail 等，1977；Haq 等，1987）。最近，Duval 等（1998）也描述了二级层序，几乎是对称性单元。但是具有渐变边界的对称性层序的现象并没有结束于此。也有第三级和第四级层序显示出海侵—海退（或变深—变浅）趋势近于对称的交替变化（Embry，1993）。碳酸盐岩沉积学家描述了平顶台地具有这一现象的实例（Read，1989；Goldhammer 等，1990；Montanez 和 Osleger，1993）。一个经典的例子是南阿尔卑斯山的三叠系 Latemar 台地（Goldhammer 等，1990，1993）。笔者将以 Latemar 为例来阐述这一现象和解释它的层序地层学方法。

Latemar 山（图 7.44）是一个镶边型台地，具有一个实际上处于海平面位置的平坦顶部和一个由 T 工厂和 M 工厂之间过渡的构成。该边缘含有许多海绵和珊瑚的原地泥晶碳酸盐岩和海洋胶结物的不成层块体，宽度小于 50m，向海方向变成 25°～35°的斜坡。均匀沉积的台地内部缺乏重大间断，但是基本地层单元的沉积相信息和叠加样式清晰地表现出细分特征，这些基本地层单元被 Goldhammer 等（1990，1993）称为旋回。图 7.45 和图 7.46 展示了主要划分结果。潮上的和陆地相的增加指示了这一 670m 厚剖面的自下向上变浅。剖面上部则表现出相反的趋势。在台地上没有观测到重大的沉积间断或不整合面，也没有斜坡上低位体系域的清晰证据。因为缺乏重大间断和几何学分异的沉积体系域，Goldhammer 等（1990，1993）使用了替代指标。他们在最频繁暴露的地层内设置了一个层

图 7.44　三叠系 Latemar 台地

地层实际上是水平的，平缓的且缺乏明显的角度不整合。Goldhammer 等（1990）描述了这些沉积
体中近 700m 的测量剖面，这些沉积体构成了逐渐变化地层的层序地层学的基础

序边界——一个叠置帐篷构造层和大气淡水成岩作用的地层单元。边界之下，向上变浅的地层被解释为高位体系域，其上变深的地层作为海侵体系域。剖面底部的厚层潮下带地层（可见稀疏的薄层潮上带沉积层）被解释为另一个海侵体系域。根据这里使用的定义，Goldhammer 等（1993）将低位体系域定义为海洋沉积未延伸至台地顶部的地层单元。

逐渐变化地层的层序地层学研究中的一个重要工具是 Fischer 图解（图 7.46a）。它绘制了平均旋回厚度及旋回数量累计偏差作为时间的定性测量。此外，图中绘制了每个旋回的沉降，假设它在整个剖面中保持不变（Fischer，1964；Read 和 Goldhammer，1988；Sadler 等，1993）。图 7.46（b）展示了 Goldhammer 等（1993）的 Latemar 序列。层序边界位于中部，在非常薄的旋回之中。最大海泛面也是一个沉积层段，而不是明显的界面，并且位于曲线的上升段。它们的位置很难拾取，因为它们位于图的下部和上部边界。如果用平滑的曲线替代 Ficher 图，层序边界将位于曲线下降的拐点处，最大海泛面位于上升段的拐点处。

Goldhammer 等（1993）通过对观测地层的计算机模拟，进一步研究了 Latemar 沉积序列。对于这个模拟，他们假设地层韵律由地球轨道扰动产生，单个层位对应于大约持续 2 万年的旋进周期，4~5 层组成的地层束对应地球的短偏心旋回。旋回内相和叠置样式中的长期趋势可以通过轨道脉冲与大约 40m 振幅和持续时间 3Ma 的海平面升降波浪组合很好地再现（图 7.47）。基于上述假设，实测剖面将代表略小于 3Ma，中部的层序边界与长期海平面下降产生的最大暴露层段相一致。最大海泛面位于靠近剖面的底部和顶部的最大淹没层段。模型中关于时间间隔长度的假设与最近生物地层学和放射性测年的研究结果不一致（Brack 等，1996；Zühlke 等，2003；Preto 等，2001）。然而，无论年代地层学讨论的结果如何，关于逐渐变化地层的基本方法依然有效。

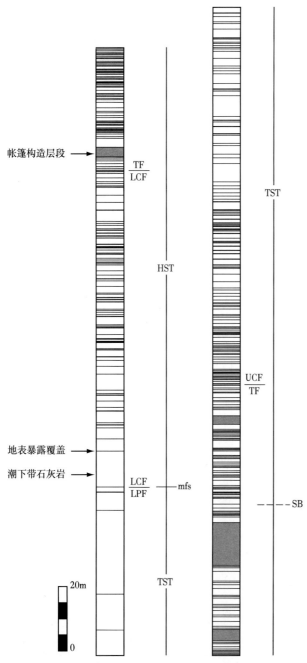

图 7.45　逐渐变化的层序地层学案例：Latemar
（据 Goldhammer 等，1993，修改）

柱子展示了超过 400m 的韵律性台地沉积，底部在左下角，顶部在右上角。黑色线条和阴影区＝陆地相和潮上带沉积，空白区＝潮下带沉积。LPF＝潮下带为主的旋回；LCF＝潮下带下部—潮上带的旋回；TF＝帐篷旋回，以潮上带沉积为主；UCF＝潮下带上部—潮上带旋回。潮上带/陆地相的丰度开始增加，在该剖面的中部达到最大值，然后再减少。使用变浅和变深趋势来识别体系，用红色表示。TST＝海侵体系域，HST＝高位体系域，SB＝层序界面，mfs＝最大海泛面

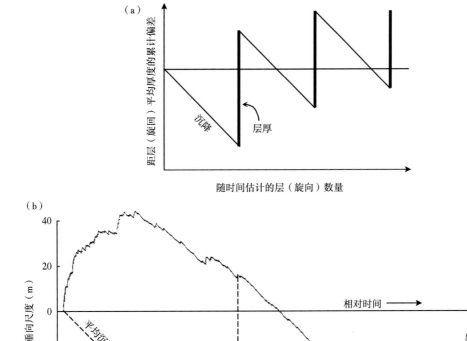

图 7.46　Fischer 图解技术应用于 Latemar（据 Goldhammer 等，1993，修改）

（a）Fischer 图解的原理：展示了垂直轴上平均地层（或旋回）厚度累计偏差与水平轴上旋回数量（作为时间的定性度量）之间的交会。假定沉降速率是恒定的，每个旋回通过适当的沉降量向下移动。（b）Latema 剖面的 Fischer 图解。上升段代表了比平均层段厚的层段，下降段代表了比平均层段薄的层段（或旋回）。层序边界放置在中部最薄层段内；最大海泛面位于近底部（左侧）和顶部（右侧）的快速上升部分。与经典层序学相对比，层序边界和最大海泛面是沉积层段而不是间断面

从 Latemar 研究案例可以总结出碳酸盐岩台地中逐渐变化的层序地层学的清晰策略。

（1）利用地层相带和地层叠置样式来揭示变深和变浅趋势通常被认为是层序地层学中海侵/海退趋势的同义词。

（2）识别这些趋势中的转折点，并将从海侵至海退的变化解释为最大海泛面位置，从海退至海侵的变化解释为层序边界。

类似的方法已经被应用于后续的许多研究。最近，在垂直剖面上用三角形标记变浅和变深趋势已经变得广泛应用。这对快速确定趋势方向很有帮助，但通常会导致非常示意性的解释。建议至少要展示与三角形一起的定量观察结果（D'Argenio 等，1999），具体地分析和识别那些缺乏清晰趋势的层段（Immenhauser 等，2004）。

在重大间断不明显的地方定义层序的结果就是层序边界和最大海泛面不再是面而是层段（Goldhammer 等，1990；Schlager，1992；Montanez 和 Osleger，1993）。只有具有很高的分辨率或明显的低位楔存在，或缺失的确凿证据的地层才能确定逐渐变化趋势是否被重大间断削截。如果缺乏大的沉积间断和地层转折点，层序边界和体系域的对比变得更加随意，层序地层学分析与在一个剖面中描述变浅和变深、变粗和变细及变厚和变薄的尝试性和正确的沉积学实践混为一谈。在大多数情况下，这些趋势仅仅简单反映了可容纳空间增长速率和沉积物供给速率之间平衡的逐渐变化。Embry（1993）为这个海侵—海退（T—R）地层学的能力提供了强有力的案例。但是，如果海侵和海退层

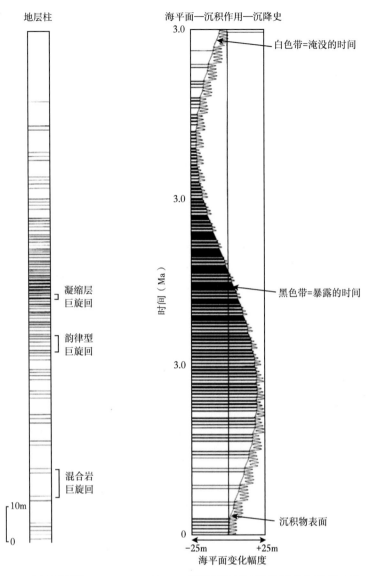

图 7.47　图 7.45 的 Latemar 剖面模拟为 20ka、100ka 和 3Ma 周期的海平面旋回的叠加结果（据 Goldhammer 等，1990）层序边界位于剖面中部的最大暴露层段（黑色），是由海平面的长期下降造成的。尽管绝对年代仍然存在争议，但图 7.45 中观察到的变化趋势得到令人满意的再现

段平稳地彼此过渡，则很难区分由相对海平面波动引起的趋势和由沉积物供给速率变化引起的趋势。因此，寻找重大的间断和低位体系域仍然是重建海平面历史的关键。

上述讨论得出关于渐变的层序地层学的以下结论。

（1）逐渐变化的层序地层学有时是可靠识别层序的唯一的方式，即不通过地层的整合叠置来"强行"确定层序边界。

（2）在这种情况下，变浅和变深的趋势（与层序术语中的海侵和海退同义）是体系域的基本构建模块。

（3）应该明确指出用于描述变浅/变深趋势的标准。在沉积记录中，水深需要通过诸如正常浪基面、沉积基准面、透光区的底部等指标进行估算。与静水压力不同，这些与深度有关的指标是以一个相对方式进行的，并且这一趋势可能并不总是对应的。

（4）平顶碳酸盐岩台地通常需要渐变层序方法，因为可容纳空间的侧向变化几乎为零，超覆样

式也因此非常微弱和稀少。地层基本上都是平行的。

（5）只要有可能，应将台地记录与超出台地边缘的深水记录进行对比。需要在边缘和斜坡寻找低位体系域，因为这是确定是否有重大间断隐藏在台地顶部渐变层段之中的最直接方式。

7.10 碳酸盐岩高分辨率层序地层学

最初，层序地层学是用于地震解释的一个工具，因此受到地震数据的分辨率限制。层序地层学在露头、岩心和电缆测井资料中的应用直接证明了不整合约束的地层单元也存在于比地震可识别的更加精细的尺度。层序级别的概念及层序的分形模型（见第6章）试图将层序地层学应用于时间和空间的各种尺度。

在浅水碳酸盐岩中，特别是T工厂，许多研究都详细记录了相带和层面的性质，有时还达到厘米级的分辨率（Eggenhoff等，1999；Strasser等，1999；D′Argenio等，1999；Homewood和Eberli，2000；Preto等，2001；Van Buchem等，2002；Della Porta，2003；Immenhauser等，2004）。变深和变浅趋势的交替是循环出现的样式，被界面分割代表沉积中的间断。随着越来越薄的地层被记录和对比，问题就出现了：这是什么意思？什么是全球性或区域性信号，这张由地层、分层和层面构成的精细网中局部"噪声"是什么？

根据沉积环境和地层层序来解释浅水碳酸盐岩剖面的精细细节并没有严格而快速的法则。然而，在过去几十年的研究中总结了几条经验法则。

（1）边界界面。区分以下两点非常重要：①被至少有早期土壤形成的陆地条件暂时中断的海洋沉积暴露面；②在浅海中、潮间或潮上环境向上变浅趋势达到顶峰，随后环境变为更深或更加开放的海洋环境的洪泛面。这种区分是至关重要的，因为洪泛面可能由沉积体系的内部反馈产生，而暴露面的产生则需要滨岸线向海方向急剧迁移，在没有相对海平面下降的情况下是不可能发生（见第6章）。此外，初期的土壤形成往往需要1ka或更长的时间；它短于形成可识别的暴露面的所需时间。

（2）估计存在于单个相带内的沉积起伏。使用潮道、生物礁、沙坝等的直接观察，来自现代环境类比物的数据被放大。在海平面下降过程中，水平海面与这一形貌以各种方式相交，形成透镜状沉积体及聚合和发散的边界面。

（3）根据被主要边界面削截的轻微倾斜层面的解剖结构估算沉积速率的局部变化。同样可以在可类比的现代环境中获得沉积速率的局部范围。两个数据集在一起提供了变浅趋势可以多么迅速地侧向变化为变深趋势的参考，反之亦然（参见巴哈马群岛的全新世体系域）。

（4）尽可能远地侧向追踪地层和边界面（Immenhauser等，2004）。统计学上讲，全球或区域信号必须在侧向范围内超过局部信号。

图7.48描绘了一个有详尽细节的台地剖面纪录，随后用于区域对比和时间序列分析。该剖面描述的是基于连续钻井岩心和露头。按照相带对岩石进行分类，从开阔海至极度局限环境分为六类，并为向陆一端的出露环境增加了两种类型。

对于在地层剖面中记录变化中的参数的选择可以说是高分辨率层序地层学中最关键的一步。理想情况下，参数应该与逐渐变化的性质相关联，或者是变化很小的区间内，而不是很广的范围内变化。空间上，它们对小的、偶发的特征相当不敏感；时间域上，它们对短暂的、强烈的和偶发的（如风暴、突发的重力坍塌等）事件相当不敏感。在非常平坦的台地上，局限程度和出露是一个有吸引力的选择。大陆边缘的缓坡可能是正对岸线的开阔海。在这样的环境下，波浪能量可以作为水深的替代指标。第三种可能性是诸如珊瑚等固着底栖生物所指示的相对光照水平（见图2.7、图7.42）。由于碳酸盐岩颗粒在密度和形状上变化很大，颗粒大小作为估算水深或离岸距离的主要参数，在碳酸盐岩中不如在硅质碎屑岩中那么直接。此外，因为局部化的生产，它们的丰度也不同。

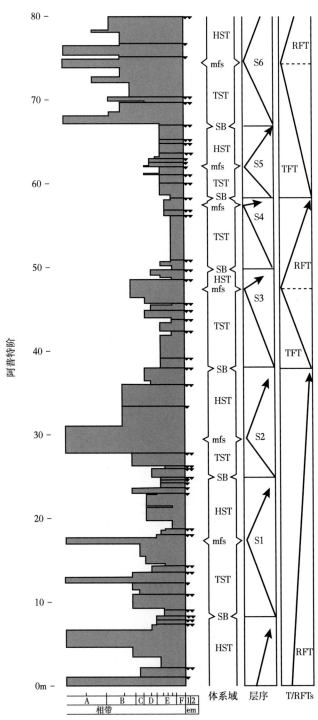

图 7.48　意大利亚平宁山脉下白垩统（阿普特阶）碳酸盐岩台地地层记录（据 D'Argenio 等，1999，修改）

剖面以 2cm 分辨率完成测量，这里仅显示了大的样式。左边：年龄和以米为单位的厚度比例尺。阴影：岩性柱，展示了从
左边完全开阔海（相 A）向右边局限潮上带（相 F）的变化情况。沉积过程被两种类型的暴露面中断：类型 1—潮上带的，
可能是陆源的；类型 2—明确是陆源的。中央栏显示了层序分类。右边箭头：两个不同级次的变浅和变深趋势

　　相带排序的艺术取决于参数的选择，以及在汇总与分解之间的正确平衡。基于过度细分类别的
描述会淹没在无意义的闪烁，基于广泛汇总分类的描述会丢失有用的信息。

　　海平面信号在层序地层学中特别重要。图 7.49 总结了可以在平顶台地上预期出现的沉积记录。

海平面升降、沉降和沉积物供给的相互作用形成了充满间断的沉积记录。通常只有总的海平面波动中的一部分被记录在沉积物堆积中（Soreghan 和 Dickinson，1994；Hillgartner 和 Strasser，2003）。如果较长的海平面波叠加到短期波动上，台地可能会错失大部分记录（见图5.5）。

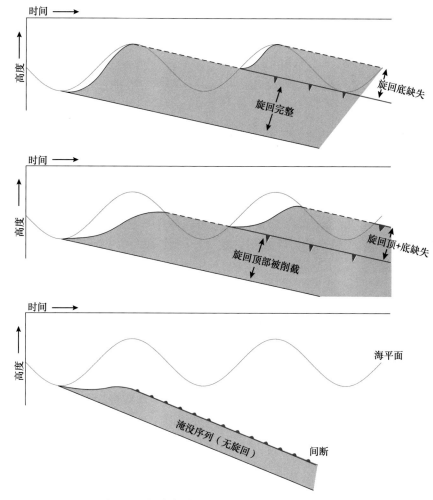

图 7.49　极浅水碳酸盐岩台地海平面记录示意图

（据 Soreghan 和 Dickinson，1994；Strasser 等，1999；Tipper，2000）

海平面升降、沉降和沉积物供给的相互作用形成了各种类型被削截的旋回，其中部分海平面历史在间断中丢失了

8 C 工厂和 M 工厂的层序地层学

8.1 前言

关于层序地层学的讨论始于第 6 章，是通过检验标准模型及主要基于硅质碎屑岩的观测性支持。第 7 章介绍了碳酸盐岩层序地层学，详细讨论了 T 工厂——最被人熟知的碳酸盐岩体系和最具生产力的体系。本章将介绍 C 工厂和 M 工厂的层序地层学，通过强调与 T 工厂的差异加以说明。然而，这并不意味着仅仅因为这里讨论的篇幅少，第 2 章和第 7 章中描述的海相碳酸盐生产的原理就不再适用。在 C 工厂和 M 工厂，就像 T 工厂一样，沉积物主要由沉积环境中的有机体活动产生。因此，环境因素强烈影响着沉积物类型及其生产速率。因此，在形成层序记录过程中，环境变化是影响海平面变化的主要因素。

8.2 C 工厂

8.2.1 概述

C 工厂层序的标志是由陡崖或砂质海滩组成的海岸、始终向海倾斜的陆架，以及向下弯曲至相对平缓的斜坡的 S 形陆架坡折。如果生物礁存在低洼的顶部，广泛分布在陆架的外部和上斜坡。C 工厂的陆架坡折通常缺乏抗浪的边缘，因此没有关于空桶外形的详细报道也就不足以为奇了。至于层序地层学，可以说 C 工厂的沉积与海洋环境中的硅质碎屑岩表现类似，并且它们对于暴露的响应介于硅质碎屑岩和热带碳酸盐岩之间。

下面将更详细地讨论这些特征及其原因。C 工厂的以下属性对其层序地层学特征至关重要。

（1）C 工厂沉积物产出几乎完全由骨骼颗粒组成，颗粒大小由粗粉砂至中砾。如果存在泥的话，则源自粗颗粒的磨损和生物降解，以及来自广海浮游生物工厂的偶尔输入。

（2）C 工厂生产的深度窗口比 T 工厂要宽得多。像 T 工厂和 M 工厂一样，C 工厂不能在海平面以上生产，只有海相物质的碎屑堆积可能以风成沙丘的形式出现。C 工厂生产的下限通常受陆源输入或浮游细粒物质的输入限定。在一定深度之下，骨骼生产只能在泥中淹没。然而，在洋流扫过的海底，C 工厂甚至在半深海和深海环境中也能生产碳酸盐。

（3）沉积环境中的岩化通常很少甚至不存在，原因则是沉积物中可溶性文石不足和海水中的碳酸盐饱和度低。因此，在暖温带环境中 C 工厂逐渐向 T 工厂过渡处，海底岩化明显增加。

（4）构建保护性边缘的能力很弱。尽管存在建礁群落，但是它们要么完全独立于光照，要么只包含光养生物的一小部分，主要是红藻。因此，C 工厂的生物礁群落很少建造至海平面。在陆架或上斜坡上邻近沉积物之上稍微隆起的礁会建造至海平面。由于它们位于永久浪基面作用区之下，生物礁的顶部不会被刨蚀掉，典型的几何外形是凸丘。内部岩化程度很低，其结构很容易被重新改造。冷水生物礁的寿命不如热带生物礁。礁补丁发育和死亡非常频繁，结果形成了散落在松散沉积物中的礁群。

8.2.2　相序和边界面

第4章介绍了C工厂从海岸至盆地的相序。相带通常发育在一个缓坡上——向海倾斜角度小于1.5°的平滑面。缓坡相模型适用于大陆和岛屿的陆架及陆表海。这是有利的，因为C工厂同样可能发育在所有这些环境中。

在陆架和上斜坡上，可以应用标准层序地层学技术，但与第7章描述的T工厂碳酸盐岩之间的差异仍然很明显。当海平面下降和高能相带向下迁移时，同沉积胶结作用的不足和缺乏保护性边缘导致了陆架沉积物遭受整体改造。

尽管如此，冷水碳酸盐岩沉积的内部解剖结构通常记录了变浅或变深的趋势，它们有助于体系域的识别。以暴露面或洪泛面为界的变浅旋回特别常见（图8.1；James，1997；Knoerich 和 Mutti，2003），可以从有机体（Betzler，1997；James 等，2001；Brachert 等，2003）和流体动力学构造中获取水体深度变化的信息。这种结构比在热带碳酸盐岩中更为常见，因为沉积物主要由砂级和砾级碳酸盐岩组成，并且比热带碳酸盐岩受到的潜穴影响小。最后，泥的含量是一个非常可靠的相对深度指示指标，这是因为没有像在热带碳酸盐岩地区那样具有可以保护浅水潟湖或泥质潮坪的抗浪边缘。泥堆积在较深的水体中，泥（灰泥或陆源泥）的含量随着冷水碳酸盐岩陆架和斜坡上水深的增加而持续增加（Collins，1988；Henrich 等，1997；Gillespie 和 Nelson，1997；James 等，1999；James 等，2001）。Stanley 等（1983）的"泥线"概念可以很容易从硅质碎屑岩中引入至冷水碳酸盐岩。

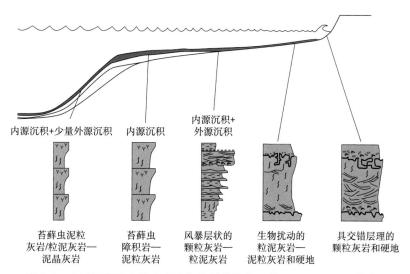

图8.1　C工厂碳酸盐岩中变浅和变深的趋势（据 James，1997，修改）

由于岩化速率低和改造严重，层序边界的识别及暴露面和洪泛面之间的区分通常比在热带碳酸盐岩中更为困难。

C工厂碳酸盐岩中暴露面的保存程度剧烈变化，取决于胶结速率。海洋胶结缓慢且受区域性限制。基于澳大利亚和新西兰古近—新近系石灰岩的观察，Nelson 和 James（2000）认为，冷水海洋胶结作用仅发生在特定情况下（图8.2）。Surlyk（1997）在西北欧的白垩系中观测到类似的特征。在暴露面叠置在海底硬地的地方，它才更有可能被保存下来（Nelson 和 James，2000）。

大气淡水胶结主要取决于沉积物的文石含量，这可能在0~60%之间变化（见图2.15；Nelson 1988；James，1997）。在早期成岩过程中，文石的选择性溶解为方解石胶结物的沉淀提供了离子。另一方面，已经发现镁方解石通过原位重新结晶排出镁离子，因此变成稳定的方解石，并没有完全溶解（Reeckmann 和 Gill，1981；James 和 Bone，1989；Knoerich 和 Mutti，2003）。C工厂碳酸盐岩的大气

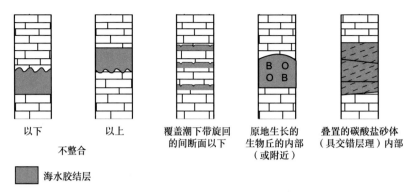

图 8.2　冷水碳酸盐岩中海底岩化的有利背景条件（据 Nelson 和 James，2000，修改）

淡水胶结速率研究尚不足，但少数案例研究为其提供了重要的约束条件。图 8.3 总结了 Reeckmann 和 Gill（1981）在澳大利亚南部第四系砂屑灰岩的研究。10ka 之后，只有百分之几的方解石胶结物形成，在暴露 60ka 之后，沉积物才受到很好的胶结。在澳大利亚南部，James 和 Bone（1989）的研究也表明，在暴露 10Ma 之后，实际上缺乏原生文石的砂屑灰岩仍然疏松或易碎；而原生文石含量为 20%~30% 的上覆地层单元已经受到很好的胶结，文石壳已被铸模所取代。

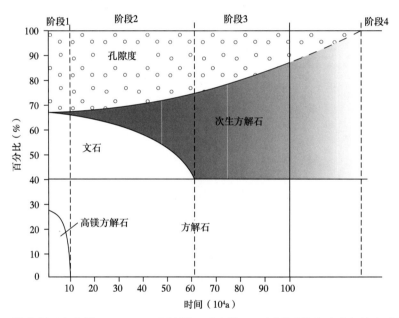

图 8.3　澳大利亚东南部 Warrnambool 更新统—全新统 C 工厂碳酸盐岩中大气淡水成岩作用

成岩路径类似于热带碳酸盐岩：文石溶解并且重新沉淀为粗粒方解石胶结物，由此溶解的碳酸盐岩的侧向搬运可能很重要；这里展示的岩石已经收到额外的物质去充填所有的孔隙空间。通过溶解—沉淀反应，镁方解石原位转变为方解石

在现代冷水陆架上，海侵面或海侵层段常常发育良好。这种现象的典型案例发育在澳大利亚南部（图 8.4；James，1997）：陆架宽数百千米，陆架坡折远低于 100m。在南部海洋的 40° 风带产生的涌浪在 100m 或更深水体搬运碳酸盐砂。碳酸盐生产从海岸线延伸至上斜坡，但是被 James 等（2001）称为"剃光的陆架"C 工厂的中间部分——一个覆盖着更新世残余物，但几乎没有全新统碳酸盐岩的区域。全新世侵蚀和改造的区域将海岸沉积区与外陆架与斜坡区分开来。James（1997）还指出，在更新世海平面下降过程中，至少部分"剃光的陆架"也是裸露的。

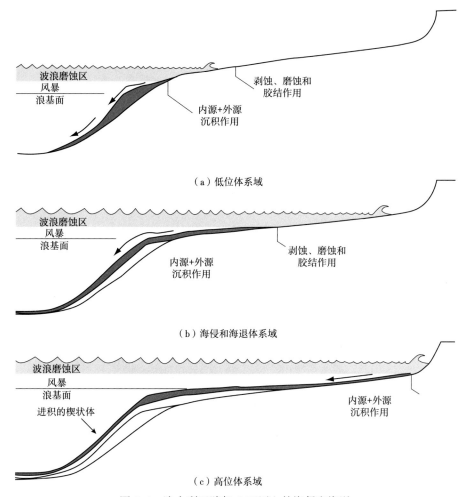

（a）低位体系域

（b）海侵和海退体系域

（c）高位体系域

图 8.4　澳大利亚陆架 C 工厂上的海侵和海退

缓慢的岩化作用导致沉积物的强烈改造，尤其是在向海陆架之上，此处在 100m 水深处波浪搬运碳酸盐砂的
现象很普遍。其结果是形成一个在海侵和海退中被改造和磨蚀的宽阔的非沉积区

8.2.3　体系域的几何形状

　　C 工厂碳酸盐岩层序类似于具有圆弧陆架破折和平缓斜坡的硅质碎屑岩序列。对于这种一般相似性，存在两种重要的例外情况：C 工厂体系域缺乏来自河流的沉积物输入的点源；并且它们有能力建造地震可识别的生物礁，虽然不在海平面，但是在更深的地方。从形态上看，C 工厂生物礁具有凸起的顶部，因为它们不会被波浪作用刨掉。与 T 工厂平坦的、破浪的生物礁的区别可以通过地震方法解决。不幸的是，缓慢淹没并下沉至波浪作用区之下的热带体系也会形成凸起的顶部（见图7.21、图7.23）。

　　因为胶结作用在陆相和海洋环境中都很缓慢，沉积物改造往往是迅速和有效的。正如在硅质碎屑岩层序一样，在海平面下降过程中，高位体系中的大部分被刮蚀掉，因此必须从前积的斜坡保存部分重建高位体系（Feary 和 James，1998；Saxena 和 Betzler，2003；Anderson 等，2004）。

　　C 工厂碳酸盐层序地层最好的实例之一为澳大利亚南部新近系—第四系 Eucla 陆架（图 8.5；Feary 和 James，1995，1998；James，1997）。在外陆架和上斜坡的高沉积区，由不整合面约束的层序得到很好的定义。边界面在中陆架汇集并部分合并，该处改造和非沉积区最为密集。第二高沉积带位于沿岸带。

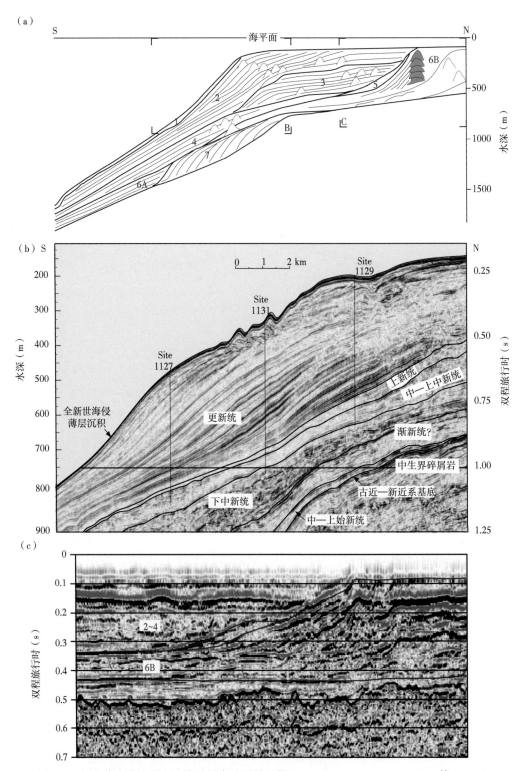

图 8.5　新生代南澳大利亚边缘的层序地层学（据 Feary 和 James，1998；James 等，2000）
（a）层序及其内部结构概述。注意 C 工厂层序 1~5 和 7 与可能的 T 工厂层序 6 之间的差异。（b）层序 1 和 2
（第四系）的地震图像。注意圆弧形坡折和上斜坡的苔藓虫丘。（c）层序 6B，被解释为镶边型热带碳酸
盐岩台地，被层序 5（礁陡坡的碎屑）和层序 2~4 的冷水碳酸盐岩上超。注意解释出的镶边型 T 工厂
台地和（b）中冷水碳酸盐岩的圆形、深陆架边缘之间的区别

8.2.4 高位输送或低位输送

层序地层学的标准模型假定，在海平面低位期向斜坡和盆地的沉积物输入量很高，该时期陆架可容纳空间很小，河流在外陆架卸载它们的负荷。我们已经看到 T 工厂的层序大致与这个模型相反。热带碳酸盐台地在海平面高位期输出的沉积物最多，该时期生产区域大，波浪和潮汐可以将沉积物有效地搬运至台缘。由于生产区域面积减小和暴露沉积物的快速胶结限制了低位期冲刷，即来自前期高位期沉积物的大范围机械侵蚀，低位期沉积物输出量很小。

下面的分析表明，在 C 工厂中，T 工厂造成高位输送的效应很小或者不存在。

（1）生产的深度窗口比 T 工厂的宽度大 5~10 倍。因此，生产窗口的宽度超过了几乎所有层序地层学相关的 10^3~10^6a 时间域内的海平面升降造成的海平面波动范围。

（2）直接受海平面旋回影响的生产区域是一个稳定向海倾斜的具有圆弧形坡折的陆架。因此，高位期和低位期生产区域之间的差异要小得多（在近于平面的陆表海缓坡上为零）。

（3）因为海水中的碳酸钙未过饱和，亚稳态文石溶胶溶解较少，大气水和海洋环境中胶结作用缓慢。

基于这些考虑，人们认为 C 工厂不同于 T 工厂，并严格遵守标准模型。

冷水碳酸盐岩中的高位或低位输送的问题还没有像在热带碳酸盐岩中那样被广泛研究。Nelson 等（1982）证实了新西兰陆架上最近一次冰期旋回的低位输送。这些作者发现在最后一次冰期低位期，从陆架的沉积物输出很高，

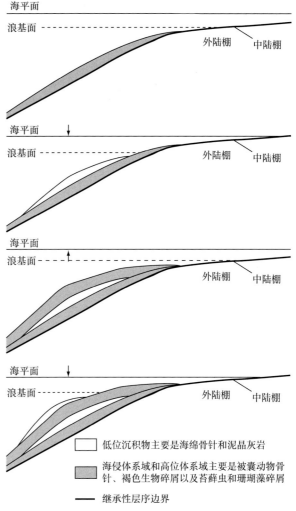

图 8.6 澳大利亚南部 Eucla 陆架基于 ODP 钻井资料和地震数据的第四纪冰期—间冰期旋回中的体系域模型
（据 Saxena 和 Betzler，2003，修改）
低位体系域（无阴影）在上斜坡形成一个透镜体。海侵体系域和高位体系域在上斜坡和外陆架上延伸的厚度相当均匀，但在低位期外陆架上的部分被侵蚀。其结果是在上斜坡形成一个前积沉积物楔状体和在陆架上形成一个沉积减少或侵蚀的区带

并且在全新世高位期几乎停止。在澳大利亚南部的 Eucla 陆架上，Saxena 和 Betzler（2003）发现低位期在上斜坡沉积量最大，而沉积作用在海侵体系域和高位体系域则更加均匀。他们还发现，低位期侵蚀很大程度上剥蚀掉海侵体系域和高位体系域较浅（最典型）的部分。几个旋回沉积的累计结果是形成一个厚陆架边缘楔，并向下斜坡和向岸线双向变薄（图 8.6）。

8.2.5 深水环境中 C 工厂的层序地层学

T 工厂与 C 工厂和 M 工厂之间最明显的区别之一是生产的深度窗口。T 工厂的生产窗口非常狭窄，仅限于海洋中有光照的部分。C 工厂和 M 工厂可以在更加宽的深度范围内生产。C 工厂的深度窗口肯定能够延伸至深海深处：生产几乎与水深和温度无关。它可以在洋流扫过海床的任何地方，移除细粒沉积物并为底栖生长提供足够的养分。

生产的非深度依赖性对层序地层学有着深远的影响。硅质碎屑岩标准模型正是基于这样的前提，任何深海中的沉积物堆积必须以某种方式连接到陆地物源，并且从滨岸至深海的一系列环境代表了一个体系。这个前提也适用于 T 工厂，但有以下改变：物源在海洋的最浅部分。

对 C 工厂来说，沟通海岸与深海的连接系统的概念不一定有效，但可以肯定的是存在连通的沉积环境。尽管有详细记录的实例很少，但沟谷—扇体系的确存在。例如，Gippsland 盆地的古近—新近系主要峡谷中充填了来自陆架再沉积的 C 工厂碳酸盐岩（Wallace 等，2002）。然而，也有在其他地区半深海和深海 C 工厂生产了大量碳酸盐物质，与浅水无关，如北大西洋北部（De Mol 等，2002）。部分深海产物堆积在生物礁或丘状建造中，另一个部分则被深海洋流搬运并改造成沉积物漂流，常常与陆源和深海沉积物混合在一起。

依据 Vail 等（1977）提出的定义，即不整合约束的整合地层序列，可以在这些环境中识别出地层层序。沉积解剖和海平面之间的联系比在陆架上更弱，如果能够保存足够的浮游生物，地层学的控制可能会更好。例如，在第四系，夹在冷水碳酸盐岩中的深海沉积物可以提供人们分析海平面高位期和低位期的信息（Passlow，1997）。

8.3　M 工厂

8.3.1　概述

M 工厂的典型堆积可能是连接成一个脊形网络的丘群，或几何形态类似于 T 工厂的镶边台地。

M 工厂的沉积解剖与生产过程及其环境控制因素直接相关，类似于 T 工厂和 C 工厂中观察到的关系。对于层序地层学，M 工厂具有以下重要特征。

（1）主要的沉积物质为从黏土级灰泥到中砾大小的球粒或核形石，还包括可能延伸至数千立方米的坚硬格架。格架中的一部分可能会在沉积环境中被改造成巨砾级碎屑。总体而言，尺寸范围（不是颗粒类型）类似于 T 工厂。

（2）生产的深度窗口从岸线延伸至半深海，甚至到深海深处。然而，与古生代 T 工厂的竞争可能限制了深度窗口的较浅部。

（3）沉积环境中的岩化速率与 T 工厂一样快，甚至可能更为普遍。

（4）M 工厂建造台地的台缘发育在陆架边缘。在大多数情况下，这些构造似乎不如 T 工厂中构造那样稳健。然而，一些前寒武系台缘已经真正被抬高，并因此台地发育了一个空桶（Adams 等，2004）。

8.3.2　层序解剖和界面

在 M 工厂建造浅水台地的地方，这些 M 工厂台地的相带符合 Wilson 的标准模式（见第 4 章）。关键要素是台地边缘带由原地泥晶碳酸盐岩和海洋胶结物的坚硬格架组成（Keim 和 Schlager，2001；Stephens 和 Sumner，2003）。这个台缘可能会在几十米水深处达到顶峰或建造至海平面。浅的台缘将大量多余沉积物输送至台地上，并可能发育类似于珊瑚礁的礁后岩屑裙（Stephens 和 Sumner，2003）。

台地内部沉积通常为平行层状，经常表现为被洪泛面或暴露面约束的变浅旋回，就像 T 工厂碳酸盐岩一样。小型叠层石丘（Chow 和 George，2004）可以被看作是现代热带台地上补丁礁的微生物类比物。

台缘向海的斜坡由重力驱动的下斜坡搬运和原地泥晶碳酸盐岩和胶结物之间的相互作用形成。

原地生产占据主导的地方，斜坡角度可能超过50°，斜坡脚的岩屑裙规模很小（Lees和Miller，1995）。在重力流占主导的地方，斜坡角度峰值位于35°~40°——分选较差的砂和砾的休止角及岩屑裙规模较大（Keim和Schlager，2001）。

宽泛的生产深度窗口使得M工厂在深水中发育灰泥丘。在显生宙中，M工厂的台地很少见，灰泥丘是M工厂最具特色的产物。它们形成群落及大致与等高线平行的丘带，其单个结构可能数十米至数百米厚，因此可以在地震数据中识别出来。

泥丘侧翼通常很陡，但是岩屑裙很小或不存在。岩屑的缺失和侧翼倾斜度通常超过砂和砾休止角（见图3.13）表明，侧翼是灰泥丘坚硬格架的一部分，而不是覆盖在格架上的岩屑锥。随着丘的高度增加，斜坡角开始前积。撒哈拉沙漠中大量的泥盆系露头表明，一系列丘状体可能连接成千米长的脊（图8.7；Wendt等，1993；Wendt和Kaufmann，1998）。Barent海的二叠系—石炭系的三维地震揭示出灰泥丘链的壮观网络（图8.8、图8.9；Elvebakk等，2002）。堆积物在35Ma间持续增长，延伸数百千米，厚度达350~1200m。在T工厂的珊瑚礁中发现了相似的几何形态样式，尽管很小，观测到的孤立补丁礁扩展合并为网络，其间发育多边形凹陷。

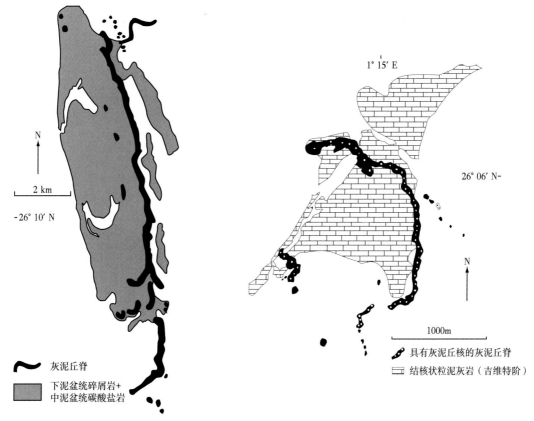

图8.7　阿根廷南部泥盆系中的合并成千米长的灰泥丘脊的两个实例
（据Wendt等，1993；Wendt和Kaufmann，1998）

凸形灰泥丘在生长过程中变成平顶引起了层序地层学家的特别关注（前提是平坦的表面不是几个丘偶然联合的效果）。变平的丘状体很可能已经生长至波浪作用区——毕竟波浪是海洋沉积中最有效的刨削工具。对于一些丘状体，可以被证实能生长至浅水区。图8.10的例子由Calvet和Tucker（1995）提供。随着它们的生长，三叠系灰泥丘演化为小型台地。同时，相由原地泥晶碳酸盐岩、固着微生物和胶结物构成的格架转变为与珊瑚补丁礁伴生的骨骼碳酸盐砂。伴随着增加的侧向前积演变至波浪冲刷环境，这可能是增加了向斜坡的沉积物供给。

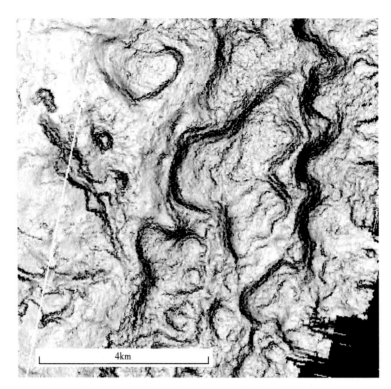

图 8.8　Barents 海石炭系—二叠系中利用三维地震获取的灰泥丘链的网络，丘脊高达数百米
（据 Elvebakk 等，2002，修改）

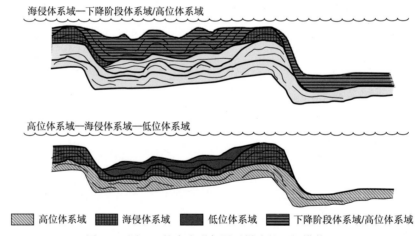

海侵体系域—下降阶段体系域/高位体系域

高位体系域—海侵体系域—低位体系域

| 高位体系域 | 海侵体系域 | 低位体系域 | 下降阶段体系域/高位体系域 |

图 8.9　图 8.8 的多边形灰泥丘样式的理想横截面

体系域可以根据几何形态定义。低位体系域被限制在丘间的空间内；海侵体系域展示出退积和灰泥丘的局部淹没；
底部的高位体系域为加积和前积的灰泥丘。下降阶段体系域（最上部单元）的丘体也前积，但是它们的顶部被
侵蚀面所削截。请注意，灰泥丘脊的网络没有明显的向海向陆分化。定义体系域需要结合最高的灰泥丘

　　沉积单元的边界面与 T 工厂的相类似，海洋胶结作用很迅速且普遍。因此，洪泛事件经常伴随着硬地。这也适用于 M 工厂，沉积物填满所有的可容纳空间并以潮上坪结束。在这些潮上坪上硬壳很常见，在随后的海侵过程中，它们很可能转变为硬地或岩屑层。M 工厂碳酸盐岩的岩溶形成的样式和速率尚未进行详细研究。亚稳态碳酸盐岩的部分与 T 工厂很相似表明岩溶形成速率也是类似的。陆表胶结速率可能会很低，因为 M 工厂碳酸盐岩的文石含量似乎稍低（见图 2.15）。在坎宁盆地的泥盆纪 M 工厂台地，Playford（2002）报道了形成于一个法门期的溶沟和洞穴，并被生物地层学认为

的台缘的年轻页岩封盖。

M 工厂碳酸盐岩台地的体系域与 T 工厂台地的体系域类似。坎宁盆地的上泥盆统支持这一观点
（图 8.11；Kennard 等，1992）。T 工厂和 M 工厂的体系域之间未观察到明显差异。

近期对新元古界碳酸盐岩的研究进一步支持了 T 工厂和 M 工厂的体系域非常相似这一观点
（Adams 等，2004）。

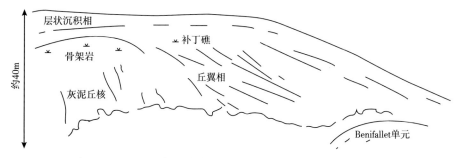

图 8.10　凸形灰泥丘生长至浅水环境并形成顶平形态（据 Calvet 和 Tucker，1995，修改）
浅水环境变得平坦。同时发生的相变是从原地泥晶碳酸盐岩转变为骨骼碳酸盐砂和珊瑚补丁礁，表明灰泥丘已经
生长至有光照和波浪搅动的环境。请注意，沉积物转变为骨骼颗粒灰岩相之后，开始出现明显的侧向前积

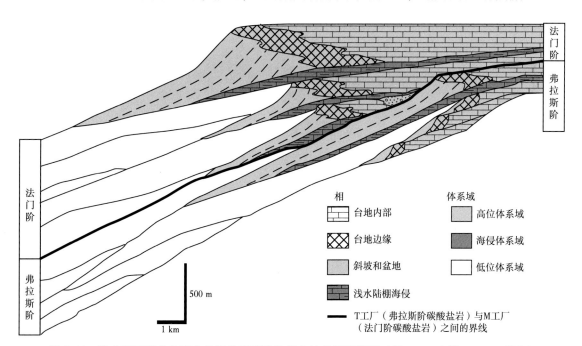

图 8.11　澳大利亚西北坎宁盆地泥盆系碳酸盐岩台地的层序模型（据 Kennard 等，1992，修改）
基于钻井和地震数据建立。弗拉斯阶岩石属于 T 工厂，法门阶岩石为 M 工厂。请注意层序几何形状几乎相同。
在如此大规模上，M 台地和 T 台地实际上是不可区分的

9 回顾和展望

　　最后一章展示一些关于碳酸盐岩沉积学和沉积地质非常个人的观点。这些想法是由前面讨论的基本模式和推理的主线引发的。

　　关于碳酸盐岩，笔者希望本书已经阐述明白了它们与化学条件和海洋生物群落之间的复杂关系。沉淀模式，特别是生物群落的影响，不但决定着碳酸盐沉积物的结构和组成，而且在很大程度上决定了堆积体的内部结构及其在空间和时间上的分布。因此，沉淀模式成为区分第2章介绍的不同的生产体系或工厂的基础。

　　化学和生物因素的突出作用将碳酸盐岩体系和硅质碎屑岩体系区分开来。在硅质碎屑岩体系中，源和汇从根本上取决于隆起和沉降速率及地形梯度，即主要由构造控制的因素。硅质碎屑岩堆积本身忠实记录了水动力条件和沉积物供给，但它们对许多环境因素相当不敏感。在赤道和60°纬度处，在正常海洋、高盐度及淡水环境中，水动力条件相同时，波浪控制的三角洲则看起来非常类似。碳酸盐岩堆积呈现出明显差异，第2~4章总结了这些重要的趋势。

　　硅质碎屑岩和碳酸盐岩对环境的不同敏感性绝不能改变两个沉积物家族在沉积和侵蚀的流体动力学方面具有共同基础的事实。因此，许多规则适用于这两类沉积体系，这产生有效的相互交叉应用。例如，第4章中，硅质碎屑岩滨岸至陆架的模型很容易应用于碳酸盐岩缓坡，同样适用于浊流、泥石流、坍塌和许多其他现象。

　　在第6~8章中讨论的层序地层学也构建了一个基本概念，适用于硅质碎屑岩和碳酸盐岩及本书未讨论的硫酸盐蒸发岩、火山碎屑岩和其他沉积物。如果将硅质碎屑岩标准模型应用于其他沉积物系列，则需要进行一系列调整，但通常可以根据沉积物学的第一原理推导出必要的修正。例如，对于碳酸盐岩体系进行的标准模型修正是碳酸盐生产方式的直接结果，并且受早期成岩作用影响，如第7章和第8章所示。

　　层序地层学的概念既包括识别不整合约束单元的技术，也包括体系域的识别。浅水堆积分化成为前积、退积及下降单元是沉积物记录的基本属性。但是，必须注意的是，只有下降单元是相对海平面变化的可靠指标。从前积至退积的变化是不确定的，反之亦然。在一个沉降基底，前积和退积取决于可容纳空间增长速率和沉积物供给速率之间的平衡。因此，沉积物供给的巨大变化可能会超过由海平面变化引起的可容纳空间增长速率（见第6章、第7章）。

　　我们从哪里出发？沉积地质学作为一个动态学科的未来可能取决于我们如何成功地发现沉积岩的形成及其地层序列背后的一般原理。

　　层序和体系域展示了一个控制许多沉积物堆积的原则——时间和空间上的规模不变性。这一原则很早在沉积学中识别出来。例如，Potter（1959）在对相模的新兴概念的简要总结中已经注意到"规模不是关键因素"。本书第6章提出，层序和体系域在至少6个数量级的长度（10^{-1}~10^{5}m）尺度上是不变的。形成这些尺度不变层序样式所需的时间从10^{3}~10^{8}a不等，即通过五个数量级，如果包括土壤形成的缓慢过程。对于层序的纯几何学方面，尺度不变范畴明显更大，大概是10^{-1}~10^{8}a。

　　图9.1展示了一个尺度不变的沉积几何学的实例，它延伸至层序域之外：由点源供给的沉积物堆积呈现出具有树枝状供给河道的三角洲。Van Wagoner等（2003）将它们解释为能量损耗样式，热力学原理的几何表达。

图 9.1 平面图中的沟谷—三角洲体系——反映动能损耗不变的沉积样式（据 Van Wagoner 等，2003，修改）
所有观测到的尺度不变的范围超过 14 个数量级，展示的实例仅涵盖该范围的很小一部分。
重要的一点是：在这个实例中，尺寸和形状是不相关的

顶积层—前积层—底积层三重奏提供了尺度不变性的另一个实例。Thorne（1995）基于整个体系由松散的沉积物组成的假设，提出了一种定量分析方法。他发现，控制方程可以应用于各种尺度，当然包括图 9.2 所示的地质上特别相关的维度。形成前积斜坡的控制原则是顶部高的沉积物供给、重力搬运沿着斜坡向下并且在平坦的盆地底部运输能量衰减。碳酸盐沉积并不总是表现为松散沉积物。它们可能包括在形成后立即变硬的沉积体，如生物礁、原地泥晶碳酸盐岩丘或早期岩化碳酸盐砂。然而，即使是复杂的碳酸盐岩体系也会在相当大的范围内形成尺度不变的解剖结构。一个众所周知的实例是环礁结构在不同尺度上的重复。存在一个连续的尺度范围，从直径 10m 的小环礁到直径超过 100km 的海洋环礁。环礁实例中的基本原理似乎是底栖生物喜欢生长在边缘生长的位置。

尺度不变性不限于几何形状。在规模变化超过 11 个数量级的情况下，沉积速率和观测区间的长度之间的关系是不变的。波浪现象是尺度不变性的另一个实例。与沉积学和层序地层学特别相关的是海平面波动的统计行为：海平面波动的功率（＝绝对振幅的平方）与周期有关，用幂次表示。海平面的波动看起来与沉积速率非常相似，具有分形特征。沉积速率和海平面变化规

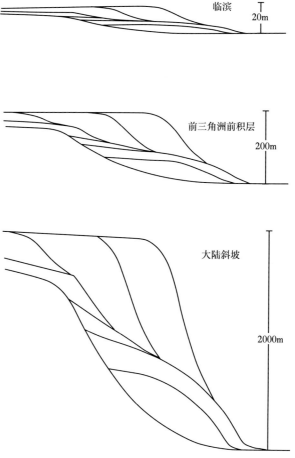

临滨
20m

前三角洲前积层
200m

大陆斜坡
2000m

图 9.2 前积斜坡——尺度不变沉积物解剖案例
（据 Thorne，1995，修改）
实例展示了下超到前期单元上的前积斜坡，并且在高度上相差三
个数量级。这个范围可以在精细的尺度上至少拓展两个级次。
高度是作为一个定性指标，随尺寸增加而增大。实际上，
所有空间维度都以大致相同的速度增长

模的观测结果为第6章地层层序的分形模型提供了支持。然而，需要指出的是，迄今为止证明的海平面变化和沉积速率的幂律尺度属于一级趋势。数据中存在分级的岛屿及幂次定律中的指数各有不同——显然数据中还有很多其他的信息，需要进一步做更多的工作。

沉积学和地层学中的尺度定律既是挑战，也是机遇。它们是具有挑战性的，因为基础概念不在我们学科的范畴，仍然在不断发展并且并不总是具有数学上严格的推导意义（Falconer，1990；Hergarten，2002）。另一方面，尺度定律代表着机会，因为它们经常能够引出重要变量之间的定量关系。这个方面的工作可能会产生两大好处：首先，尺度定律为那些不能够直接实测的沉积体的定量预测提供了基础，诸如承载油气或水的地下储层；其次，尺度规律可能揭示控制沉积作用、侵蚀作用和地层记录形成的基本原则。分形和幂次尺度定律的一些潜在应用已在第6章中进行了举例。在生物学中，将生物体的质量和代谢率相关联的尺度定律的研究始于20世纪30年代（图9.3）。它引发了关于控制生命过程规律的许多重要见解和重要讨论（Calder，1984；West 等，2002；West 和 Brown，2004）。

在沉积地质学中，尺度定律的研究正慢慢获得推动力。这一方法的潜力逐渐被关于沉积速率（见图2.19、图6.20；Sadler，1981，1999；Plotnick，1986）、沉积样式（Rankey，2002；Tebbens 等，2002）和海平面波动（见图6.21；Harrison，2002）的工作所证实。

对于尺度定律和几何学尺度不变性有多重要，它们将在多大程度上促进沉积体系的预测尚不得而知。但笔者很乐观，因为这些原理描述了可以应用于不同沉积物系列、不同沉积环境和不同地质时代的属性，尽管是统计结果。因此，该领域的见解可以在其他领域发挥作用。有了这样统一质量的通用原则来抵制专业化的趋势，并加强学科的结合。科学学科同样需要垂直立柱和水平稳定器（图9.4）。在沉积地质学中，借助新的分析工具和强大的计算机向上推进未知的领域已经得到很好的开发。本书尝试以阐述通用原则作为交叉连接稳定器的重要性，它们可能需要更多的关注。

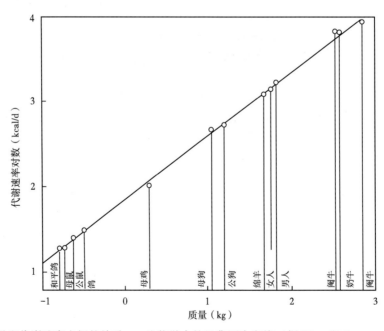

图9.3　质量和代谢速率之间的关系——生物学中的经典幂次定律（据 West 和 Brown，2004，修改）
这里展示了哺乳动物和鸟类的数据。代谢率与3/4质量的幂次——现在已知延伸至超过27级的质量数量级的关系式

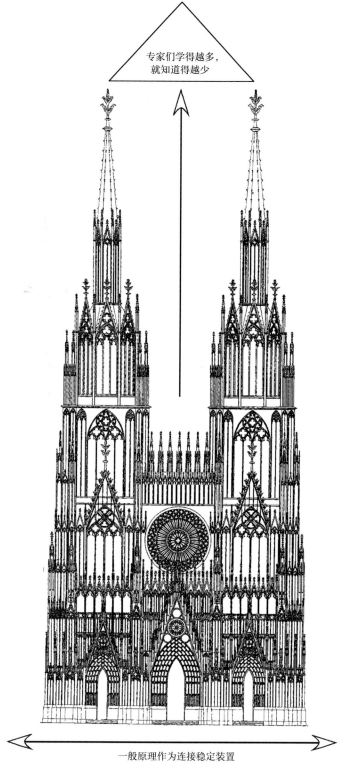

专家们学得越多，
就知道得越少

一般原理作为连接稳定装置

图 9.4　哥特式大教堂—— 一个地质学科的内部结构的模型

大教堂的高度和稳定性源自垂直立柱和由水平拱门和地板连接组合而成的圆柱的共同作用。在科学领域，
如果狭义领域内的专业知识可以通过学科间有效的通用原则稳定地连接起来，就可以上升到很高的高度

附录 A 分 形

"分形"这个术语由 Mandelbrot（1967）提出，用于对象或分形维度的集合。鉴于对一个普遍接受的分形定义的需求，笔者将通过列出基本属性和讨论一些经典示例来描述它们。然后，将着手确定分形维数和自然现象的分形特征。欲了解更多信息，请参阅 Falconer（1990）关于数学背景、Schroeder（1991）对分形学的跨学科概述，以及 Turcotte（1997）和 Hergarten（2002）直接对地球科学家的概述。

什么是分形？

分形是一个对象或一组对象：

（1）是自相似的，即在所有尺度上看起来都是相同的；

（2）有一个很好的结构；

（3）分形维度大于其拓扑维度。

对于大多数实际目的而言，拓扑维度等同于欧几里得（Euclidean）维度。使用几个不同的公式来计算分形维度，它们都是量化分形的精细结构，例如，通过测量一个扭动曲线充满某个区域的程度，或一系列对齐的点开始形成一维线。

对于自然科学家，认识抽象分形和自然分形之间的差异很重要。图 A.1 展示了瑞典数学家 von Koch 在 1904 年构想出的一个抽象分形的例子。它通过在一个直线段的中间三分之一竖立一个等边三

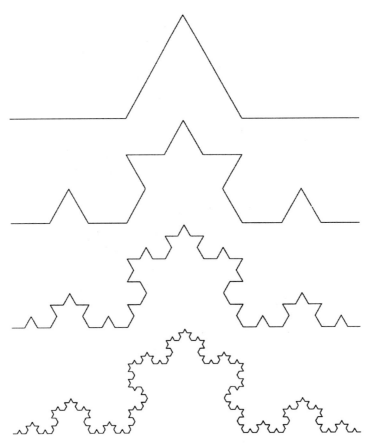

图 A.1　Koch 曲线——一种几何分形（据 Falconer，1990，修改）

它是通过在一个直线段的中间三分之一竖立一个等边三角形，并且不断在越来越小的线段上重复该操作直到无穷

角形来创建，并用越来越小的线段重复着这一操作至无穷。其结果是一个在所有尺度上看起来都一样的起伏曲线。这意味着曲线的任何部分适当放大后与整体都相似。该曲线由于它精细的结构而具有自相似性，并且具有介于 1 和 2 之间的分形维度，介于线和区域的欧几里得维度之间。可以说曲线太过于扭曲以至于开始充填部分区域。曲线的拓扑维度是 1。拓扑学也被称为"橡胶板几何学"。如果图 A.1 中的 Koch 曲线是由橡筋制成的，那么可以通过连续变形来改变，而不需要任何切割或粘贴成一条直线或任何其他平滑曲线。

图 A.2 展示了另外一个数学分形——康托尔集，也被称为康托尔条，由德国数学家 Georg Cantor 在 19 世纪构想出来。分形是通过擦除线段的中间三分一构建，并且与 Koch 曲线一样，不断重复初始操作至无穷。结果是一个分形集，具介于 0 ~ 1 之间的维度，分别是点和线的欧几里得维度。康托尔集的拓扑维度为零。

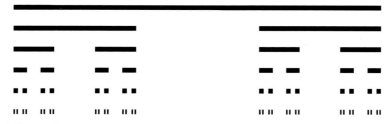

图 A.2 康托尔条（或康托尔集）—— 一种地层学中众所周知的数学分形（据 Schroeder，1991，修改）
初始阶段是一个线段，在生成阶段，线段的中间三分之一被移除并重复这一操作至无穷

在图 A.3 中，我们看到的是一个具有分形特征的自然物体——由侵蚀地形和海面交互作用形成了挪威的崎岖海岸线。就像 Koch 曲线一样，海岸线是一条非常曲折的曲线，具有各种尺度的精细结构。下面将看到它的分形维度介于 1 和 2 之间，再次与 Koch 曲线相类似。应该注意这个自然物体和 Koch 曲线之间的两个重要区别：首先，海岸线仅是统计意义上的分形。放大部分海岸线至整个特征的尺度将会产生统计意义上的类似于整个海岸的曲线，但并不能提供精确的匹配。其次，海岸线在特定尺度范围内具有分形特征，即分形趋势在单个晶体或沉积物颗粒尺度上被破坏掉。术语"无穷"和"全尺度"在描述自然分形时都是不合适的。

Koch 曲线说明了分形曲线的一个重要性质：它们的长度取决于测量杆的长度。由于曲线的精细结构，随着测量杆的长度减小曲线变得更长，且可以考虑更加精细的摆动。这个关键性的关系可以表达为：

$$N = 1/r^D \tag{A.1}$$

式中，N 为人们必须沿着曲线记录长度 r 的测量杆去迭代的次数；D 为分形维数，用于衡量曲线的扭动度。式（A.1）表示了一个幂次定律，$\lg N$ 与 $\lg r$ 的投点中产生直线，且回归线的斜率等于 D。

通过重新排列项，式（A.1）产生分形维数：

$$r^D = 1/N \tag{A.2}$$

取对数

$$D \cdot \lg r = -\lg N \tag{A.3}$$

并且将这些值代入图 A.1 中 Koch 曲线的第一步（生成步骤）。如果设定上部的线段长为 1，那么生成步骤的值为 $r = 1/3$，$N = 4$。这产生了：

$$D_{\text{koch}} = -(\lg 4/\lg 1/3) = \lg 4/\lg 3 \approx 1.26 \tag{A.4}$$

结果证实了前期的说法，即在这种情况下分形曲线的分形维数大于其拓扑维数 1。

式（A.1）也可以用于计算康托尔条的 D 值。如果再次假定顶部的线段长度为 1，则图 A.2 中的

Noren krijgen er
26.000 km kust bij

OSLO, I8 NOV. De kust van Noor-wegen
is bijna de helft langer dan werd gedacht.
De Noorse autori-teiten zijn daar achter
gekomen dankzij een nieuw computerpro-
gramma dat plattegrondmakers in staat
stelt zelfs de kleinste inhammen in kaart
te brengen. De kust heeft een lengte van
ruim 83000 kilometer, 26000 kilometer
meer dan altijd was aangenomen. (AP)

图 A.3　海岸线是第一批被识别到具分形特征的自然现象（据 Feder，1988）

在这里看到的是挪威海岸线的一部分。由于被调查得更加详尽，来自荷兰报纸报道的挪威

海岸线长度已经增加了 26000km

生成步骤产生 $r=1/3$ 和 $N=2$：

$$D_{cantor} = -(\lg2/\lg1/3) = \lg2/\lg3 \approx 0.63 \tag{A.5}$$

　　同样，康托尔条的分形维数大于其拓扑维数 0。

　　自然曲线的分形维数通常不能通过不同大小的测量杆沿着它们迭代确定，而是通过盒子计数来确定的。图 A.4 说明了这种广泛应用的技术。具有分形特征的曲线产生 N 和 r 之间的线性关系，回归曲线的斜率等于分形维数。自然分形的盒子计数图表明，直线的区域是有限的，不像数学分形一样可以延伸至无穷大。在大多数情况下，幂律域通过有限尺寸效应等同于 r 大值，通过数据的分辨率等同于 r 小值。但是，也可能有局限性，代表自然系统的变化。

　　分形测试也可以在时间序列和波浪上进行。图 A.5 总结了这种方法。首先通过傅里叶变换将数据从时间域转换到频率域。在频率域中，时间序列显示为频率与功率的关系图。功率等于时间曲线

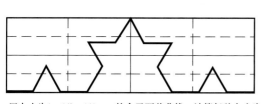

用大小为1，1/2，1/4……的盒子覆盖曲线，计算每种大小为r
的盒子数N

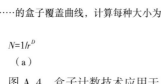

$N=1/r^D$

（a）

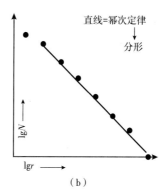

直线=幂次定律

分形

（b）

图 A.4　盒子计数技术应用于 Koch 曲线的早期阶段

（a）盒子计数的第一步，绘制一个矩形框框住所有的特征。接下来，将盒子的变长减半，并且计算覆盖所有特
征所需要的盒子数量。用越来越小的盒子重复该过程。（b）盒子大小和盒子数量的双对数图提供了曲线分形
特征的测试。由于式 A.1 中的幂次定律，分形中的数据以直线绘制。曲线的斜率等于分形维数 D

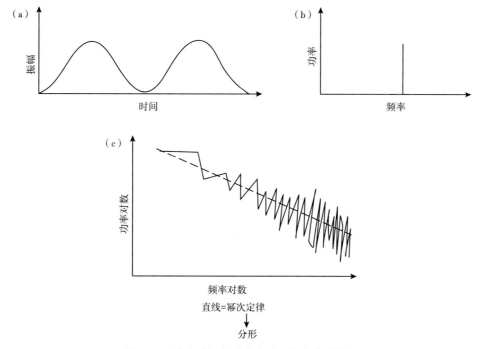

图 A.5　测试时间序列或波动现象中分形特征

时间域中的数据（a）通过傅里叶变换至频率域（b），（a）中的周期性正弦波将以单棒形式出现。由一系列频率组成
的自然图案形成宽的功率谱（c）。分形时间序列（或连续波形）在功率和频率的双对数坐标中显示出线性趋势。
幂律关系的域在低频处受有限的数据限制，在高频处受测量时间序列的分辨率限制

中显示的振幅平方的绝对值。然后，将频率域中的功率谱表达为功率和频率的双对数曲线。分形时
间序列显示出线性趋势，即频谱功率和频率之间的幂律关系。趋势的斜率近似等于被称为谱索引的
术语，表示为 β。谱索引与上面讨论的几何分形的分形维数 D 有关。

　　重缩放范围分析是在时间序列中识别分形的另一种方法。该技术确定了变量值的范围 R 和（估
计）标准偏差 S。关键的图表示为 $\lg R/S$ 与 $\lg N$，其中 N 是时间序列中的间断。再次，$\lg (R/S)$ 与
$\lg N$ 的线性关系表示一个幂律和时间序列的分形特征。许多自然时间序列都被发现遵守这种关系：

$$R_N/S_N = (N/2)^{\mathrm{Hu}} \tag{A.6}$$

Hu 被称为 Hurst 指数。对于特定范围的条件，Hurst 指数也与分形维数 D 相关（图 A.6、图 A.7）。

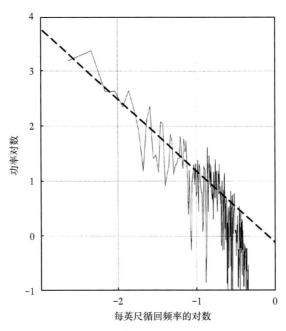

图 A.6　伽马射线测井的功率谱（据 Tubman 和 Crane，1995，修改）

测井测量岩石的自然伽马辐射主要是与岩石中黏土含量有关的函数。因此，伽马辐射的变化反映了地层柱中黏土含量的变化，并通常与沉积韵律有关。一级趋势（虚线）表示功率和频率之间的幂律关系，表明下伏沉积韵律的分形特征。线性趋势在右边接近测井工具分辨率处被打破

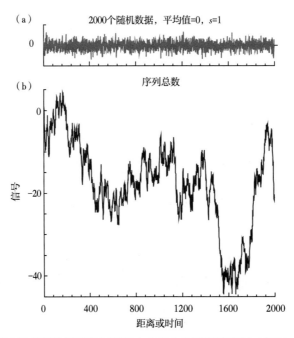

图 A.7　具有白噪特征的随机数据图及由此产生的随机游走图（据 Harrison，2002）

（a）具有白噪特征的随机数字图；（b）由（a）的数字产生的随机游走。（b）中存在一个明显的旋回级次现象，但是对于每组随机数据的样式不同，并不反映级次原则

附录 B STRATA 和 CARBONATE 3D 建模软件简介

在过去的 30 年中，沉积体系的数值模拟稳步推进。它已经成为一种多用途工具，建立了对自然体系的直接观察及其与基于物理、化学和数学原理的理论分析之间的桥梁。数值模拟在地质学中的一个特别重要的角色是为我们的自由思想提供了一个量化的框架。

在本书中，模拟实现已经被证明可以说明一个原理的作用，或者将自然的实例与第一原理的预测结果进行对比。所有的模拟实现都是由两个程序完成，其架构和理论基础如下所述。仅讨论了程序中最重要的元素，完整的描述可以在引用的出版物中找到。

STRATA、CARBONATE 3D 和其他大多数沉积学模拟程序的理念都是捕捉长期趋势。大量沉积物堆积是由许多单独的沉积和侵蚀事件形成。大部分程序依靠统计规律来计算沉积物输入和扩散，从而为单一事件的堆积效应提供良好的近似值，而不是试图模拟单一事件。

B.1 STRATA 程序

B.1.1 概述

STRATA 是针对硅质碎屑岩和碳酸盐岩的二维模拟程序，为大型盆地研究开发的程序（Flemings 和 Grotzinger，1996）。该程序的特点是简化和集中利用少数几个基本原理。

该程序生成横截面。硅质碎屑物质在侧面从外部物源供给至沉积体系，碳酸盐物质则在特定区域内生产。硅质碎屑岩和碳酸盐岩在体系中的分布，即沉积和侵蚀，由下面讨论的扩散方程控制。可以预设沉降和海平面变化，可以在空间截面和时间为垂直轴的时间—距离图（Wheeler 图解）查看输出结果。

该程序可以计算一级粒级分布，其基础是根据海滩至陆架的水深增加粒级减小（图 4.1）。另外，该程序模拟了许多未使用的系列过程和参数，例如沉积物负载下的岩石圈弯曲、埋藏期间的沉积物压实、物理特性和合成地震道。

B.1.2 沉积物扩散的方程

STRATA 假设在地球表面沉积和侵蚀受扩散方程控制，这是地球物理学中的一个基本方程（Turcotte，1997）。它在沉积和侵蚀方面的应用直觉上是合理的，可以证明如下。如果人们注意到沉积物是如何在河流中运输，或者在席状洪流中越过陆地表面，就会获得一个在陡峭的斜坡上运输速度更快的直观印象，测量结果证实了这种定性的观点。一级近似中，沉积物通量与坡度成正比。用数学术语表达即：

$$q = -\partial h / \partial x \tag{B.1}$$

式中，q 为沉积物通量（以每单位时间的沉积物体积表示）；h 为标高；x 为沿着 x 轴的水平距离；k 为比例系数，在 STRATA 中称为扩散常数。系数被赋予了一个负号，因为沉积物被从高 h 处搬运到低处。由于程序模型是二维的，因此 STRATA 中扩散系数的维数是 m^2/a。在现实世界的实验中，系数将是 m^3/a。相对于水平距离高度的偏导数 $\partial h / \partial x$ 是斜坡角的正切，或简称为斜率。如果假定在运输途中没有物质溶解或沉淀，那么系统也满足了沉积物体系是在侵蚀和沉积中保存的条件。在量化术语上：

$$\partial h / \partial t = -(\partial q / \partial x) \tag{B.2}$$

式（B.2）指出，给定位置的高程变化率等同于从该位置增加或减小的速率。结合这两个方程得到扩散方程：

$$\partial h / \partial t = -k \cdot \partial^2 h / \partial x^2 \tag{B.3}$$

扩散方程初始用在混合溶液的分子水平上。在沉积学和地貌学中，该方程为许多单独的沉积和侵蚀的事件的累计效应提供了很好的近似。例如，扩散方程很好地描述了硅质碎屑沉积从陆源穿过滨岸带至海洋盆地的转移。

扩散方程是 STRATA 程序的核心。该方程指出给定点高度的时间变化率与相对水平距离的高度的二阶导数成正比。它被写成偏导数，因为不考虑第二个水平维度 y。图 B.1 展示了一个概念图，说明地形剖面一阶和二阶导数的含义。高度与水平距离的一阶导数 $\partial h/\partial x$ 是倾斜角。二阶导数 $\partial^2 h/\partial^2 x$ 是沿 x 轴的倾斜角变化率（图 B.1c）。$\partial^2 h/\partial^2 x$ 的高值表示在该点附近表面强烈弯曲，低值表示它几乎是平面的（即使它可能以高角度倾斜）。扩散方程表明沉积（或侵蚀，即负沉积）是最强烈的，而且在地球表面最弯曲的地方，形态变化最迅速。在根据扩散方程演变的地形中，凸出的边缘正在被侵蚀，凹陷被侵蚀产物填满（图 B.2）。

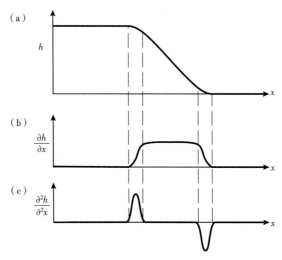

图 B.1　地形剖面图及其对应的一阶和二阶导数曲线图

（a）地形剖面；（b）斜坡角度的变化，即地形的一阶导数；（c）斜坡曲率，即地形的二阶导数。根据扩散方程，最大侵蚀发生在最大凸曲率的位置，二阶导数最大值处。相反地，在最大凹曲率的位置处预测最大沉积区，即二阶导数的最小值

通过改变扩散系数 k 来调整扩散方程。STRATA 允许为海洋和非海洋环境选择单独的系数。非海洋环境扩散系数 $k_{nonmarine}$ 通常为 $30000\sim60000\mathrm{m}^2/\mathrm{a}$，海洋环境扩散系数 k_{marine} 为 $100\sim300\mathrm{m}^2/\mathrm{a}$。通过在陆地上流水运输更为有效，因为它流速很快，总是朝着同一个方向，即下坡。在海洋中，洋流较慢而且可能反转方向。该程序假定非海洋和海洋扩散域之间的过渡发生在海洋的最上部。在这个过渡区域，扩散系数根据以下公式改变：

$$k=k_{marine}+(k_{nonmarine}-k_{marine})\cdot e^{-\lambda w} \tag{B.4}$$

式中，w 为水深；λ 为衰减常数，决定了非海洋扩散系数的影响随着水深增加而消失的速度有多快。

扩散方程是模拟沉积和侵蚀的多功能工具，但它也有其缺点，在此列举其中三个。

（1）扩散方程仅描述了许多沉积事件的累计效应，并且很少揭示单一事件中活跃的过程。例如，扩散模型描述在重力影响下通过诸如坍塌、浊流和生物扰动等多种过程下累积的斜坡沉积物运动。

（2）有一些常见的情况很难通过扩散方程来模拟，深海平原就是一个例子。它们代表了固体地球表面最平坦的部分，基本上由浊积岩和深海沉积物穿插构成，已经显示单一浊积岩层覆盖了深海平面表面 $50000\mathrm{km}^2$ 以上。沉积这种层的浊流是高效的搬运载体，它们可能受夹杂在浊流中的大量水和沉积物的动力驱动，在大陆斜坡处以超过 $50\mathrm{km/h}$ 的速度流下（Allen，1985）。用扩散方程模拟这种情况需要在模型预设值较低的深度突然切换到非常高的扩散系数。

（3）扩散方法的另外一个问题是碳酸盐岩台地的边缘。它们具有较大的凸曲率，因此应该是强烈侵蚀的场所。相反，我们观察到在这种环境下生物礁或颗粒滩的快速向上增长。原因在于碳酸盐胶结物的有机建设和强烈的非生物沉淀优先于侵蚀的影响。此外，有机黏结作用和海洋胶结作用使得沉积物变硬，从而减缓侵蚀作用。

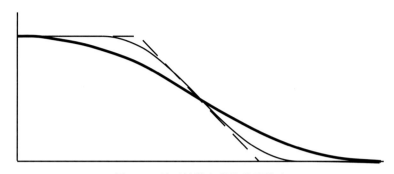

图 B.2　基于扩散方程的地形演变

虚线：原始剖面；突出的边缘被侵蚀，凹陷的部分被充填

B.1.3　碳酸盐生产函数

在碳酸盐岩环境中，沉积物的扩散也可以通过扩散方程来模拟。然而，与硅质碎屑岩相比，沉积物质不是通过侵蚀性腹地来提供，而是通过碳酸盐生产函数在指定区域内产生。STRATA 主要考虑了热带系统（用术语来说是 T 工厂），并根据环境——海洋和陆表海提供了两种生产函数（图 B.3）。

在海洋碳酸盐岩环境中，生产的基本控制条件是光照（见图2.3，图2.4）。STRATA 通过组合一个稳定最大产量区及其之下的一个指数性产量减少区来近似热带体系生产函数：

$$dS/dt = c_1 \cdot \exp[-c_2(w - w_0)] \tag{B.5}$$

式中，dS/dt 为每单位时间的沉积物产量；c_1 为最大生产速率（发生在水体最上部）；c_2 为指数衰减常数；w_0 为最大生产速率区下延的深度；w 为模拟点的水深。上述公式适用于范围为$w>w_0$；对于$w<w_0$，沉积物产量 $dS/dt = c_1$。

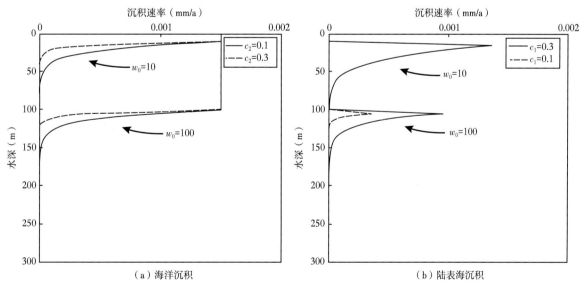

图 B.3　海洋环境（a）和陆表海环境（b）中碳酸盐生产速率和深度

（据 Flemings 和 Grotzinger，1996，修改）

在陆表海环境中，光照再次成为主要控制因素。然而，与海洋环境相反，受限、碎屑岩输入和其他近岸影响阻止了接近海岸处出现最大生产量。因此，生产量最大区位于适度水深的近海区。生产速率 dS/dt 由下式给出：

$$dS/dt = c_1 \cdot (w - w_0) \cdot \exp(1 - w/w_0) \qquad (B.6)$$

式中，c_1 和 w_0 分别为最大产量的速率和深度；w 为模拟点的水深。

海洋和陆表海的生产函数可以通过在模型中指定它们各自的域进行组合。

B.2 CARBONATE 3D

B.2.1 概述

该程序主要用于创建露头或地下具体物体的精细模型，如含油气的碳酸盐岩及其围岩。因此，CARBONATE 3D 与 STRATA 有很大不同，其主要目标是模拟沉积盆地填充的一级趋势。

该程序是真正的三维模拟。空间上划分为网格，计算调节每个网格及其相邻网格之间的质量和能量的转移。

B.2.2 碳酸盐生产

该程序在模拟碳酸盐生产中非常灵活。首先，区分出三种生产类型：浅的开阔海生产、浅的局限海生产及深海生产。针对每种类型，可以指定最优生产率，然后依据局部环境压力特征需求进行降低。

（1）浅的开阔海生产类型具有类似于 T 工厂的生长函数（见第 2 章）。关键的压力可以来自水深、沉积速率高和水体中高沉积物负荷。任何这些因素的线性增加都会导致产量指数下降。在位于最佳生产带之下，生产随着深度呈指数衰减（图 B.4）。该函数与 STRATA 的广海生产函数非常类似。来自局限海的压力被模拟为开阔海生产类型逐渐被局限海类型替代，一个水体深度和距离陆架坡折距离的函数（图 B.5）。

（2）局限性海洋生产被认为是以藻类为主的生产，可以容忍局限性，但需要远离高的水体能量。因此，水体能量被模拟为这个生物群的压力。反过来，水体能量被认为随着距离台地边缘越远而越小。图 B.5 展示了广海生产被局限海生产替代，反之亦然。这种方法相当不寻常，并且假设沉积环

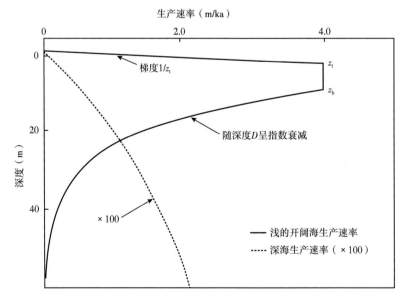

图 B.4　浅水开阔海型（粗线）和深海型（点画线）的典型生产函数（据 Warrlich 等，2002，修改）

产量表示为每千米垂直累计的长度。理想的开阔海的生产上限位于深度 z_t，其上波浪能量会降低其产量。

最佳生产区下限位于 z_b，标志着由光线减少导致产量呈指数衰减的开始

境中的局限和保护的协方差和现存台地的观测不一致（见图2.12）。然而，从计算的角度，最重要的是该程序可以实现改变整个生产，即开阔海生产和局限海生产的总量，是一个局限性的函数。

（3）远洋生产是指生活在水体上部数百米范围的碳酸盐浮游性生产。该程序以一个水柱厚度的函数来模拟浮游生物生产（图B.4）。浮游生物在海平面上的产量为零（即零厚度水柱），并随着深度呈指数增长，逐渐达到最佳深海生产速率。其基本原理是：在非常浅的海底环境中，浅水（底栖）生产使得浮游生物的生产受到极大影响。随着深度的增加和光线的减弱，底栖生物生产减慢。

生产速率是针对各个生产类型单独计算的。以浅开阔海为例，作为水平坐标 $P(x, y)$ 的函数，生产速率可以表达为：

$$P(x, y) = M \cdot S(x, y) \tag{B.7}$$

式中，M 为最佳生产率；$S(x, y)$ 为压力函数。压力被认为是水体深度 z、水体局限性 U_0 和沉积物载荷 L 的函数。假定不同的压力因素独立发挥作用，压力函数可以写成：

$$S(z, L, U_0) = D_0(z) \cdot U_0(x, y) \cdot L_0(L) \tag{B.8}$$

式中，D_0、U_0 和 L_0 分别为水体深度、局限性和沉积物载荷。D_0 和 U_0 函数已经在条目1和条目2讨论了。L_0 是在沉积物扩散的背景下解释的。应该注意到 $S=0$ 表示最大压力，而 $S=1$ 表示没有压力和最大产量。

B.2.3 沉积物扩散

沉积物扩散是通过分别模拟沉积物生成（砂和泥的体积和比例）、携带、运输和沉积来实现。在最后三个步骤中，作用在颗粒上的总剪切力 τ_{total} 是以来自洋流、波浪和地形坡度压力之和来计算的。如果 τ_{total} 超过携带临界值，则携带沉积物，它会在剪切应力场中移动，直至 τ_{total} 降至沉积临界值以下。图B.6展示了一个台地和近海高地之上的应力场和沉积物运输路径的例子。粗粒沉积物的运移路径受斜坡梯度的影响较大，细粒物质的运输路径主要受控于洋流方向。

一旦沉积开始，其速率受两个条件的控制，详述如下：

（1）沉降速率 $\mathrm{d}s/\mathrm{d}t$ 与沉积物负荷 L 呈正比：

$$\mathrm{d}s/\mathrm{d}t = kL \tag{B.9}$$

式中，k 为比例常数。如果 k 很大，沉积很迅速，负载迅速降低，运输距离很短。该程序定义了特征运输距离 X，其中 $X = 1/k$。对砂而言 X 很小，对泥则很大。

（2）连续性方程成立，即沉积物质被保存在沉积、侵蚀及沉积物搬运的所有步骤。这可以表示为：

$$\mathrm{d}s/\mathrm{d}t = -\mathrm{d}L/\mathrm{d}S \tag{B.10}$$

该方程意味着沉积速率等于沿着沉积物运输路径 S 的沉积物负载的变化（注意上式中的 S 与沉

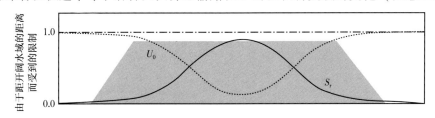

图 B.5 模拟局限性对环礁（阴影）的影响（据 Warrlich 等，2002，修改）

开阔海的生产与 U_0 呈正比，因此由于局限相关的压力向环礁中心减少。另一个方面，由局限性群体控制的生产的函数 S_r 向中心增加，因为水体能量的减弱降低了局限性群体的压力。两条曲线均根据环礁的平滑深度剖面计算得出。垂直轴分别显示了开阔海洋型和局限海洋型的最佳产量的分数。总产量是开阔海洋和局限海洋产量之和。由于最佳开阔海洋产量明显超过最佳局限性海洋产量，整个环礁的总产量在边缘处最高，中心最低

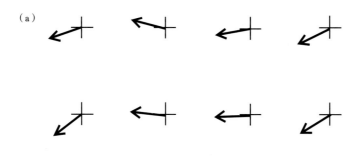

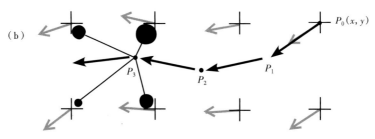

图 B.6　CARBONATE 3D 中携载、运输和沉积的概要图

（a）模型的表面是网格化的，沉积物只是在网格节点处被携带或沉积，但是可能被随时随地搬运。这里展示了三个单元格，其节点用十字标记。箭头长度表示单位长度的沉积物运输矢量。运输矢量是通过波浪和地形坡度引起的剪切应力计算。（b）（a）图向量场中的沉积物运输和沉积。沉积物携带出现在右上方节点处，即在 P_0 (x, y) 处。由于剪切应力足够大，沉积物通过 P_1 和 P_2 而未发生任何沉积。P_1 和 P_2 处沉积物运动的方向和速度由周围四个节点处的应力矢量插值得到。在 P_3 处，剪切应力已经降低至临界值以下，随后出现沉积。沉积物被划分给周围节点，使得每个节点接收到的负载（黑色圆圈）与节点距离 P_3 的距离呈反比

积物生产章节引入的压力函数 S 无关）。

B.2.4　其他选项

CARBONATE 3D 还包含许多在此未讨论的选项。硅质碎屑物质和碳酸盐岩物质可以在建模空间的边缘输入，可以从沉积物性质和洋流矢量场来计算沉积物质的侵蚀和颗粒减少。此外，如砂/泥比等特定的相属性也可以加以计算。

附录 C　反射地震学的原理

对沉积学家而言，反射地震学已经成为最重要的学科之一。这是一项非常复杂的技术，其数据在某些方面可能优于最佳的露头数据。另外，地震工具比野外地质学家和岩心描述者看到地球沉积物多得多。尤其是层序地层学更是严重依赖地震数据。然而，有一个问题是：与照片不同，地震数据中的证据并不直接明显。数据来自非常精细的测量和随后的处理之后，对地震反射过程有一些基本了解对地质学家处理地震数据至关重要。这就是下面给出反射地震学的原理和特点简要总结的原因（Sheriff 和 Geldart，1995）。

C.1　地震反射的产生

反射地震学的基础是人造弹性波，它在地下传播，并且在物质界面反射或折射。控制这些波行为的相关岩石属性是岩石密度 ρ 和代表地震波在岩石中传播速度的声速 v。反射地震学特别适用于沉积岩成像，因为几乎没有例外，ρ 和 v 平行于地层变化非常缓慢，但是垂直于地层则突然变化，即在地层界面上突变。因此，利用地震技术可以将地层样式很好地成像。图 C.1 展示了地震波在一个物质界面处的行为，如地层界面。入射波分成向上传播的反射部分和继续向下传播的折射部分，尽管方向稍微不同。部分折射波可能会在更深的物质界面处发生反射。通过这种方式，许多叠加层将会被地震工具"看到"。对于地震波，层状沉积岩就像许多层的有色玻璃——它们反射的能力足以从上方看到，但它们也让足够的能量通过以照亮更深的地层。反射波的振幅，边界的"反射率"的度量，被称为反射系数 RC：

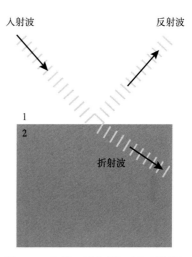

图 C.1　在第 1 层和第 2 层（阴影）的岩性界面处的表示为波前的地震波下行波被分解为继续向下传播的折射部分，以及返回至表面的反射部分。反射波和折射波之间的能量分配取决于两个层之间的声阻抗差异，并且由反射系数 RC 计算。边界处较大的阻抗差异导致反射的能量占据较大的比例——该层是一个很好的"镜子"。如果阻抗差为零，则该边界在地震上不可见

$$RC = (\rho_2 v_2 - \rho_1 v_1)/(\rho_2 v_2 + \rho_1 v_1) \qquad (C.1)$$

式中，$\rho_1 v_1$ 和 $\rho_2 v_2$ 分别为层 1 和层 2 的声阻抗。

地震采集通常是通过在地面上制造"重击"并且利用地震检波器听取回声来进行。该过程沿着地表轮廓在等间距位置重复，并产生地下的地震横截面。这些地震剖面在许多方面类似于地质剖面，但是两个特征使它们分开。

（1）在炮点位置的反射记录被假定为在该炮点以下垂直产生并且在那里标绘。对于倾斜反射物而言（图 C.2）、反射点源，如一个反射物的突变端（图 C.3）及反射不是起源于剖面的界面而是侧面反射（"侧面回声"）等，这一假设可能是错误的。

（2）垂直尺度是旅行时间，而不是深度。转换为深度并不简单，因为通常声速通常会从一层到一层发生改变。

原始地震数据的奇异特征可以通过数据处理来消除。奇异特征 1 可以通过时间域的"叠加"反射来消除。图 C.2 中展示了倾斜层时间—叠加反射的原理。每个衍射双曲线都是收敛至它的顶点，作为物理反射产生的地方（图 C.3）。矫正侧面回波需要在线的网格中追踪反射。对了消除奇异特征 2，人们需要计算各层的层速率（图 C.4）并将其应用于反射的深度偏移。如果采集网格足够密，时间偏移和深度偏移能够显著改善资料品质。在"三维地震数据"中，叠加技术特别成功，其采集线的距离几乎与线上的炮间距接近。通过这种方式，整个岩层都将被声波穿透，功能强大的计算机可

以将这些数据显示和处理成 3D 数据体。

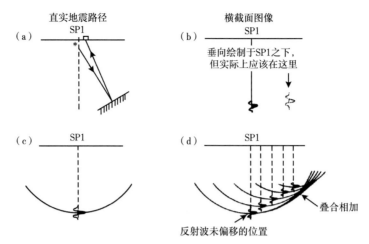

图 C.2　在构建地震剖面时，首先将反射绘制在垂直炮点的下方（据 Anstey，1982，修改）

这种做法对于水平的反射物是正确的，但不适用于倾斜反射物。这一错误可以通过"叠加"的数值处理加以校正，如图（c）和（d）所示。（c）展示了可能在炮点 1 观测到所有可能形成反射的来源——它们大约位于围绕炮点的一个半圆上。（d）展示了针对随后炮点重复这一过程。半圆弧在右侧的区域重合。这个圆弧重合区域近似代表了反射物的真实位置

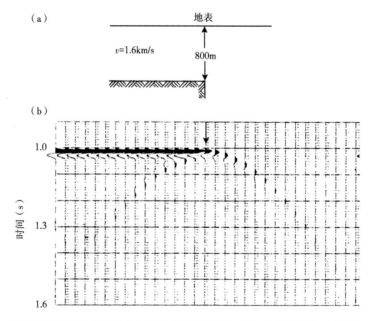

图 C.3　地下突变的边缘或反射点会产生衍射而不是反射和折射地震波（据 Trorey，1970）

这些点源的地震记录由描述在双曲线顶端具有反射物真实位置的双曲线一个分支的反射组成。叠加移除了衍射双曲线，并只保留了顶点处的反射

C.2　合成地震道和露头地质模型

石油工业通常测量钻孔中与地震相关的岩石特性，然后这些钻孔作为地震解释的"地质实况"点。

为了优化地震采集的地面实况，在井眼位置构建合成地震道，并且直接与该处的真实地震道进行比较。合成地震道的构建如图 C.5 和图 C.6 所示。非常类似的流程被用于建立本书所示的露头地质模型。主要区别在于露头中的声阻抗函数必须通过对采样点的测量和岩性观察来构建，因为缺乏

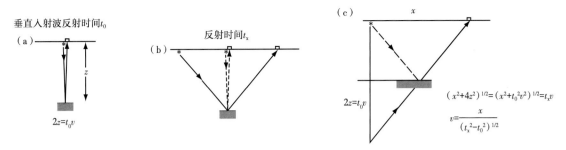

图 C.4 地表和一个地下反射界面之间的速度，层内速度 v，可以通过将地震旅行时间与沿着不同射线路径的反射体进行比较来确定。在简单情况下，两个测量结果 [（a）和（b）所示] 和勾股定理 [（c）所示] 足以计算出 v（据 Anstey，1982，修改）

物理属性的电缆测井。大多数露头可以被视为二维剖面，因此阻抗分布的 2D 模型根据观测地层、岩性分布和测井岩石物理属性构建（Rudolph 等，1989；Stafleu 等，1994；Anselmetti 等，1997；Bracco-Gartner 和 Schlager，1997）。大多数露头模型都是垂直入射模型，这意味着露头的阻抗模型在紧密间隔的垂直剖面出被检测，并且合成地震道方法类似于如图 C.5 所示，图 C.6 为钻孔处构建流程。垂直入射模型相当于叠加完美的剖面。

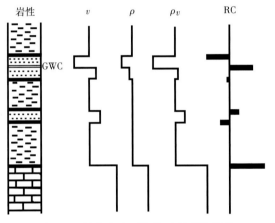

图 C.5 钻孔中岩石柱的反射系数推导
（据 Anstey，1982，修改）

从左至右：岩性柱由页岩、砂岩、石灰岩层组成，一个在最上部砂岩的气—水界面（GWC）；声速测井曲线 v；岩石密度 ρ 及声阻抗 ρv；最后，最右侧由阻抗变化计算出反射系数（RC）。如果一个坚硬层被软层覆盖，则反射系数为正；反之，则反射系数为负

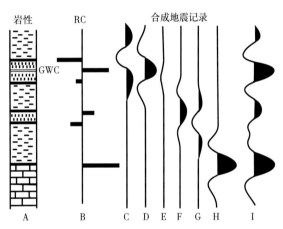

图 C.6 由图 C.5 中岩性柱的构造合成地震记录
（据 Anstey，1982，修改）

RC 曲线与一个地震波在计算机中褶积。这个操作在 RC 曲线的每一个杆的位置产生一个地震反射。子波由一个中心峰和两个符号相反幅度更低的旁峰组成。C~H 道是 RC 曲线中每个杆产生的反射——在 RC 正值处的反射具有黑色中心，负值处具白色中心。I 道表示完整的合成记录，由 C~H 道的算术计算合成

C.3 地震分辨率

直接观察岩石的地质学家可以轻松切换到另一种工具以获得更高的空间分辨率。存在着连续范围的工具，从肉眼到电子显微镜。此外，化学分析工具的分辨率已经与显微镜技术同步提高。地震学的世界是不同的，通常只有一个数据集可用，而且其基本属性很大程度取决于采集技术。随后的处理可以提高分辨率，但仅在相当狭窄的范围内。因此，地震分辨率的物理原理在地震解释中至关重要。垂向分辨率随着波频率增加而提高。频率表示为每秒的周期数（1 周期/s = 1 Hz）。更高的频率意味着更尖锐的脉冲，因此分辨率更高（图 C.7）。一般来说，如果距离至少为波长的 1/4，则可以将两个反射物分别识别出来，波长 λ 为：

$$\lambda = v/f \tag{C.2}$$

式中，v 为声速；f 为频率。

传播至地面的波的频率取决于采集期间由声源产生的"爆炸"的性质。然而，地震波一旦形成，它们的频率随着它们在地下传播而改变。高频波比低频波衰减得更快。因此，地震数据的频率组成随着传播深度增加而降低。在大多数地震剖面中频率和分辨率的向下降低都很明显。水平分辨率也是有限的，随着传播深度的增加而降低。地震的地下"照明"类似于手电筒的光束——随着距离的增加，光束变宽且强度减弱。在地震学中，水平分辨率由菲涅耳带的宽度确定。图 C.8 展示了撞击平面反射物的球面波前。菲涅耳带是反射物体中质点运动方向相同的区域，因此对反射波起到积极作用。菲涅耳带的半径 r_f 为：

$$r_f = (v/4)(t/f_c)^{1/2} \tag{C.3}$$

式中，v 为上覆地层的平均声速；t 为双程旅行时；f_c 为地震波的频率。因此，随着速度增加、旅行时间的增加及频率的降低，菲涅耳带增加（即分辨率降低）。

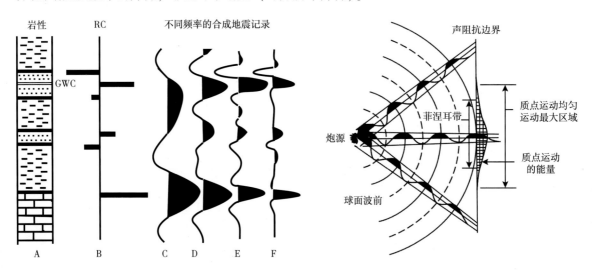

图 C.7 合成地震记录展示了脉冲宽度（地震频率）
对地震分辨率的影响（据 Anstey，1982，修改）
F 道的频率比 C 道频率高大约四倍

图 C.8 球面波正面撞击平面反射物体（据 Neidell，1979）
只有反射物的交叉影线部分有助于反射波。菲涅耳带甚至
更窄，因为交叉阴影区末端部分的贡献微不足道

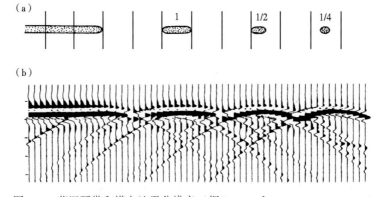

图 C.9 菲涅耳带和横向地震分辨率（据 Neidell 和 Pogglialiolmi，1977）
（a）宽度表示为菲涅耳半径分数的小层横剖面。（b）对应（a）中小层的地震成像。小于菲涅耳
半径（r_f）的层变得不再平坦。相反，它们被成像为反射点源，产生衍射双曲线

C.4 地震属性

　　根据地震道的旅行时间、振幅和频率的基本测量结果，可以计算属性以便更好地研究构造和地层样式。尤其是在 3D 数据中，地震属性可能是地下地质体可视化的强大工具（Brown，1996）。但是必须记住，尽管外观差异很大，但统一数据集的属性都来自相同的基本测量。因此，它们并不相互独立。从时间域导出的地震属性对构造研究特别有帮助。与振幅和频率有关的属性在地层学和沉积学分析特别有帮助。需要谨慎的一句话是：计算地震属性的算法似乎比在它们在地质对象上进行测试和校准更早地出现在市场上。因此，多属性的地质含义并没有得到很好的约束。

参 考 文 献

Abreu, V. S., Hardenbol, J., Haddad, G. A., Baum, G. R., Droxler, A. W., and Vail, P. R., 1998, Oxygen isotope synthesis: a Cretaceous ice-house?, in P. C. De Graciansky, J. Hardenbol, T. Jacquin, and P. R. Vail, eds., Mesozoic and Cenozoic sequence stratigraphy of European basins: SEPM Special Publication, v. 60, p. 75–81.

Adams, E. W., Morsilli, M., Schlager, W., Keim, L., and Van, H. T., 2002, Quantifying the geometry and sediment fabric of linear slopes: examples from the Tertiary of Italy (Southern Alps and Gargano Promontory): Sedimentary Geology, v. 154, p. 11–30.

Adams, E. W., and Schlager, W., 2000, Basic types of submarine slope curvature: Journal of Sedimentary Research, v. 70, p. 814–828.

Adams, E. W., Schröder, S., Grotzinger, J. P., and Mccormick, D. S., 2004, Digital reconstruction and stratigraphic evolution of a microbial-dominated, isolated carbonate platform (terminal Proterozoic, Nama Group, Namibia): Journal of Sedimentary Research, v. 74, p. 479–497.

Adey, W. H., Macintyre, I. G., Stuckenrath, R., and Dill, R. F., 1977, Relict barrier reef system off St. Croix: its implications with respect to late Cenozoic coral reef development in the western Atlantic: Proceedings of the Third International Coral Reef Symposium, Miami, p. 15–21.

Ahr, W. M., 1973, The carbonate ramp: an alternative to the shelf model: Transactions of the Gulf Coast Association of Geologists, v. 23, p. 221–225.

Aigner, T., 1985, Storm Depositional Systems: Lecture Notes in Earth Sciences: Berlin, Springer, v. 3, 174 p.

Allan, J. R., and Mmatthews, R. K., 1977, Carbon and oxygen isotopes as diagenetic and stratigraphic tools: surface and subsurface data, Barbados, West Indies: Geology, v. 5, p. 16–20.

Allen, J. R. L., 1982, Sedimentary structures: their character and physical basis: Developments in Sedimentology: Amsterdam, Elsevier, v. 30, 593 p.

Allen, J. R. L., 1985, Principles of Physical Sedimentology: London, Allen Unwin, 272 p.

Anderson, J., Rodriguez, A., Abdulah, K., Fillon, R. H., Banfield, L., Mckeown, H., and Wellner, J., 2004, Late Quaternary stratigraphic evolution of the northern Gulf of Mexico margin: A synthesis, in J. B. Anderson, and R. H. Fillon, eds., Late Quaternary Stratigraphic Evolution of the Northern Gulf of Mexico Margin: SEPM Special Publication, v. 79, p. 1–24.

Anderson, J. B., and Fillon, R. H., eds. 2004, Late Quaternary stratigraphic evolution of the northern Gulf of Mexico margin: SEPM Special Publication, v. 79, 311 p.

Andresen, N., Reijmer, J. J. G., and Droxler, A. W., 2003, Timing and distribution of calciturbidites around a deeply submerged carbonate platform in a seismically active setting (Pedro Bank, northern Nicaragua Rise, Caribbean Sea): International Journal of Earth Sciences, v. 92, p. 573–592.

Anselmetti, F., Eberli, G. P., and Zan-Dong, D., 2000, From the Great Bahama Bank into the Straits of Florida: a margin architecture controlled by sea-level fluctuations and ocean currents: Geological Society of America Bulletin, v. 112, p. 829–844.

Anselmetti, F. S., Eberli, G. P., and Bernoulli, D., 1997, Seismic modeling of a carbonate platform margin (Montagna della Maiella, Italy): variations in seismic facies and implications for sequence stratigraphy, in I. Palaz, and K. J. Marfurt, eds., Carbonate seismology: Geophysical Developments: Tulsa, Society of Exploration Geophysicists, v. 6, p. 373–406.

Anstey, N. A., 1982, Simple Seismics: Boston, International Human Research Development Corporation, 168 p.

Austin, J. A., Schlager, W., and Party, 1986, Proceedings Ocean Drilling Program Initial Reports: College Station, Ocean Drilling Program, v. 101, 501 p.

Bak, P., Tand, C., and Wiesenfeld, K., 1987, Selforganized criticality. An explanation of 1/f noise.: Physical Review Letters, v. 59, p. 381–384.

Barrell, J., 1912, Criteria for the recognition of ancient delta deposits: Geological Society of America Bulletin, v. 23, p. 377–446.

Bates, and Jackson, 1987, Glossary of Geology: Alexandria, American Geological Institute, 788 p.

Bathurst, R. G. C., 1971, Carbonate sediments and their diagenesis: Developments in Sedimentology: Amsterdam, Elsevier, v. 12, 620 p.

Belopolsky, A. V., and Droxler, A. W., 2004, Seismic expressions and interpretation of carbonate sequences: the Maldives platform, equatorial Indian Ocean: American Association of Petroleum Geologists Studies in Geology, v. 49, 46 p.

Berger, W. H., 1989, Global maps of ocean productivity, in W. H. Berger, V. S. Smetacek, andG. Wefer, eds., Productivity of the ocean: present and past: Chichester, Wiley, p. 429−455.

Berger, W. H., AND WINTERER, E. L., 1974, Plate stratigraphy and the fluctuating carbonate line, in K. J. Hsu, and H. C. Jenkyns, eds., Pelagic Sediments: on Land and Under the Sea: International Association of Sedimentologists Special Publications, v. 1, p. 11−48.

Bernoulli, D., 2001, Mesozoic−Tertiary carbonate platforms, slopes and basins of the external Apennines and Sicily, in G. B. Vai, and I. P. Martini, eds., Anatomy of an orogen: the Appenines and adjacent Mediterranean Basins.: Amsterdam, Kluwer, p. 307−326.

Betzler, C., 1997, Ecological controls on geometries of carbonate platforms: Miocene/Pliocene shallowwater microfaunas and carbonate biofacies from the Queensland Plateau (NE Australia): Facies, v. 37, p. 147−166.

Betzler, C., Brachert, T. C., and Nebelsick, J., 1997, The warm temperate carbonate province −a review of the facies, zonations, and delimitations: Courier Forschungs−Institut Senckenberg, v. 201, p. 83−99.

Biddle, K. T., Schlager, W., Rudolph, K. W., and Bush, T. L., 1992, Seismic model of a progradational carbonate platform, Picco di Vallandro, the Dolomites, northern Italy: American Association of Petroleum Geologists Bulletin, v. 76, p. 14−30.

Billups, K., and Schrag, D. P., 2002, Paleotemperatures and ice volume of the past 27 Myr revisited with paired Mg/Ca and $^{18}O/^{16}O$ measurements on benthic foraminifera: Paleoceanography, v. 17, p. 3−11.

Birkeland, P. W., 1999, Soils and Geomorphology: New York, Oxford University Press, 430 p.

Blendinger, W., 1994, The carbonate factory of Middle Triassic buildups in the Dolomites, Italy: a quantitative analysis: Sedimentology, v. 41, p. 1147−1159.

Blendinger, W., 2001, Triassic carbonate buildup flanks in the Dolomites, northern Italy: breccias, boulder fabric and the importance of early diagenesis: Sedimentology, v. 48, p. 919−933.

Blendinger, W., Bowlin, B., Zijp, F. R., Darke, G., and Ekroll, M., 1997, Carbonate buildup flank deposits: an example from the Permian (Barents Sea, Northern Norway) challenges classical facies models: Sedimentary Geology, v. 112, p. 89−103.

Bosellini, A., 1984, Progradational geometries of carbonate platforms: examples from the Triassic of the Dolomites, northern Italy: Sedimentology, v. 31, p. 1−24.

Bosellini, A., 1988, Outcrop models for seismic stratigraphy: examples from the Triassic of the Dolomites, in A. W. Bally, ed., Atlas of Seismic Stratigraphy: American Association of Petroleum Geologists Studies in Geology, v. 27−2, p. 194−205.

Bosellini, A., Morsilli, M., and Neri, C., 1999, Longterm event stratigraphy of the Apulia platform margin (Upper Jurassic to Eocene, Gargano, southern Italy): Journal of Sedimentary Research, v. 69, p. 1241−1252.

Bosence, D., and Waltham, D., 1990, Computer modeling the internal architecture of carbonate platforms: Geology, v. 18, p. 26−30.

Bosscher, H., and Schlager, W., 1992, Computer simulation of reef growth: Sedimentology, v. 39, p. 503−512.

Bosscher, H., and Schlager, W., 1993, Accumulation rates of carbonate platforms: Journal of Geology, v. 101, p. 345−355.

Boulvain, F., 2001, Facies architecture and diagenesis of Belgian Late Frasnian carbonate mounds: Sedimentary Geology, v. 145, p. 269−294.

Bracco Gartner, G. L., and Schlager, W., 1999, Discrimination between onlap and lithologic interfingering in seismic models of outcrops: American Association of Petroleum Geologists Bulletin, v. 83, p. 952−971.

Brachert, T. C., Forst, M. H., Pais, J. J., Legoinha, P., and Reijmer, J. J. G., 2003, Lowstand carbonates, highstand sandstones?: Sedimentary Geology, v. 155, p. 1−12.

Brack, P., Mundil, R., Oberli, F., Meier, M., and Rieber, H., 1996, Biostratigraphic and radiometric age data question the Milankovitch characteristics of the Latemar cycles (Southern Alps, Italy): Geology, v. 24, p. 371−375.

Brandley, R. T., and Krause, F. F., 1997, Upwelling, thermoclines and wave−sweeping on an equatorial carbonate ramp: Lower Carboniferous strata of western Canada, in N. P. James, and A. D. Clarke, eds., Cool−water carbonates: SEPM Special Publication, v. 56, p. 365−390.

Brandner, R., Flügel, E., Koch, R., and Yose, L. A., 1991, The northern margin of the Schlern/Sciliar−Rosengarten/Catinaccio Platform: Field Trip Guidebook, Dolomieu Conference on Carbonate Platforms and Dolomitization: Ortisei, Tourist Office Ortisei, v. Excursion A, 61 p.

Broecker, W. S., and Peng, T. H., 1982, Tracers in the Sea: New York, Eldigio Press, 690 p.

Brown, A., 1996, Interpretation of Three−Dimensional Seismic Data: American Association of Petroleum Geologists Memoir, v. 42, 424 p.

Buchbinder, B., Benjamini, C., and Lipson−Benitah, S., 2000, Sequence development of late Cenomanian−Turonian carbonate ramps, platforms and basins in Israel: Cretaceous Research, v. 21, p. 813−843.

Buffler, R. T., 1991, Chapter 13: Seismic stratigraphy of the deep Gulf of Mexico basin and adjacent margins, The Geology of North America, Geological Society of America, v. J, p. 353−387.

Burchette, T. P., and Wwight, V. P., 1992, Carbonate ramp depositional systems: Sedimentary Geology, v. 79, p. 3−57.

Calder, W. A., 1984, Size, Function, and Life History: Cambridge, Harvard University Press, 431 p.

Calvet, F., and Tucker, M. E., 1995, Mud−mounds with reefal caps in the upper Muschelkalk (Triassic), eastern Spain, in C. L. V. Monty, D. W. J. Bosence, P. H. Bridges, and B. R. Pratt, eds., Carbonate Mud−Mounds −Their Origin and Evolution: International Association of Sedimentologists Special Publication, v. 23, p. 311−333.

Camoin, G. F., Gautret, P., Montaggioni, L. F., and Gabioch, G., 1999, Nature and environmental significance of microbialites in Quaternary reefs: the Tahiti paradox: Sedimentary Geology, v. 126, p. 271−304.

Carter, R. M., Abbott, S. T., Fulthorpe, C. S., and Haywick, D. W., 1991, Application of global sea−level and sequence−stratigraphic models in Southern Hemisphere Neogene strata from New Zealand, in D. I. M. MacDonald, ed., Sedimentation, Tectonics and Eustasy: Sea−level Changes at Active Margins: International Association of Sedimentologists Special Publication, v. 12, p. 41−65.

Cathro, D. L., Austin, J. A., and Moss, G. D., 2003, Progradation along a deeply submerged Oligocene−Miocene heterozoan carbonate shelf: how sensitive are clinoforms to sea level variations?: American Association of Petroleum Geologists Bulletin, v. 87, p. 1547−1574.

Cherns, L., and Wright, V. P., 2000, Missing molluscs as evidence of large−scale, early skeletal aragonite dissolution in a Silurian sea: Geology, v. 28, p. 791−794.

Choquetter, P. W., and Pray, L. C., 1970, Geologic nomenclature and classification of porosity in sedimentary carbonates: American Association of Petroleum Geologists Bulletin, v. 54, p. 20−250.

Chow, N., and George, A. D., 2004, Tepee−shaped agglutinated microbialites: an example from a Famennian carbonate platform on the Lennard Shelf, northern Canning Basin, Western Australia: Sedimentology, v. 51, p. 253−265.

Christie−Blick, N., Mountain, G. S., and Miller, K. G., 1990, Seismic stratigraphic record of sea−level change, in R. R. Revelle, ed., Sea−level change: Studies in Geophysics: Washington D. C., National Academy Press, p. 116−140.

Cloetingh, S. A. P. L., 1988, Intraplate stresses: a tectonic cause for third−order cycles in apparent sea level, in C. K. Wilgus, B. S. Hastings, C. G. S. C. Kendall, H. W. Posamentier, C. A. Ross, and J. C. Van Wagoner, eds., Sea−level Changes −an Integrated Approach: SEPM Special Publication, v. 42, p. 19−29.

Collins, L. B., 1988, Sediments and history of the Rottnest Shelf, southwest Australia: a swell−dominated, non−tropical carbonate margin: Sedimentary Geology, v. 60, p. 15−49.

Collins, L. B., France, R. E., and Zhu, Z. R., 1997, Warm−water platform and cool−water shelf carbonates of the Abrolhos Shelf, southwest Australia, in N. P. James, and J. A. D. Clarke, eds., Cool−water Carbonates: SEPM Special Publications, v. 56, p. 23−36.

Cortés, J., Macintyre, I. G., and Glynn, P. W., 1994, Holocene growth history of an eastern Pacific fringing reef, Punta

Islotes, Costa Rica.: Coral Reefs, v. 13, p. 65-73.

Crevello, P. D., and Schlager, W., 1980, Carbonate debris sheets and turbidites, Exuma Sound, Bahamas: Journal of Sedimentary Petrology, v. 50, p. 1121-1148.

Crowell, J. C., 2000, Pre-Mesozoic ice ages: their bearing on understanding the climate system: Geological Society of America Memoirs, v. 192, 106 p.

Curray, J. R., 1964, Transgressions and regressions, in R. L. Miller, ed., Papers in Marine Geology: New York, MacMillan, p. 175-203.

D'argenio, B., Ferreri, V., Amodio, S., and Pelosi, N., 1997, Hierarchy of high-frequency orbital cycles in Cretaceous carbonate platform strata: Sedimentary Geology, v. 113, p. 169-193.

D'argenio, B., Ferreri, V., Raspini, A., Amodio, S., and Buonocunto, F. P., 1999, Cyclostratigraphy of a carbonate platform as a tool for high-precision correlation: Tectonophysics, v. 315, p. 357-385.

Darwin, C. R., 1842, The Structure and Distribution of Coral Reefs (reprint edition): Tucson, University of Arizona Press, 214 p.

Davies, P. J., Bubela, B., and Ferguson, J., 1978, The formation of ooids: Sedimentology, v. 25, p. 703-729.

Davies, P. J., Symonds, P. A., Feary, D. A., and Pigram, C. J., 1989, The evolution of the carbonate platforms of northeast Australia, in P. D. Crevello, J. L. Wilson, J. F. Sarg, and J. F. Read, eds., Controls on Carbonate Platform and Basin Development: SEPM Special Publication, v. 44, p. 233-258.

De Mol, B., Van Rensbergen, P., Pillen, S., Van Herreweghe, K., Van Rooij, D., Mc Donnell, A., Huvenne, V., Ivanov, M., and Swennen, R., 2002, Large deep-water coral banks in the Porcupine Basin, southwest of Ireland: Marine Geology, v. 188, p. 193-231.

Della Porta, G., 2003, Depositional anatomy of a Carboniferous high-rising carbonate platform (Cantabrian Mountains, NW Spain): Amsterdam, Vrije Universiteit, 250 p.

Demicco, R. V., 1998, Cycopath 2D - a two-dimensional, forward model of cyclic sedimentation on carbonate platforms: Computers and Geosciences, v. 24, p. 405-423.

Dickson, J. A. D., 2004, Echinoderm skeletal preservation: calcite-aragonite seas and the Mg/Ca ratio of Phanerozoic oceans: Journal of Sedimentary Research, v. 74, p. 355-365.

Dodd, J. R., and Stanton, R. J., 1981, Paleoecology-Concepts and Applications: New York, Wiley, 559 p.

Dolan, J. F., 1989, Eustatic and tectonic controls on deposition of hybrid siliciclastic/carbonate basinal cycles: discussion with examples: American Association of Petroleum Geologists Bulletin, v. 73, p. 1233-1246.

Dreybrodt, W., 1988, Processes in Karst Systems: Physics, Chemistry, and Geology: Berlin, Springer, 290 p.

Driscoll, N. W., Weissel, J. K., Karner, G. D., and Mountain, G. S., 1991, Stratigraphic response of acarbonate platform to relative sea level changes: Broken Ridge, southeast Indian Ocean: American Association of Petroleum Geologists Bulletin, v. 75, p. 808-831.

Droxler, A. W., Bruce, C. H., Sager, W. W., and Hawkins, D. H., 1988, Pliocene-Pleistocene variations in aragonite content and planktonic oxygen-isotope record in Bahamian periplatform ooze, Hole 633A, in A. Austin James, Jr., W. Schlager, and A. Palmer, eds., Proceedings of the Ocean Drilling Program Scientific Results: College Station, Ocean Drilling Program, v. 101, p. 221-244.

Droxler, A. W., Haddad, G. A., Mucciaroni, D. A., and Cullen, J. L., 1990, Pliocene-Pleistocene aragonite cyclic variations in Ocean Drilling Program holes 714A and 716A (the Maldives) compared to hole 633A (the Bahamas): records of climate-induced $CaCO_3$ preservation at intermediate water depths, in R. A. Duncan, J. Backman, and L. C. Peterson, eds., Proceedings of the Ocean Drilling Program Scientific Results: College Station, Ocean Drilling Program, v. 115, p. 539-577.

Droxler, A. W., and Schlager, W., 1985, Glacial versus interglacial sedimentation rates and turbidite frequency in the Bahamas: Geology, v. 13, p. 799-802.

Droxler, A. W., Schlager, W., and Whallon, C. C., 1983, Quaternary aragonite cycles and oxygen-isotope record in Bahamian carbonate ooze: Geology, v. 11, p. 235-239.

Drummond, C. N., and Wilkinson, B. H., 1993, Aperiodic accumulation of cyclic peritidal carbonate: Geology, v. 21, p.

1023-1026.

Dullo, W. C., Camoin, G. F., Blomeier, D., Colonna, M., Eisenhauer, A., Faure, G., Casanova, J., and Thomassin, B. A., 1998, Morphology and sediments of the fore-slopes of Mayotte, Comoro Islands: direct observations from a submersible., in G. F. Camoin, and P. J. Davies, eds., Reefs and Carbonate Platforms in the Pacific and the Indian Oceans: International Association of Sedimentologists Special Publication, v. 25, p. 219-236.

Dunham, R. J., 1962, Classi. cation of carbonate rocks according to depositional texture, in W. E. Ham, ed., Classification of Carbonate Rocks: American Association of Petroleum Geologists Memoir, v. 1, p. 108-121.

Dunham, R. J., 1970, Stratigraphic reefs versus ecologic reefs: American Association of Petroleum Geologists Bulletin, v. 54, p. 1931-1932.

Duval, B., Cramez, C., and Vail, P. R., 1998, Stratigraphic cycles and major marine source rocks, in P. C. De Graciansky, J. Hardenbol, T. Jacquin, and P. R. Vail, eds., Mesozoic and Cenozoic Sequence Stratigraphy of European Basins: SEPM Special Publication, v. 60, p. 43-51.

Eberli, G. P., 2000, The record of Neogene sea-level changes in the prograding carbonates along the Bahamas transect -Leg 166 synthesis, in P. K. Swart, G. P. Eberli, M. J. Malone, and J. F. Sarg, eds., Proceedings Ocean Drilling Program, Scientific Results: College Station, Ocean Drilling Program, v. 166, p. 167-178.

Eberli, G. P., Anselmetti, F. S., Kenter, J. A. M., Mc Neill, D. F., and Melim, L. A., 2001, Calibration of seismic sequence stratigraphy with cores and logs, in R. N. Ginsburg, ed., Subsurface Geology of a Prograding Carbonate Platform Margin, Great Bahama Bank: Results of the Bahamas Drilling Project: SEPM Special Publications, v. 70, p. 241-265.

Eberli, G. P., Anselmetti, F. S., Kroon, D., Sato, T., and Wright, J. D., 2002, The chronostratigraphic signi. cance of seismic reflections along the Bahamas transect: Marine Geology, v. 185, p. 1-17.

Eberli, G. P., and Ginsburg, R. N., 1988, Aggrading and prograding Cenozoic seaways, northwest Great Bahama Bank, in A. W. Bally, ed., Atlas of Seismic Stratigraphy: American Association of Petroleum Geologists Studies in Geology, v. 27-2, p. 97-103.

Eberli, G. P., Swart, P. K., Malone, M. J., and Party, 1997, Proceedings Ocean Drilling Program Initial Reports: College Station, Ocean Drilling Program, v. 166, 850 p.

Egenhoff, S. O., Peterhänsel, A., Bechstädt, T., Zühlke, R., and Grötsch, J., 1999, Facies architecture of an isolated carbonate platform: tracing the cycles of the Latemar (Middle Triassic, northern Italy): Sedimentology, v. 46, p. 893-912.

Eldredge, N., and Gould, S. J., 1972, Punctuatad equilibria: an alternative to phyletic gradualism., in T. J. M. Schopf, ed., Models in Paleobiology: San Francisco, Freeman, p. 88-115.

Elvebakk, G., Hunt, W., and Stemmerik, L., 2002, From isolated buildups to buildup mosaics: 3D seismic sheds new light on upper Carboniferous -Permian fault controlled carbonate buildups, Norwegian Barents Sea: Sedimentary Geology, v. 152, p. 7-17.

Embry, A. F., 1993, Transgressive-regressive (T-R) sequence analysis of the Jurassic succession of the Sverdrup Basin, Canadian Arctic Archipelago: Canadian Journal of Earth Sciences, v. 30, p. 301-320.

Embry, A. F., and Klovan, J. E., 1971, A Late Devonian reef tract on northeastern Banks Island, Northwest Territories: Canadian Petroleum Geology Bulletin, v. 19, p. 730-781.

Emery, D., Myers, K., Bertram, G., Griffiths, C., Milton, N., Reynolds, T., Richards, M., and Sturrock, S., 1996, Sequence Stratigraphy.: Oxford, Blackwell, 297 p.

Emiliani, C., 1992, Planet Earth: Cambridge, Cambridge University Press, 715 p.

Enos, P., 1977, Carbonate sediment accumulations of the South Florida Shelf Margin, in P. Enos, and R. D. Perkins, eds., Quaternary depositional framework of South Florida: Geological Society of America Memoir, v. 147, p. 1-130.

Enos, P., and Samankassou, E., 1998, Lofer cyclothems revisited (Late Triassic, Northern Alps, Austria): Facies, v. 38, p. 207-228.

Erlich, R. N., Barrett, S. F., and Guo, J. B., 1990, Seismic and geologic characteristics of drowning events on carbonate platforms: American Association of Petroleum Geologists Bulletin, v. 74, p. 1523-1537.

Esteban, M., and Klappa, C. F., 1983, Subaerial exposure, in P. A. Scholle, D. G. Bebout, and C. H. Moore, eds.,

Carbonate Depositional Environments: American Association of Petroleum Geologists Memoirs, v. 33, p. 1–95.

Everts, A. J. W., 1991, Interpreting compositional variations of calciturbidites in relation to platform stratigraphy: an example from the Paleogene of SE Spain: Sedimentary Geology, v. 71, p. 231–242.

Falconer, K., 1990, Fractal Geometry: Chichester, Wiley, 288 p.

Feary, D. A., and James, N. P., 1995, Cenozoic biogenic mounds and buried Miocene (?) barrier reef on a predominantly cool-water carbonate continental margin, Eucla Basin, western Great Australian Bight: Geology, v. 23, p. 427–430.

Feary, D. A., and James, N. P., 1998, Seismic stratigraphy and geological evolution of the Cenozoic, cool-water, Eucla Platform, Great Australian Bight: American Association of Petroleum Geologists Bulletin, v. 82, p. 792–816.

Feder, J., 1988, Fractals: New York, Plenum Press, 283 p.

Fischer, A. G., 1964, The Lofer cyclothems of the Alpine Triassic: Kansas State Geological Survey Bulletin, v. 169, p. 107–150.

Fischer, A. G., 1982, Long-term climatic oscillations recorded in stratigraphy, in W. H. Berger, and J. C. Crowell, eds., Climate in Earth History: National Academy of Sciences, Studies in Geophysics: Washington, D. C., National Academy Press, p. 97–104.

Fisher, W. L., and Mcgowen, J. H., 1967, Depositional systems in the Wilcox Group of Texas and their relationship to occurrence of oil and gas: Transactions of the Gulf Coast Association of Geological Societies, v. 17, p. 105–125.

Flemings, P. B., and Grotzinger, J. P., 1996, STRATA: Freeware for analyzing classic stratigraphic problems: GSA Today, v. 6, p. 1–7.

Fluegeman, R. H., JR., and Snow, R. S., 1989, Fractal analysis of long-range paleoclimatic data: oxygen isotope record of Pacific core V28-239: Pure and Applied Geophysics, v. 131, p. 307–313.

Flügel, E., 1982, Microfacies Analysis of Limestones: Berlin, Springer, 633 p.

Flügel, E., 2004, Microfacies of Carbonate Rocks, Springer, 976 p.

Flügel, E., and Kiessling, W., 2002, A new look at ancient reefs, in W. Kiessling, E. Flügel, and J. Golonka, eds., Phanerozoic Reef Patterns: SEPM Special Publications, v. 72, p. 3–10.

Föllmi, K. B., Weissert, H., Bisping, M., and Funk, H. P., 1994, Phosphogenesis, carbon-isotope stratigraphy, and carbonate-platform evolution along the Lower Cretaceous northern Tethyan margin: Geological Society of America Bulletin, v. 106, p. 729–746.

Fouke, B. W., Zwart, E. W., Everts, A. J. W., and Schlager, W., 1995, Carbonate platform stratal geometries and the question of subaerial exposure: Sedimentary Geology, v. 97, p. 9–19.

Frakes, L. A., Francis, J. E., and Syktus, J. I., 1992, Climate Mode of the Phanerozoic: The History of the Earth's Climate over the Past 600 Million Years: Cambridge, Cambridge University Press, 274 p.

Gardner, T. W., Jorgensen, D. W., Shuman, C., and Lemieux, C. R., 1987, Geomorphic and tectonic process rates: effects of measured time interval: Geology, v. 15, p. 259–261.

Gebelein, C. D., Steinen, R. P., Garrett, P., Hoffman, E. J., Queen, J. M., and Plummer, L. N., 1980, Subsurface dolomitization beneath the tidal flats of central west Andros Island, in D. H. Zenger, J. B. Dunham, andR. L. Ethington, eds., Concepts andModels of Dolomitization: SEPM Special Publications, v. 28, p. 31–49.

Genin, A., Noble, M., and Lonsdale, P. F., 1989, Tidal currents and anticyclonic motions on two North Pacific seamounts: Deep-Sea Research, v. 36, p. 1803–1815.

Gibbs, M. T., Bice, K. L., Barron, E. J., and Kump, L. R., 2000, Glaciation in the early Paleozoic "greenhouse": the roles of paleogeography and atmospheric CO_2, in B. T. Huber, K. G. MacLeod, and S. L. Wing, eds., Warm Climates in Earth History.: Cambridge, Cambridge University Press, p. 386–422.

Gillepie, J. L., and Nelson, C. S., 1997, Mixed siliciclastic-skeletal carbonate facies on Wanganui shelf, New Zealand: a contribution to the temperate carbonatemodel, in N. P. James, and J. A. D. Clarke, eds., Cool-water Carbonates: SEPM Special Publications, v. 56, p. 127–140.

Ginsburg, R. N., 1971, Landward movement of carbonate mud: new model for regressive cycles in carbonates (abs.): American Association of Petroleum Geologists Bulletin, v. 55, p. 340.

Ginsburg, R. N., ED.,. 2001, Subsurface Geology of a Prograding Carbonate Platform Margin, Great Bahama Bank: Results of the Bahamas Drilling Project: SEPM Special Publications, v. 70, 271 p.

Gischler, E., and Lomando, A., 1999, Recent sedimentary facies of isolated carbonate platforms, Belize-Yucatan system, Central America: Journal of Sedimentary Research, v. 69, p. 747-763.

Goldhammer, R. K., Dunn, P. A., and Hardie, L. A., 1990, Depositional cycles, composite sealevel changes, cycle stacking patterns, and the hierarchy of stratigraphic forcing: examples from Alpine Triassic platform carbonates: Geological Society of America Bulletin, v. 102, p. 535-562.

Goldhammer, R. K., Harris, M. T., Dunn, P. A., and Hardie, L. A., 1993, Sequence stratigraphy and systems tract development of the Latemar platform, Middle Triassic of the Dolomites (Northern Italy): outcrop calibration keyed by cycle stacking patterns, in R. G. Loucks, and J. F. Sarg, eds., Carbonate Sequence Stratigraphy: American Association of Petroleum Geologists Memoirs, v. 57, p. 353-387.

Goldhammer, R. K., Oswald, E. J., and Dunn, P. A., 1994, High-frequencey, glacio-eustatic cyclicity in the Middle Pennsylvanian of the Paradox Basin: an evaluation of Milankovitch forcing, in P. L. De Boer, and D. G. Smith, eds., Orbital Forcing and Cyclic Sequences: International Association of Sedimentologists, Special Publications, v. 19, p. 243-283.

Goldstein, R. H., and Franseen, E. K., 1995, Pinning points: a method providing quantitative constraints on relative sea-level history: Sedimentary Geology, v. 95, p. 1-10.

Goldstein, R. H., Franseen, E. K., and Mills, M. S., 1990, Diagenesis associated with subaerial exposure of Miocene strata, southeastern Spain: implications for sea-level change and preservation of low-temperature fluid inclusions in calcite cement: Geochimica Cosmochimica Acta, v. 54, p. 699-704.

Grabau, A. W., 1924, Principles of Stratigraphy: New York, Seiler, 1185 p.

Grammer, G. M., Ginsburg, R. N., and Harris, P. M., 1993, Timing of deposition, diagenesis, and failure of steep carbonate slopes in response to a high-amplitude/high-frequency fluctuation in sea level, Tongue of the Ocean, Bahamas, in R. G. Loucks, and J. F. Sarg, eds., Carbonate Sequence Stratigraphy: American Association of Petroleum Geologists Memoirs, v. 57, p. 107-132.

Greenlee, S. M., 1988, Tertiary depositional sequences, offshore New Jersey and Alabama, in A. W. Bally, ed., Atlas of Seismic Stratigraphy: American Association of Petroleum Geologists Studies in Geology, v. 27-2, p. 67-80.

Grigg, R. W., 1982, Darwin Point: a threshold for atoll formation: Coral Reefs, v. 1, p. 29-34.

Grotzinger, J. P., and James, N. P., 2000, Precambrian carbonates: evolution of understanding, in J. P. Grotzinger, and N. P. James, eds., Carbonate Sedimentation and Diagenesis in the Evolving Precambrian World: SEPM Special Publications, v. 67, p. 3-20.

Haak, A. B., and Schlager, W., 1989, Compositional variations in calciturbidites due to sea-level fluctuations, late Quaternary, Bahamas: Geologische Rundschau, v. 78, p. 477-486.

Hallam, A., 1977, Secular changes in marine inundation of USSR and North America through the Phanerozoic: Nature, v. 269, p. 769-772.

Hallam, A., 1998, Interpreting sea level, in P. Doyle, and M. R. Bennett, eds., Unlocking the Stratigraphical Record: Advances in Modern Stratigraphy: Chichester, Wiley, p. 421-439.

Halley, R. B., and Evans, C. C., 1983, The Miami limestone. A guide to selected outcrops and their interpretation (with a discussion of diagenesis in the formation): Miami, Miami Geological Society, 67 p.

Halley, R. B., and Harris, P. M., 1979, Fresh water cementation of a 1000 year-old oolite: Journal of Sedimentary Petrology, v. 49, p. 969-988.

Hallock, P., 1988, The role of nutrient availability on bioerosion: consequences to carbonate buildups: Palaeogeography, Palaeoclimatiology, Palaeoecology, v. 63, p. 275-291.

Hallock, P., 2001, Coral reefs, carbonate sediments, nutrient, and global change, in G. D. J. Stanley, ed., The History and Sedimentology of Ancient Reef Systems: New York, Kluwer/Plenum, p. 387-427.

Handford, C. R., and Loucks, R. G., 1993, Carbonate depositional sequences and systems tracts-responses of carbonate platforms to relative sea-level changes, in R. G. Loucks, and J. F. Sarg, eds., Carbonate Sequence Stratigraphy: American

Association of Petroleum Geologists Memoirs, v. 57, p. 3-42.

Haq, B. U., 1991, Sequence stratigraphy, sea-level change, and signi. cance for the deep sea, in D. I. M. Macdonald, ed., Sedimentation, Tectonics and Eustasy: Sea-Level Changes at Active Margins: International Association of Sedimentologists Special Publications, v. 12, p. 3-39.

Haq, B. U., Hardenbol, J., and Vail, P. R., 1987, Chronology of fluctuating sea levels since the Triassic (250 million years ago to present): Science, v. 235, p. 1156-1167.

Hardenbol, J., Thierry, J., Farley, M. B., Jacquin, T., De Graciansky, P. C., and Vail, P. R., 1998, Mesozoic and Cenozoic sequence chronostratigraphic framework of European basins, in P. C. De Graciansky, J. Hardenbol, T. Jacquin, and P. R. Vail, eds., Mesozoic and Cenozoic Sequence Stratigraphy of European Basins: SEPM Special Publications, v. 60, p. 3-14.

Hardie, L. A., 1996, Secular variations in seawater chemistry: An explanation for the coupled secular variation in the mineralogies of marine limestones and potash evaporites over the past 600 m. y.: Geology, v. 24, p. 279-283.

Hardie, L. A., and Shinn, E. A., 1986, Carbonate depositional environments, modern and ancient. Part 3 -Tidal flats: Colorado School of Mines Quarterly, v. 80, 74 p.

Harris, P. M., 1979, Facies Anatomy and Diagenesis of a Bahamian Ooid Shoal: Sedimenta, University of Miami, Comparative Sedimentology Laboratory, v. 7, 163 p.

Harris, P. M., and Kowalik, W. S., 1994, Satellite images of carbonate depositional settings: American association of Petroleum Geologists Methods in Exploration, v. 11, 147 p.

Harris, P. M., and Saller, A. H., 1999, Subsurface expression of the Capitan depositional system and implications for hydrocarbon reservoirs, northeastern Delaware Basin, in A. H. Saller, P. M. Harris, B. L. Kirkland, and S. J. Mazzullo, eds., Geologic Framework of the Capitan Reef.: SEPM Special Publications, v. 65, p. 37-49.

Harris, P. T., Heap, A. D., Wassenberg, T., and Passlow, V., 2004, Submerged coral reefs in the Gulf of Carpentaria, Australia: Marine Geology, v. 207, p. 185-191.

Harrison, C. G. A., 1990, Long-term eustasy and epeirogeny in continents, in R. R. Revelle, ed., Sea-Level Change: Washington, D. C., National Academy Press, p. 141-158.

Harrison, C. G. A., 2002, Power spectrum of sea level change over 15 decades of frequency: Geochemistry Geophysics Geosystems, v. 3/8, p. 1-17.

Harwood, J. M., and Towers, P. A., 1988, Seismic sedimentologic interpretation of a carbonate slope, north margin of Little Bahama Bank, in J. A. Austin, Jr., W. Schlager, and A. Palmer, eds., Proceedings Ocean Drilling Program, Initial Reports: College Station, Ocean Drilling Program, v. 101, p. 263-277.

Hay, W. W., 1985, Potential errors in estimates of carbonate rock accumulating through geologic time, in E. T. Sundquist, and W. S. Broecker, eds., The Carbon Cycle and Atmospheric CO_2: Natural Variations, Archaean to Present: American Geophysical Union Geophysical Monographs, v. 32, p. 573-583.

Hay, W. W., 1988, Paleoceanography: A review for the GSA Centennial: Geological Society of America Bulletin, v. 100, p. 1934-1956.

Hay, W. W., Flögel, S., and Söding, E., 2004, Is the initiation of glaciation on Antarctica related to a change in the structure of the ocean? : Global and Planetary Change, p. doi: 10. 1016/j. gloplacha. 2004. 09. 005.

Heezen, B. C., Tharp, M., and Ewing, M., 1959, The Floors of the Ocean. 1. The North Atlantic: Geological Society of America Special Paper, v. 65, 122 p.

Heim, A., 1934, Stratigraphische Kondensation: Eclogae Geologicae Helvetiae, v. 27, p. 372-383.

Helland-Hansen, W., Helle, H. B., and Sunde, K., 1994, Seismic modelling of Tertiary sandstone clinothems, Spitsbergen: Basin Research, v. 6, p. 181-191.

Henrich, R., Freiwald, A., Bickert, T., and Schäfer, P., 1997, Evolution of an Arctic open-shelf carbonate platform, Spitsbergen Bank, in N. P. James, and J. A. D. Clarke, eds., Cool-water Carbonates: SEPM Special Publications, v. 56, p. 163-184.

Hergarten, S., 2002, Self-Organized Criticality in Earth Systems: Berlin, Springer, 272 p.

Hillgärtner, H., 1999, The Evolution of the French Jura Platform During the Late Berriasian to Early Valanginian: Controlling

Factors and Timing: Geofocus: Fribourg, University of Fribourg, v. 1, 201 p.

Hillgärtner, H., and Strasser, A., 2003, Quantification of high-frequency sea-level fluctuations in shallow-water carbonates: an example from the Berriasian -Valanginian (French Jura): Palaeogeography, Palaeoclimatology, Palaeoecology, v. 200, p. 43-63.

Hine, A. C., Locker, S. D., Tedesco, L. P., Mullins, H. T., Hallock, P., Belknap, D. F., Gonzales, J. L., Neumann, A. C., and Snyder, S. W., 1992, Megabreccia shedding from modern low-relief carbonate platforms, Nicaraguan Rise: Geological Society of America Bulletin, v. 104, p. 928-943.

Hine, A. C., and Mullins, H. T., 1983, Modern carbonate shelf-slope breaks, in D. J. Stanley, and G. T. Moore, eds., The Shelfbreak: Critical Interface on Continental Margins: SEPM Special Publications, v. 33, p. 169-188.

Hine, A. C., and Neumann, A. C., 1977, Shallow carbonate-bank margin growth and structure, Little Bahama Bank, Bahamas: American Association of Petroleum Geologists Bulletin, v. 61, p. 376-406.

Hinnov, L. A., 2000, New perspectives on orbitally forced stratigraphy: Annual Reviews of Earth and Planetary Sciences, v. 28, p. 419-475.

Hoffman, P., 1974, Shallow and deepwater stromatolites in Lower Proterozoic platform-basin facies change, Great Slave Lake, Canada: American Association of Petroleum Geologists Bulletin, v. 58, p. 856-867.

Homewood, P. W., 1996, The carbonate feedback system: interaction between stratigraphic accommodation, ecological succession and the carbonate factory: Bulletin de la Societe geologique de France, v. 167, p. 701-715.

Homewood, P. W., and Eberli, G. P., eds. 2000, Genetic stratigraphy on the exploration and production scales, Case studies from the Upper Devonian of Alberta and the Pennsylvanian of the Paradox Basin: Elf Exploration Production Editions Memoirs, v. 24, 290 p.

Hottinger, L., 1989, Conditions for generating carbonate platforms: Memorie della Società Geologica Italiana, v. 40, p. 265-271.

House, M. R., 1985, A new approach to an absolute time scale from measurements of orbital cycles and sedimentary microrhythms: Nature, v. 316, p. 721-725.

Hsui, A. T., Rust, K. A., and Klein, G. D., 1993, A fractal analysis of Quaternary, Cenozoic-Mesozoic, and Late Pennsylvanian sea-level changes: Journal of Geophysical Research, v. 98, p. 21963-21967.

Hunt, D., and Tucker, M. E., 1992, Stranded parasequences and the forced regressive wedge systems tract: deposition during base-level fall: Sedimentary Geology, v. 81, p. 1-9.

Hunt, D., and Tucker, M. E., 1993, Sequence stratigraphy of carbonate shelves with an example from the mid-Cretaceous (Urgonian) of southeast France, in H. W. Posamentier, C. P. Summerhayes, B. U. Haq, and G. P. Allen, eds., Sequence Stratigraphy and Facies Associations: International Association of Sedimentologists Special Publication, Blackwell, v. 18, p. 307-341.

Imbrie, J., and Imbrie, K. P., 1979, Ice Ages: Solving the Mystery: New York, Macmillan, 224 p.

Immenhauser, A., Creusen, A., Esteban, M., and Vonhof, H. B., 2000, Recognition and interpretation of polygenic discontinuity surfaces in the Middle Cretaceous Shuaiba, Nahr Umr, and Natih Formations of northern Oman: GeoArabia, v. 5, p. 299-322.

Immenhauser, A., Hillgärtner, H., Sattler, U., Bertotti, G., Schoepfer, P., Homewood, P. W., Vahrenkamp, V., Steuber, T., Masse, J. P., Droste, H., Taal-van Koppen, J., Van der Kooij, B., Van Bentum, E., Verwer, K., Hoogerduijn-Strating, E., Swinkels, W., Peters, J., Immenhauser-Potthast, I., and Al Maskery, S., 2004, Barremian-lower Aptian Qishn Formation, Haushi-Huqf area, Oman: a new outcrop analogue for the Kharaib/Shuaiba reservoirs: GeoArabia, v. 9, p. 153-194.

Immenhauser, A., Kenter, J. A. M., Ganssen, G., Bahamonde, J. R., Van Vliet, A., and Saher, M. H., 2002, Origin and significance of isotope shifts in Pennsylvanian carbonates (Asturias, NW Spain): Journal of Sedimentary Research, v. 72, p. 82-94.

Immenhauser, A., Schlager, W., Burns, S. J., Scott, R. W., Geel, T., Lehmann, J., Van der Gaast, S., and Bolder-Schrijver, L. J. A., 1999, Late Aptian to late Albian sealevel fluctuations constrained by geochemical and biological evidence

（Nahr Umr Formation, Oman）: Journal of Sedimentary Research, v. 69, p. 434-446.

Immenhauser, A., Van der Kooij, B., Van Vliet, A., Schlager, W., and Scott, R. W., 2001, An ocean facing Aptian-Albian carbonate margin, Oman: Sedimentology, v. 48, p. 1187-1207.

Ineson, J. R., and Surlyk, F., 2000, Carbonate megabreccias in a sequence stratigraphic context: evidence from the Cambrian of North Greenland, in D. Hunt, and R. L. Gawthorpe, eds., Sedimentary Responses to Forced Regressions: Geological Society London Special Publications, v. 172, p. 47-68.

Irwin, M. L., 1965, General theory of epeiric clear water sedimentation: American Association of Petroleum Geologists Bulletin, v. 49, p. 445-459.

Isern, A., Anselmetti, F., Blum, P., and Party, S., 2002, Leg 194 -Marion Plateau, northeast Australia: Ocean Drilling Program Initial Reports: College Station, Ocean Drilling Program, v. 194, 116 p.

Jacquin, T., Arnaud-Vanneau, A., Arnaud, H., Ravenne, C., and Vail, P. R., 1991, Systems tracts and depositional sequences in a carbonate setting: a study of continuous outcrops from platform to basin at the scale of seismic lines: Marine and Petroleum Geology, v. 8, p. 122-139.

James, N. P., 1997, The cool-water carbonate depositional realm, in N. P. James, and J. A. D. Clarke, eds., Cool-water Carbonates: SEPM Special Publications, v. 56, p. 1-20.

James, N. P., and Bone, Y., 1989, Petrogenesis of Cenozoic, temperate water calcarenites, south Australia: a model for meteoric/shallow burial diagenesis of shallow water calcite sediments: Journal of Sedimentary Research, v. 59, p. 191-203.

James, N. P., Bone, Y., Collins, L. B., and Kyser, T. K., 2001, Surficial sediments of the Great Australian Bight: facies dynamics and oceanography on a vast cool-water carbonate shelf: Journal of Sedimentary Research, v. 71, p. 549-567.

James, N. P., and Bourque, P. A., 1992, Reefs and mounds, in R. G. Walker, and N. P. James, eds., Facies models: St. Johns, Geological Association of Canada, p. 323-345.

James, N. P., Collins, L. B., Bone, Y., and Hallock, P., 1999, Subtropical carbonates in a temperate realm: modern sediments on the southwest Australian shelf: Journal of Sedimentary Research, v. 69, p. 1297-1321.

James, N. P., Feary, D. A., Surlyk, F., Simo, J. A., Betzler, C., Holbourn, A. E., Li, Q., Matsuda, H., Machiyama, H., Brooks, G. R., Andres, M. W., Hine, A. C., Malone, M. J., and Party, 2000, Quaternary bryzoan reef mounds in cool-water, upper slope environments: Great Australian Bight: Geology, v. 28, p. 647 -650.

James, N. P., And Kendall, A. C., 1992, Introduction to carbonate and evaporite facies models, in R. G. Walker, and N. P. James, eds., Facies Models: St. Johns, Geological Association of Canada, p. 265-275.

James, N. P., And Macintyre, I. G., 1985, Carbonate depositional environments, modern and ancient. Part 1 -Reefs: Zonation, depositional facies, diagenesis: Colorado School of Mines Quarterly, v. 80, 70 p.

Jenkyns, H. C., And Wilson, P. A., 1999, Stratigraphy, paleoceanography, and evolution of Cretaceous Pacific guyots: relics from a greenhouse Earth: American Journal of Science, v. 299, p. 341-392.

Jerlov, N. G., 1976, Marine Optics: Elsevier Oceanografiphy Series: Amsterdam, Elsevier, v. 14, 231 p.

Jervey, M. T., 1988, Quantitative geological modeling of siliciclastic rock sequences and their seismic expression, in C. K. Wilgus, B. S. Hastings, C. G. S. C. Kendall, H. W. Posamentier, C. A. Ross, and J. C. Van Wagoner, eds., Sea-level changes: an integrated approach: SEPM Special Publication, v. 42, p. 47-69.

Johnson, M. A., Kenyon, N. H., Belderson, R. H., and Stride, A. H., 1982, Sand transport, in A. H. Stride, ed., Offshore Tidal Sands: Processes and Deposits.: London, Chapman Hall, p. 58-94.

Keim, L., and Schlager, W., 1999, Automicrite facies on steep slopes (Triassic, Dolomites, Italy): Facies, v. 41, p. 15-26.

Keim, L., and Schlager, W., 2001, Quantitative compositional analyses of a Triassic carbonate platform (Southern Alps, Italy): Sedimentary Geology, v. 139, p. 261-283.

Kendall, C. G. S. C., And Lerche, I., 1988, The rise and fall of eustasy, in C. K. Wilgus, B. S. Hastings, H. Posamentier, J. Van Wagoner, C. A. Ross, andC. G. S. C. Kendall, eds., Sea-level changes: an integrated approach: SEPM Special Publications, v. 42, p. 3-18.

Kennard, J. M., Southgate, P. N., Jackson, M. J., O'Brien, P. E., Christie-Blick, N., Holmes, A. E., and Sarg, J. F., 1992, New sequence perspective on the Devonian reef complex and the Frasnian-Famennian boundary, Canning Basin,

Australia: Geology, v. 20, p. 1135−1138.

Kenter, J. A. M., 1990, Carbonate platform flanks: slope angle and sediment fabric: Sedimentology, v. 37, p. 777−794.

Kenter, J. A. M., Bracco Gartner, G. L., and Schlager, W., 2001, Seismic models of a mixed carbonate−siliciclastic shelf margin: Permian upper San Andres Formation, Last Chance Canyon, New Mexico: Geophysics, v. 66, p. 1744−1748.

Kenter, J. A. M., Ginsburg, R. N., and Troelstra, S. R., 2001, Sea−level−driven sedimentation patterns on the slope and margin, in R. N. Ginsburg, ed., Subsurface Geology of a Prograding Carbonate Platform Margin, Great Bahama Bank: Results of the Bahamas Drilling Project: SEPM Special Publications, v. 70, p. 61−100.

Kenyon, P. M., and Turcotte, D. L., 1985, Morphology of a delta prograding by bulk sediment transport: Geological Society of America, Bulletin, v. 96, p. 1457−1465.

Kerans, C., and Tinker, S., 1999, Extrinsic stratigraphic controls on development of the Capitan reef complex, in A. H. Saller, P. M. Harris, B. L. Kirkland, and S. J. Mazzullo, eds., Geologic framework of the Capitan Reef.: SEPM Special Publication, v. 65, p. 15−36.

Kier, J. S., and Pilkey, O. H., 1971, The influence of sea level changes on sediment carbonate mineralogy, Tongue of the Ocean, Bahamas: Marine Geology, v. 11, p. 189−200.

Kiessling, W., 2002, Secular variations in the Phanerozoic reef ecosystem, in W. Kiessling, E. Flügel, and J. Golonka, eds., Phanerozoic Reef Patterns: SEPM Special Publications, v. 72, p. 625−690.

Kievman, C. M., 1998, Match between late Pleistocene Great Bahama Bank and deep−sea oxygen isotope records of sea level: Geology, v. 26, p. 635−638.

Kirkby, M. J., 1987, General models of long−term slope evolution through mass movement, in M. G. Anderson, and K. S. Richards, eds., Slope Stability: Chichester, Wiley, p. 359−380.

Knoerich, A., and Mutti, M., 2003, Controls of facies and sediment composition on the diagenetic pathway of shallow−water Heterozoan carbonates: the Oligocene of the Maltese Islands: International Journal of Earth Sciences, v. 92, p. 494−510.

Kozir, A., 2004, Microcodium revisited: root calcification products of terrestrial plants on carbonate−rich substrates: Journal of Sedimentary Research, v. 74, p. 845−857.

Ladd, H. S., 1973, Bikini and Eniwetok atolls, Marshall Islands, in O. A. Jones, and R. Endean, eds., Biology and Geology of Coral Reefs: New York, Academic Press, v. 1, p. 93−111.

Ladd, H. S., and Hoffmeister, J. E., 1945, Geology of Lau, Fiji: Bernice P. Bishop Museum Bulletin, v. 181, p. 1−190.

Laskar, J., Joutel, F., and Boudin, F., 1993, Orbital, precessional, and insolation quantities for the Earth from −20Myr to + 10Myr: Astronomy and Astrophysics, v. 270, p. 522−533.

Leeder, M., 1999, Sedimentology and Sedimentary Basins: Oxford, Blackwell, 608 p.

Lees, A., 1975, Possible influence of salinity and temperature on modern shelf carbonate sedimentation: Marine Geology, v. 19, p. 159−198.

Lees, A., and Buller, A. T., 1972, Modern temperate−water and warm−water shelf carbonate sediments contrasted: Marine Geology, v. 13, p. M67−M73.

Lees, A., and Miller, J., 1985, Facies variation in Waulsortian buildups. Part 2. Mid−Dinantian buildups from Europe and North America: Geological Journal, v. 20, p. 159−180.

Lees, A., and Miller, J., 1995, Waulsortian banks, in C. L. V. Monty, D. W. J. Bosence, P. H. Bridges, and B. R. Pratt, eds., Carbonate Mud Mounds: International Association of Sedimentologists Special Publication, v. 23, p. 191−271.

Leinfelder, R. R., Nose, M., Schmid, D. U., and Werner, W., 1993, Microbial crusts of the Late Jurassic: composition, palaeoecological significance and importance in reef construction: Facies, v. 29, p. 195−230.

Lidz, B., Reich, C. D., and Shinn, E. A., 2003, Regional Quaternary submarine geomorphology in the Florida Keys: Geological Society of America Bulletin, v. 115, p. 845−866.

Lighty, R. G., Macintyre, I. G., and Stuckenrath, R., 1978, Submerged early Holocene barrier reef southeast Florida shelf: Nature, v. 275, p. 59−60.

Lourens, L. J., and Hilgen, F. J., 1997, Long−period variations in the Earth's obliquity and their relation to third−order eustatic cycles and late Neogene glaciations.: Quaternary International, v. 40, p. 43−52.

Loutit, T. S., Hardenbol, J., Vail, P. R., and Baum, G. R., 1988, Condensed sections: the key to age dating and correlation of continental margin sequences, in C. K. Wilgus, B. S. Hastings, C. G. S. C. Kendall, H. W. Posamentier, C. A. Ross, and J. C. Van Wagoner, eds., Sea-Level Changes: An Integrated Approach: SEPM Special Publications, v. 42, p. 183-213.

Lowenstam, H. A., and Weiner, S., 1989, On Biomineralization: New York, Oxford University Press, 324 p.

Lucia, F. J., 1995, Rock-fabric/petrophysical classification of carbonate pore space for reservoir characterization: American Association of Petroleum Geologists Bulletin, v. 79, p. 1275-1300.

Ludwig, K. R., Halley, R. B., Simmons, K. R., and Peterman, Z. B., 1988, Strontium-isotope stratigraphy of Enewetak Atoll: Geology, v. 16, p. 173-177.

Lynts, G. W., Judd, J. W., and Stehmann, C. F., 1973, Late Pleistocene history of Tongue of the Ocean, Bahamas: Geological Society of America Bulletin, v. 84, p. 2605-2684.

Macarthur, R. H., and Wilson, E. O., 1967, Theory of Island Biogeography: Princeton, Princeton University Press, 203 p.

Machel, H. G., 2004, Concepts and models of dolomitization: a critical reappraisal, in C. J. R. Braithwaite, G. Rizzi, and G. Darke, eds., The Geometry and Petrogenesis of Dolomite Hydrocarbon Reservoirs: Geological Society London, Special Publications, v. 235, p. 7-63.

Macintyre, I. G., Rützler, K., Norris, J. N., Smith, K. P., Cairns, S. D., Bucher, K. E., and Steneck, R. S., 1991, An early Holocene reef in the Western Atlantic-submersible investigations of a deep relict reef off the west coast of Barbados, WI: Coral Reefs, v. 10, p. 167-174.

Mackenzie, F. T., Bischoff, W. D., Bishop, F. C., Loijens, M., Schoonmaker, J., and Wollast, R., 1983, Magnesian calcites: low-temperature occurrence, solubility and solid solution behaviour, in R. J. Reeder, ed., Carbonates: Mineralogy and Chemistry: Mineralogical Society of America, Reviews in Mineralogy, v. 11, p. 97-144.

Macneil, F. S., 1954, The shape of atolls: an inheritance from subaerial erosion forms: American Journal of Science, v. 252, p. 402-427.

Mallon, A. J., Swarbick, R. E., and Katsube, T. J., 2005, Permeability of fine-grained rocks: New evidence from chalks: Geology, v. 33, p. 21-24.

Mandelbrot, B. B., 1967, How long is the coast of Britain? Statistical self-similarity and fractional dimension: Science, v. 156, p. 636-638.

Mcneill, D. F., Eberli, G. P., Lidz, B. H., Swart, P. K., and Kenter, J. A. M., 2001, Chronostratigraphy of a prograded carbonate platform margin: a record of dynamic slope sedimentation, western Great Bahama Bank, in R. N. Ginsburg, ed., Subsurface Geology of a Prograding Carbonate Platform Margin, Great Bahama Bank: Results of the Bahamas Drilling Project: SEPM Special Publications, v. 70, p. 101-135.

Mcneill, D. F., Ginsburg, R. N., Chang, S. B. R., and Kirschvink, J. L., 1988, Magnetostratigraphic dating of shallow-water carbonates from San Salvador, the Bahamas: Geology, v. 16, p. 8-12.

Mcneill, D. F., Grammer, G. M., and Williams, S. C., 1998, A 5My chronolgy of carbonate platform margin aggradation, southwestern Little Bahama Bank, Bahamas: Journal of Sedimentary Research, v. 68, p. 603-614.

Melim, L. A., Anselmetti, F. S., and Eberli Gregor, P., 2001, The importance of pore type on permeability of Neogene carbonates, Great Bahama Bank, in R. N. Ginsburg, ed., Subsurface Geology of a Prograding Carbonate Platform Margin, Great Bahama Bank: Results of the Bahamas Drilling Project: SEPM Special Publications, v. 70, p. 217-238.

Menard, H. W., 1986, Islands: New York, Scientific American Books, 230 p.

Meyer, F. O., 1989, Siliciclastic influence on Mesozoic platform development: Baltimore Canyon Trough, Western Atlantic, in P. D. Crevello, J. L. Wilson, J. F. Sarg, and J. F. Read, eds., Controls on Carbonate Platform and Basin Development: SEPM Special Publication, v. 44, p. 213-232.

Miall, A. D., 1992, Exxon global cycle chart: an event for every occasion?: Geology, v. 20, p. 787-790.

Miall, A. D., 1997, The Geology of Stratigraphic Sequences: Berlin, Springer, 433 p.

Middleton, M. F., 1987, Seismic stratigraphy of Devonian reef complexes, northern Canning basin, Western Australia: American Association of Petroleum Geologists Bulletin, v. 71, p. 1488-1498.

Milliman, J. D., 1974, Marine Carbonates. Recent Sedimentary Carbonataes, Part I: Berlin, Springer, 375 p.

Minero, C. J., 1988, Sedimentation and diagenesis along an island-sheltered platform margin, El Abra Formation, Cretaceous of Mexico: Paleokarst, v. 18, p. 385-405.

Mitchum, R. M., and Van Wagoner, J. C., 1991, High-Frequency Sequences and Their Stacking Patterns-Sequence-Stratigraphic Evidence of High-Frequency Eustatic Cycles: Sedimentary Geology, v. 70, p. 131-160.

Moldovanyi, E. P., Waal, F. M., and Yan, Z. J., 1995, Regional exposure events and platform evolution of Zhujiang Formation carbonates. Pearl River Mouth Basin: evidence from primary and diagenetic seismic facies, in D. A. Budd, A. H. Saller, and P. M. Harris, eds., Unconformities and Porosity in Carbonate Strata: American Association of Petroleum Geologists Memoirs, v. 63, p. 125-140.

Montaggioni, L. F., 1985, Makatea Island, Tuamotu archipelago.: 5th International Coral Reef Congress Proceedings v. 1, Tahiti, p. 103-158.

Montaggioni, L. F., 2000, Postglacial reef growth: Earth Planetary Science, v. 331, p. 319-330.

Montanez, I. P., and Osleger, D. A., 1993, Parasequence stacking patterns, third-order accommodation events and sequence stratigraphy of Middle to Upper Cambrian platform carbonates, Bonanza King Formation, southern Great Basin, in R. G. Loucks, and J. F. Sarg, eds., Carbonate Sequence Stratigraphy: American Association of Petroleum Geologists Memoirs, v. 57, p. 305-326.

Monty, C. L. V., 1995, The rise and nature of carbonate mud-mounds: an introductory actualistic approach, in C. L. V. Monty, D. W. J. Bosence, P. H. Bridges, and B. R. Pratt, eds., Carbonate Mud-Mounds -their Origin and Evolution: International Association of Sedimentologists Special Publications, v. 23, p. 11-48.

Monty, C. L. V., Bosence, D. W. J., Bridges, P. H., and Pratt, B. R., Eds. 1995, Carbonate Mud-mounds: Their Origin and Evolution: International Association of Sedimentologists Special Publication, v. 23, 537 p.

Moore, C. H., 2001, Carbonate Reservoirs: Amsterdam, Elsevier, 444 p.

Morse, J. W., 2004, Formation and diagenesis of carbonate sediments, in F. T. Mackenzie, ed., Sediments, Diagenesis, and Sedimentary Rocks: Treatise on Geochemistry: Amsterdam, Elsevier, v. 7, p. 67-85.

Morse, J. W., and Mackenzie, F. T., 1990, Geochemistry of Sedimentary Carbonates: Developments in Sedimentology: Amsterdam, Elsevier, v. 48, 707 p.

Mullins, H. T., 1983, Comment on "Eustatic control of turbidites and winnowed turbidites": Geology, v. 11, p. 57-58.

Mullins, H. T., Heath, K. C., Van Buren, H. M., and Newton, C. R., 1984, Anatomy of modern deep-ocean carbonate slope: northern Little Bahama Bank: Sedimentology, v. 31, p. 141-168.

Mutti, M., and Hallock, P., 2003, Carbonate systems along nutrient and temperature gradients: some sedimentological and geochemical constraints: International Journal of Earth Sciences, v. 92, p. 463-475.

Naish, T., and Kamp, P. J. J., 1997, Sequence stratigraphy of sixth-order (41 k. y.) Pliocene-Pleistocene cyclothems, Wanganui basin, New Zealand: A case for the regressive systems tract: Geological Society of America Bulletin, v. 109, p. 978-999.

Neidell, N. S., 1979, Stratigraphic modeling and interpretation; geophysical principles and techniques: American Association of Petroleum Geologists Education Course Notes, v. 13, 141 p.

Neidell, N. S., and Poggliagliolmi, F., 1977, Stratigraphic modeling and interpretation - geophysical principles and techniques, in C. E. Payton, ed., Seismic stratigraphy -applications to hydrocarbon exploration: American Association of Petroleum Geologists Memoirs, v. 26, p. 389 -416.

Nelson, C. S., 1982, Compendium of sample data for temperate carbonate sediments, Three Kings region, Northern New Zealand, Occasional Report, University of Waikato, Department of Earth Sciences, Hamilton, University of Waikato, p. 95.

Nelson, C. S., 1988, An introductory perspective on nontropical shelf carbonates: Sedimentary Geology, v. 60, p. 3-12.

Nelson, C. S., Hancock, G. E., and Kamp, P. J. J., 1982, Shelf to basin, temperate skeletal carbonate sediments, Three Kings Plateau, New Zealand: Journal of Sedimentary Petrology, v. 52, p. 717-732.

Nelson, C. S., and James, N. P., 2000, Pliocene Te Aute limestones, New Zealand: expanding concepts for cool-water shelf carbonates: New Zealand Journal of Geology and Geophysics, v. 46, p. 407-424.

Neuhaus, D., Borgomano, J., Jauffred, J., Mercadier, C., Olotu, S., and Gr. Tsch, J., 2004, Quantitative seismic reservoir characterization of an Oligocene−Miocene Carbonate Buildup: Malampaya Field, Philippines., in G. P. Eberli, J. L. Massaferro, and J. F. Sarg, eds., Seismic Imaging of Carbonate Reservoirs and Systems: American Association of Petroleum Geologists Memoirs, v. 81, p. 169−183.

Neumann, A. C., and Hearty, P. J., 1996, Rapid sea−level changes at the close of the last interglacial (substage 5e) recorded in Bahamian island geology: Geology, v. 24, p. 775−778.

Neumann, A. C., and Land, L. S., 1975, Lime mud deposition and calcareous algae in the Bight of Abaco, Bahamas: a budget: Journal of Sedimentary Petrology, v. 45, p. 763−768.

Neumann, A. C., and Macintyre, I., 1985, Reef response to sea level rise: keep−up, catch−up or give−up: 5th International Coral Reef Congress Tahiti, Proceedings v. 3, p. 105−110.

Neuweiler, 1995, Dynamische Sedimentation svorgaenge, Diagenese und Biofazies unterkretazischer Plattform raender (Apt/ Alb; Soba−Region, Prov. Cantabria, N−Spanien): Berliner geowissenschaftliche Abhandlungen: Berlin, v. E17, 235 p.

Neuweiler, F., D'Orazio, V., Immenhauser, A., Geipel, G., Heise, K. −H., Cocozza, C., and Miano, T. M., 2003, Fulvic acid−like organic compounds control nucleation of marine calcite under suboxic conditions: Geology, v. 31, p. 681−684.

Neuweiler, F., Gautret, P., Thiel, V., Lange, R., Michaelis, W., and Reitner, J., 1999, Petrology of lower Cretaceous carbonate mud mounds (Albian, N. Spain): insight into organomineralic deposits of the geological record: Sedimentology, v. 46, p. 837−859.

Neuweiler, F., Mehdi, M., and Wilmsen, M., 2001, Facies of Liassic sponge mounds, Central High Atlas, Morocco: Facies, v. 44, p. 243−264.

Neuweiler, F., Reitner, J., and Monty, C., 1997, Biosedimentology of microbial buildups: Facies, v. 36, p. 195−284.

Neuweiler, F., Rutsch, M., Geipel, G., Reimer, A., and Heise, K. H., 2000, Soluble humic substances from in situ precipitated microcrystalline calcium carbonate, internal sediment, and spar cement in a Cretaceous carbonate mud−mound: Geology, v. 28, p. 851−854.

Nummedal, D., Gupta, S., Plint, A. G., and Cole, R. D., 1995, The falling stage systems tract: de. nition, character and expression in several examples from the Cretaceous from the U. S. Western Interior: Sedimentary responses to forced regressions, p. 45−48.

Nummedal, D., Riley, G. W., and Templet, P. L., 1993, High−resolution sequence architecture: a chronostratigraphic model based on equilibrium profile studies, in H. E. Posamentier, C. P. Summerhayes, B. U. Haq, and G. P. Allen, eds., Sequence Stratigraphy and Facies Associations: International Association of Sedimentologists Special Publications, v. 18, p. 55−68.

Opdyke, B. N., and Wilkinson, B. H., 1990, Paleolatitude distribution of Phanerozoic marine ooids and cements: Palaeogeography, Palaeoclimatology, Palaeoecology, v. 78, p. 135−148.

Open University, O. C. T., 1989a, Seawater: its composition, properties and behavior: Oxford, Pergamon Press, 186 p.

Open University, O. C. T., 1989b, Ocean circulation: Oxford, Pergamon Press, 236 p.

Passlow, V., 1997, Slope sedimentation and shelf to basin sediment transfer: a cool−water carbonate example from the Otway margin, southeastern Australia., in N. P. James, and J. A. D. Clarke, eds., Cool−water carbonates: SEPM Special Publication, SEPM Special Publication, v. 56, p. 107−125.

Peterh. Nsel, A., and Pratt, B. R., 2001, Nutrienttriggered bioerosion on a giant carbonate platform masking the postextinction Famennian benthic community: Geology, v. 29, p. 1079−1082.

Pinet, P. R., and Popenoe, P., 1985, Shallow seismic stratigraphy and post−Albian geologic history of the northern and central Blake Plateau: Geological Society of America Bulletin, v. 96, p. 627−638.

Pipkin, B. W., Gorsline, D. S., Casey, R. E., and Hammond, D. E., 1987, Laboratory Exercises in Oceanography: New York, Freeman, 257 p.

Pitman, W. C., 1978, Relationship between eustasy and stratigraphic sequences of passive margins: Geological Society of America Bulletin, v. 89, p. 1389−1403.

Playford, P. E., 1980, Devonian "Great Barrier Reef" of Canning Basin, Western Australia: American Association of Petroleum Geologists Bulletin, v. 64, p. 814-840.

Playford, P. E., 2002, Palaeokarst, pseudokarst, and sequence stratigraphy in Devonian reef complexes of the Canning Basin, Western Australia, in M. Keep, and S. J. Moss, eds., The Sedimentary Basins of Western Australia: Exploration Society of Australia Symposium Proceedings: Perth, v. 3, p. 763-793.

Playford, P. E., Cockbain, A. E., Hocking, R. M., and Wallace, M. W., 2001, Novel paleoecology of a postextinction reef: Famennian (Late Devonian) of the Canning basin, northwest Australia: comment: Geology, v. 29, p. 1155-1156.

Playford, P. E., Hurley, N. F., Kerans, C., and Middleton, M. F., 1989, Reefal platform development, Devonian of the Canning Basin, Western Australia, in P. D. Crevello, J. L. Wilson, J. F. Sarg, andJ. F. Read, eds., Controls on Carbonate Platform and Basin Development: SEPM Special Publication, v. 44, p. 187-202.

Plint, A. G., and Nummedal, D., 2000, The falling stage systems tract: recognition and importance in sequence stratigraphic analysis, in D. Hunt, and R. L. Gawthorpe, eds., Sedimentary Responses to Forced Regressions: Geological Society London Special Publications, v. 172, p. 1-17.

Plotnick, J. E., 1986, A fractal model for the distribution of stratigraphic hiatuses: Journal of Geology, v. 94, p. 885-890.

Pomar, L., 1991, Reef geometries, erosion surfaces and high-frequency sea-level changes, upper Miocene reef complex, Mallorca, Spain: Sedimentology, v. 38, p. 243-270.

Pomar, L., 1993, High - resolution sequence stratigraphy in prograding Miocene carbonates: application to seismic interpretation, in R. G. Loucks, and J. F. Sarg, eds., Carbonate sequence stratigraphy: American Association of Petroleum Geologists Memoir, p. 389-408.

Pomar, L., 2000, Excursion Guide, Field Visits Mallorca, Palma de Mallorca, University of the Balearic Islands, Departament de Ciencias de la Terra, p. 85.

Pomar, L., and Ward, W. C., 1995, Sea-level changes, carbonate production and platform architecture: the Llucmajor platform, Mallorca, Spain, in B. U. Haq, ed., Sequence Stratigraphy and Depositional Response to Eustatic, Tectonic and Climatic Forcing: Coastal Systems and Continental Margins: Dordrecht, Kluwer, v. 1, p. 87-112.

Pomar, L., and Ward, W. C., 1999, Reservoir-scale heterogeneity in depositional packages and diagenetic patterns on a reef-rimmed platform, Upper Miocene, Mallorca, Spain: American Association of Petroleum Geologists Bulletin, v. 83, p. 1759-1773.

Pomar, L., Ward, W. C., and Green, D. G., 1996, Upper Miocene reef complex of the Llucmajor area, Mallorca, Spain, in E. K. Franseen, M. Esteban, W. C. Ward, and J. M. Rouchy, eds., Models for Carbonate Stratigraphy from Miocene Reef Complexes of the Mediterranean Regions: SEPM Concepts in Sedimentology and Paleontology, v. 5, p. 191-225.

Pope, M. C., and Read, J. F., 1997, High-resolution stratigraphy of the Lexington Limestone (late Middle Ordovician), Kentucky, U. S. A.: a cool-water carbonateclastic ramp in a tectonically active foreland basin, in N. P. James, and J. A. D. Clarke, eds., Cool-Water Carbonates: SEPM Special Publications, v. 56, p. 411-430.

Posamentier, H. W., and Allen, G. P., 1999, Siliciclastic sequence stratigraphy -concepts and applications: SEPM Concepts in Sedimentology and Paleontology: Tulsa, Society for Sedimentary Geology, v. 7, 209 p.

Posamentier, H. W., Allen, G. P., and James, D. P., 1992a, High resolution sequence stratigraphy -The East Coulee delta, Alberta: Journal of Sedimentary Petrology, v. 62, p. 310-317.

Posamentier, H. W., Allen, G. P., James, D. P., and Tesson, M., 1992b, Forced regressions in a sequence stratigraphic framework: concepts, examples, and exploration signi. cance: American Association of Petroleum Geologists Bulletin, v. 76, p. 1687-1709.

Posamentier, H. W., Jervey, M. T., and Vail, P. R., 1988, Eustatic controls on clastic deposition I-conceptual framework, in C. K. Wilgus, B. S. Hastings, H. Posamentier, J. Van Wagoner, and C. G. S. C. Kendall, eds., Sea-level Changes: an Integrated Approach: SEPM Special Publications, v. 42, p. 109-124.

Posamentier, H. W., and Vail, P. R., 1988, Eustatic controls on clastic deposition II -sequence and systems tract models, in C. K. Wilgus, B. S. Hastings, C. G. S. C. Kendall, H. W. Posamentier, C. A. Ross, and J. C. Van Wagoner, eds., Sea-level Changes: an Integrated Approach: SEPM Special Publication, v. 42, p. 125-154.

Potter, P. E., 1959, Facies model conference: Science, v. 129, p. 1292-1294.

Pratt, B. R., 1995, The origin, biota and evolution of deep-water mud-mounds, in C. L. V. Monty, D. W. J. Bosence, P. H. Bridges, and B. R. Pratt, eds., Carbonate Mudmounds: International Association of Sedimentologists Special Publications, v. 23, p. 49-125.

Pratt, B. R., and James, N. P., 1986, The St. George Group (Lower Ordovician) of western Newfoundland: tidal flat island model for carbonate sedimentation in shallow epeiric seas: Sedimentology, v. 33, p. 313-343.

Preto, N., and Hinnov, L. A., 2003, Unraveling the origin of carbonate platform cyclothems in the Upper Triassic Dürrenstein Formation (Dolomites, Italy): Journal of Sedimentary Research, v. 73, p. 774-789.

Preto, N., Hinnov, L. A., Hardie, L. A., and De Zanche, V., 2001, Middle Triassic orbital signature recorded in the shallow-marine Latemar carbonate buildup (Dolomites, Italy): Geology, v. 29, p. 1123-1126.

Purdy, E., 1974, Reef conflgurations: cause and effect, in L. F. Laporte, ed., Reefs in Time and Space: SEPM Special Publications, v. 18, p. 9-76.

Purdy, E. G., Gischler, E., and Lomando, A. J., 2003, The Belize margin revisited. 2. Origin of Holocene antecedent topography: International Journal of Earth Sciences, v. 92, p. 552-572.

Purdy, E. G., and Winterer, E. L., 2001, Origin of atoll lagoons: Geological Society of America Bulletin, v. 113, p. 837-854.

Purser, B. H., ed.,. 1973, The Persian Gulf. Holocene carbonate sedimentation and diagenesis in a shallow epicontinental sea: New York, Springer-Verlag, 471 p.

Rankey, E. C., 2002, Spatial patterns of sediment accumulation on a Holocene carbonate tidal flat, northwest Andros Island, Bahamas: Journal of Sedimentary Research, v. 72, p. 591-601.

Read, J. F., 1982, Carbonate platforms of passive (extensional) continental margins: types, characteristics and evolution: Tectonophysics, v. 81, p. 195-212.

Read, J. F., 1985, Carbonate platform facies models: American Association of Petroleum Geologists Bulletin, v. 69, p. 1-21.

Read, J. F., 1989, Controls on evolution of Cambrian-Ordovician passive margin, U. S. Appalachians, in P. D. Crevello, J. L. Wilson, J. F. Sarg, and J. F. Read, eds., Controls on Carbonate Platform and Basin Development: SEPM Special Publications, v. 44, p. 146-165.

Read, J. F., and Goldhammer, R. K., 1988, Use of Fischer plots to define third-order sea-level curves in Ordovician peritidal cyclic carbonates, Appalachians: Geology, v. 16, p. 895-899.

Reading, H. R., and Levell, B. K., 1996, Controls on the sdimentary rock record, in H. R. Reading, ed., Sedimentary Environments: Oxford, Blackwell, p. 5-36.

Reeckmann, A., and Gill, J. B., 1981, Rates of vadose diagenesis in Quaternary dune and shallow marine calcarenites, Warnambool, Vitoria, Australia: Sedimentary Geology, v. 30, p. 157-172.

Reid, R. P., Visscher, P. T., Decho, A. W., Stolz, J. F., Bebout, B. M., Dupraz, C., Macintyre, I. G., Paerl, H. W., Pinckney, J. L., Prufert, B. L., Steppe, T. F., and Desmarais, D. J., 2000, The role of microbes in accretion, lamination and early lithification of modern marine stromatolites: Nature, v. 406, p. 989-992.

Reid, S. K., and Dorobek, S. L., 1993, Sequence stratigraphy and evolution of a progradational, foreland carbonate ramp, Lower Mississippian Mission Canyon Formation and stratigraphic equivalents, Montana and Idaho, in R. G. Loucks, and J. F. Sarg, eds., Carbonate sequence stratigraphy; recent developments and applications: American Association of Petroleum Geologists Memoir, v. 57, p. 327-352.

Reid, S. K., and Dorobek, S. L., 1993, Sequence stratigraphy and evolution of a progradational, foreland carbonate ramp, Lower Mississippian Mission Canyon Formation and stratigraphic equivalents, Montana and Idaho, in R. G. Loucks, and J. F. Sarg, eds., Carbonate Sequence Stratigraphy: American Association of Petroleum Geologists Memoirs, v. 57, p. 327-352.

Reijmer, J. J. G., Schlager, W., and Droxler, A. W., 1988, Site 632: Pliocene-Pleistocene sedimentation in a Bahamian basin, in J. A. Austin, W. Schlager, and A. Palmer, eds., Proceedings Ocean Drilling Program, Scientific Results: College Station, Ocean Drilling Program, v. 101, p. 213-220.

Reijmer, J. J. G., Sprenger, A., Ten Kate, W. G. H. Z., Schlager, W., and Krystyn, L., 1994, Periodicities in the composition of Late Triassic calciturbidites (Eastern Alps, Austria), in P. L. De Boer, and D. G. Smith, eds., Orbital Forcing and Cyclic Sequences: International Association of Sedimentologists Special Publications, v. 19, p. 323-343.

Reijmer, J. J. G., Ten Kate, W. G. H. Z., Sprenger, A., and Schlager, W., 1991, Calciturbidite composition related to exposure and flooding of a carbonate platform (Triassic, Eastern Alps): Sedimentology, v. 38, p. 1059-1074.

Reitner, J., Arp, G., Thiel, V., Gautret, P., Galling, U., and Michaelis, W., 1997, Organic matter in Great Salt Lake ooids (Utah, USA) -first approach to a formation via organic matrices: Facies, v. 36, p. 210-219.

Reitner, J., Gautret, P., Marin, F., and Neuweiler, F., 1995b, Automicrites in a modern marine microbialite. Formation model via organic matrices (Lizard Island, Great Barrier Reef, Australia): Bulletin Institut Oceanographique de Monaco, v. special issue 14, p. 1-26.

Reitner, J., Neuweiler, F., Flajs, G., Vigener, M., Keupp, H., Meischner, D., Neuweiler, F., Paul, J., Warnke, K., Weller, H., Dingle, P., Hensen, C., Schaefer, P., Gautret, P., Leinfelder, R. R., Huessner, H., and Kaufmann, B., 1995a, Mud mounds: a polygenetic spectrum of fine-grained carbonate buildups: Facies, v. 32, p. 1-70.

Reitner, J., Thiel, V., Zankl, H., Michaelis, W., Worheide, G., and Gautret, P., 2000, Organic and biochemical patterns in cryptic microbialites, in R. E. Riding, and S. M. Awramik, eds., Microbial Sediments: Berlin, Springer, p. 149-160.

Remane, A., and Schlieper, C., 1971, Biology of Brackish Water: Stuttgart, Schweizerbart, 372 p.

Rendle, R. H., and Reijmer, J. J. G., 2002, Quaternary slope development of the western, leeward margin of the Great Bahama Bank: Marine Geology, v. 185, p. 143-164.

Revelle, R. R., Barnett, T. P., Barron, E. J., Bloom, A. L., Christie-Blick, N., Harrison, C. G. A., Hay, W. W., Matthews, R. K., Meier, M. F., Munk, W. H., Peltier, R. W., Roemmich, D., Sturges, W., Sundquist, E. T., Thompson, K. R., and Thompson, S. L., 1990, Overview and recommendations, in G. S. Committee, ed., Sea-Level Change: Washington, National Academy Press, p. 3-34.

Rich, J. L., 1951, Three critical environments of deposition, and criteria for recognition of rocks deposited in each of them: Geological Society of America Bulletin, v. 62, p. 1-20.

Rine, J. M., and Ginsburg, R. N., 1985, Depositional facies of a mud shoreface in Suriname, South America -a mud analogue to sandy shallow-marine deposits: Journal of Sedimentary Petrology, v. 55, p. 633-652.

Robbin, D. M., and Stipp, J. J., 1979, Depositional rate of laminated soilstone crusts, Florida Keys: Journal of Sedimentary Petrology, v. 49, p. 175-178.

Roberts, H. H., Aharon, P., and Phipps, C. V., 1988, Morphology and sedimentology of Halimeda bioherms from the eastern Java Sea (Indonesia): Coral Reefs, v. 6, p. 161-172.

Roth, S., and Reijmer, J. J. G., 2004, Holocene Atlantic climate variations deduced from carbonate periplatform sediments (leeward margin, Great Baham Bank): Paleoceanography, v. 19, p. 1-14.

Royer, D. L., Berner, R. A., Montanez, I. P., Tabor, N. J., and Beerling, D. J., 2004, CO_2 as a primary driver of Phanerozoic climate: GSA Today, v. 14, p. 4-10.

Rudolph, K. W., Schlager, W., and Biddle, K. T., 1989, Seismic models of a carbonate foreslope-to-basin transition, Picco di Vallandro, Dolomite Alps, northern Italy: Geology, v. 17, p. 453-456.

Russo, F., Neri, C., Mastandrea, A., and Baracca, A., 1997, The mud-mound nature of the Cassian platform margins of the Dolomites. A case history: the Cipit boulders from Punta Grohmann (Sasso Piatto Massif, northern Italy): Facies, v. 36, p. 25-36.

Sadler, P. M., 1981, Sediment accumulation rates and the completeness of stratigraphic sections: Journal of Geology, v. 89, p. 569-584.

Sadler, P. M., 1999, The influence of hiatuses on sediment accumulation rates: GeoResearch Forum, v. 5, p. 15-40.

Sadler, P. M., Osleger, D. A., and Montanez, I. P., 1993, On the labeling, length, and objective basis of Fischer plots: Journal of Sedimentary Petrology, v. 63, p. 360-368.

Saller, A., Armin, R., Ichram, L. W., and Glenn-Sullivan, C., 1993, Sequence stratigraphy of aggrading and backstepping carbonate shelves, Oligocene, Central Kalimantan, Indonesia, in R. G. Loucks, and J. F. Sarg, eds., Carbonate Sequence

Stratigraphy: American Association of Petroleum Geologists Memoirs, v. 57, p. 267-290.

Sandberg, P. A., 1983, An oscillating trend in Phanerozoic non-skeletal carbonate mineralogy: Nature, v. 305, p. 19-22.

sarg, j. f., 1988, Carbonate sequence stratigraphy, in C. K. Wilgus, B. S. Hastings, C. G. S. C. Kendall, H. W. Posamentier, C. A. Ross, and J. C. Van Wagoner, eds., Sea-Level Changes: An Integrated Approach: SEPM Special Publications, v. 42, p. 155-182.

Sarg, J. F., 1989, Middle-Late Permian depositional sequences, Permian Basin, west Texas-New Mexico, in A. W. Bally, ed., Atlas of Seismic Stratigraphy: American Association of Petroleum Geologists Studies in Geology, v. 27-3, p. 140-157.

Sarg, J. F., 2001, The sequence stratigraphy, sedimentology, and economic importance of evaporite-carbonate transitions: a review: Sedimentary Geology, v. 140, p. 9-42.

Sarg, J. F., Markello, J. R., and Weber, L. J., 1999, The second-order cycle, carbonate-platform growth, and reservoir, source, and trap prediction, in P. M. Harris, J. A. Simo, and A. H. Saller, eds., Advances in Carbonate Sequence Stratigraphy: Applications to Reservoirs, Outcrops and Models: SEPM Special Publications, v. 63, p. 1-24.

Sattler, U., 2005, Subaerial exposure and flooding surfaces of carbonate platforms: Amsterdam, Vrije Universiteit (published dissertation), 168 p.

Saxena, S., and Betzler, C., 2003, Genetic sequence stratigraphy of cool water slope carbonates (Pleistocene Eucla Shelf, southern Australia): International Journal of Earth Sciences, v. 92, p. 482-493.

Schlager, W., 1980, Mesozoic calciturbidites in DSDP hole 416A -petrographic recognition of a drowned carbonate platform, in Y. Lancelot, and E. L. Winterer, eds., Initial Reports of the Deep Sea Drilling Project: Washington D. C., US Government Printing Of. ce, v. 50, p. 733-749.

Schlager, W., 1981, The paradox of drowned reefs and carbonate platforms: Geological Society of America Bulletin, v. 92, p. 197-211.

Schlager, W., 1989, Drowning unconformities on carbonate platforms, in P. D. Crevello, J. L. Wilson, J. F. Sarg, and J. F. Read, eds., Controls on Carbonate Platform and Basin Development: SEPM Special Publications, v. 44, p. 15-26.

Schlager, W., 1991, Depositional bias and environmental change -important factors in sequence stratigraphy: Sedimentary Geology, v. 70, p. 109-130.

Schlager, W., 1992, Sedimentology and Sequence Stratigraphy of Reefs and Carbonate Platforms: American Association of Petroleum Geologists Continuing Education Course Note Series, v. 34, 71 p.

Schlager, W., 1993, Accommodation and supply -a dual control on stratigraphic sequences: Sedimentary Geology, v. 86, p. 111-136.

Schlager, W., 1994, Reefs and carbonate platforms in sequence stratigraphy, in S. D. Johnson, ed., High Resolution sequence stratigraphy: innovations and applications: Liverpool, v. Abstract Volume, p. 143-149.

Schlager, W., 1996, The mismatch between outcrop unconformity and seismic unconformity, in C. A. Caughey, D. C. Carter, J. Clure, M. J. Gresko, P. Lowry, R. K. Park, and A. Wonders, eds., Proceedings of the International Symposium on Sequence Stratigraphy in SE Asia: Jakarta, Indonesian Petroleum Association, p. 3-18.

Schlager, W., 1998, Exposure, drowning and sequence boundaries on carbonate platforms, in G. Camoin, and P. Davies, eds., Reefs and Carbonate Platforms of the W Pacific and Indian Oceans: International Association of Sedimentologists Special Publications, v. 25, p. 3-21.

Schlager, W., 1999a, Scaling of sedimentation rates and drowning of reefs and carbonate platforms: Geology, v. 27, p. 183-186.

Schlager, W., 1999b, Type 3 sequence boundaries, in P. M. Harris, A. H. Saller, and J. A. Simo, eds., Advances in Carbonate Sequence Stratigraphy-Application to Reservoirs, Outcrops and Models: SEPM Special Publications, v. 62, p. 35-45.

Schlager, W., 2000, Sedimentation rates and growth potential of tropical, cool-water and mud-mound carbonate factories, in E. Insalaco, P. W. Skelton, and T. J. Palmer, eds., Carbonate Platform Systems: Components and Interactions: Geological Society Special Publications, v. 178, p. 217-227.

Schlager, W., 2002, Sedimentology and sequence stratigraphy of carbonate rocks: Amsterdam, Vrije Universiteit / Earth and Life Sciences, 146 p.

Schlager, W., 2003, Benthic carbonate factories of the Phanerozoic: International Journal of Earth Sciences, v. 92, p. 445–464.

Schlager, W., 2004, Fractal nature of stratigraphic sequences: Geology, v. 32, p. 185–188.

Schlager, W., and Adams, E. W., 2001, Model for the sigmoidal curvature of submarine slopes: Geology, v. 29, p. 883–886.

Schlager, W., Biddle, K. T., and Stafleu, J., 1991, Picco di Vallandro (Duerrenstein) – a platform–basin transition in outcrop and seismic model: Field Trip Guidebook, Dolomieu Conference on Carbonate Platforms and Dolomitization: Ortisei, Tourist Office Ortisei, v. Excursion D, 22 p.

Schlager, W., and Bolz, H., 1977, Clastic accumulation of sulphate evaporites in deep water: Journal of Sedimentary Petrology, v. 47, p. 600–609.

Schlager, W., Buffler, W., and Phair, R., 1984, Geologic history of the southeastern Gulf of Mexico, in R. T. Buffler, W. Schlager, and e. al., eds., Deep Sea Drilling Project Initial Reports: Washington D. C., v. 77, p. 715–738.

Schlager, W., and Camber, O., 1986, Submarine slope angles, drowning unconformities, and self – erosion of limestone escarpments: Geology, v. 14, p. 762–765.

Schlager, W., and Chermak, A., 1979, Sediment facies of platform–basin transition, Tongue of the Ocean, Bahamas, in L. J. Doyle, and O. H. Pilkey, eds., Geology of Continental Slopes: SEPM Special Publication, v. 27, p. 193–207.

Schlager, W., and James, N. P., 1978, Low–magnesian calcite limestones forming at the deep–sea floor, Tongue of the Ocean, Bahamas: Sedimentology, v. 25, p. 675–702.

Schlager, W., Marsal, D., Van Der Geest, P. A. G., and Sprenger, A., 1998, Sedimentation rates, observation span, and the problem of spurious correlation: Mathematical Geology, v. 30, p. 547–556.

Schlager, W., Reijmer, J. J. G., and Droxler, A. W., 1994, Highstand shedding of rimmed carbonate platforms – an overview: Journal of Sedimentary Research, v. B64.

Schlanger, S. O., 1981, Shallow–water limestones in oceanic basins as tectonic and paleoceanographic indicators, in J. E. Warme, R. G. Douglas, and E. L. Winterer, eds., The Deep Sea Drilling Project: A decade of progress: SEPM Special Publications, v. 32, p. 209–226.

Scholle, P. A., and Ekdale, A. A., 1983, Pelagic environment, in P. A. Scholle, D. G. Bebout, and C. H. Moore, eds., Carbonate Depositional Environments: American Association of Petroleum Geologists Memoirs, v. 33, p. 619–690.

Schroeder, M., 1991, Fractals, chaos, power laws: New York, Freeman, 429 p.

Schwarzacher, W., 1954, Die Grossrhythmik des Dachsteinkalkes von Lofer: Mineralogischpetrographische Mitteilungen, v. 4, p. 44–54.

Shaviv, N. J., and Veizer, J., 2003, Celestial driver of Phanerozoic climate? : GSA Today, v. 13, p. 4–10.

Sheriff, R. E., 1988, Interpretation of West Africa, line C, in A. W. Bally, ed., Atlas of Seismic Stratigraphy: American Association of Petroleum Geologists Studies in Geology, v. 27–2, p. 37–44.

Sheriff, R. E., and Geldart, L. P., 1995, Exploration Seismology: Cambridge, Cambridge University Press, 592 p.

Shinn, E. A., 1968, Burrowing in recent lime sediments of Florida and the Bahamas: Journal of Paleontology, v. 42, p. 879–894.

Shinn, E. A., 1983, Recognition and economic significance of ancient carbonate tidal flats–a comparison of modern and ancient examples, in P. A. Scholle, ed., Recognition of Depositional Environments of Carbonate Rocks: American Association of Petroleum Geologists Memoirs, v. 33, p. 172–210.

Simo, J. A., Emerson, N. R., Byerrs, C. W., and Ludvigson, G. A., 2003, Anatomy of an embayment in an Ordovician epeiric sea, Upper Mississppi Valley, USA: Geology, v. 31, p. 545–548.

Sloss, L. L., 1963, Sequences in the cratonic interior of North America: Geological Society of America Bulletin, v. 74, p. 93–114.

Soreghan, G. S., and Dickinson, W. R., 1994, Generic types of stratigraphic cycles controlled by eustasy: Geology, v. 22, p. 759–761.

Southgate, P. N., Kennard, J. M., Jackson, M. J., O'Brien, P. E., and Sexton, M. J., 1993, Reciprocal lowstand clastic and highstand carbonate sedimentation, subsurface Devonian reef complex, Canning basin, Western Australia, in R. G.

Loucks, and J. F. Sarg, eds., Carbonate Sequence Stratigraphy: American Association of Petroleum Geologists Memoirs, v. 57, p. 157−180.

Spence, G. H., and Tucker, M. E., 1997, Genesis of limestone megabreccias and their significance in carbonate sequence stratigraphic models: a review: Sedimentary Geology, v. 112, p. 163−193.

Spezzaferri, S., Mckenzie, J. A., and Isern, A., 2002, Linking the oxygen isotope record of late Neogene eustasy to sequence stratigraphic patterns along the Bahamas margin: results from a paleoceanographic study of ODP Leg 166, Site 1006 sediments: Marine Geology, v. 185, p. 95−120.

Stafleu, J., 1994, Seismic Models of Outcrops as an Aid in Seismic Interpretation: Amsterdam, Vrije Universiteit (published dissertation), 223 p.

Stafleu, J., Everts, A. J., and Kenter, J. A. M., 1994, Seismic models of a prograding carbonate platform: Vercors, south-east France: Marine and Petroleum Geology, v. 11, p. 514−527.

Stanley, D. J., Addy, S. K., and Behrens, E. W., 1983, The mudline: variability of its position relative to shelfbreak, in D. J. Stanley, and G. T. Moore, eds., The Shelfbreak: Critical Interface on Continental Margins: SEPM Special Publications, p. 279−298.

Stanley, S. M., and Hardie, L. A., 1998, Secular oscillations in the carbonate mineralogy of reef−building and sediment−producing organisms driven by tectonically forced shifts in seawater chemistry: Palaeogeography, Palaeoclimatology, Palaeoecology, v. 144, p. 3−19.

Stanton, R. J., and Flügel, E., 1989, Problems with reef models: the Late Triassic Steinplatte "Reef" (Northern Alps, Salzburg/Tyrol, Austria): Facies, v. 20, p. 1−138.

Stanton, R. J., Jeffery, D. L., and Guillemette, R. N., 2000, Oxygen minimum zone and internal waves as potential controls on location and growth of Waulsortian Mounds (Mississippian, Sacramento Mountains, New Mexico): Facies, v. 42, p. 161−176.

Stephens, N. P., and Sumner, D. Y., 2003, Famennian microbial reef facies, Napier and Oscar Ranges, Canning Basin, western Australia: Sedimentology, v. 50, p. 1283−1302.

Strahler, A. N., 1971, The Earth Sciences: New York, Harper Row, 824 p.

Strasser, A., and Hillgärtner, H., 1998, High−frequency sea−level fluctuations recorded on a shallow carbonate platform (Berriasian and Lower Valanginian of Mount Saleve, French Jura): Eclogae Geologicae Helvetiae, v. 91, p. 375−390.

Strasser, A., Pittet, B., Hillgärtner, H., And Pasquier, J. −B., 1999, Depositional sequences in shallow carbonate−dominated sedimentary systems: concepts for a high−resolution analysis: Sedimentary Geology, v. 128, p. 201−221.

Suess, E., 1888, Das Antlitz der Erde: Leipzig, Freytag−Tempsky, v. 2.

Surlyk, F., 1997, A cool−water carbonate ramp with bryozoan mounds: Late Cretaceous−Danian of the Danish Basin, in N. P. James, and J. A. D. Clarke, eds., Cool−water Carbonates: SEPM Special Publications, v. 56, p. 293−308.

Swart, P. K., Elderfield, E., and Ostlund, G., 2001, The geometry of pore fluids from bore holes in the Great Bahama Bank, in R. N. Ginsburg, ed., Subsurface Geology of a Prograding Carbonate Platform Margin, Great Bahama Bank: Results of the Bahamas Drilling Project: SEPM Special Publications, v. 70, p. 163−173.

Takahashi, T., Koba, M., and Kan, H., 1988, Relationship between reef growth and sea level on the north−west coast of Kume island, the Ryukyus: data from drill holes on the Holocene coral reef: 6th International Coral Reef Congress Townsville Proceedings v. 3, p. 491−496.

Tebbens, S. F., Burroughhs, S. M., and Nelson, E. E., 2002, Wavelet analysis of shoreline change on the outer banks of North Carolina: an example of complexity in the marine sciences: National Academy of Sciences Proceedings, v. 99, p. 2554−2560.

Thiede, J., 1981, Reworked neritic fossils in upper Mesozoic and Cenozoic central Pacific deep−sea sediment monitor sea−level changes: Science, v. 211, p. 1422−1424.

Thompson, J. B., 2001, Microbial whitings, in R. E. Riding, and S. M. Awramik, eds., Microbial Sediments: Berlin, Springer, p. 250−269.

Thorne, J., 1995, On the scale independent shape of prograding stratigraphic units, in C. B. Barton, and P. R. La Pointe, eds., Fractals in Petroleum Geology and Earth Processes: New York, Plenum Press, p. 97−112.

Tipper, J., 2000, Patterns of stratigraphic cyclicity: Journal of Sedimentary Research, v. 70, p. 1262−1279.

TIPPER, J. C., 1993, Do seismic reflections necessarily have chronostratigraphic significance? : Geological Magazine, v. 130, p. 47-55.

Townsend, C. R., Begon, M., and Harper, J. L., 2003, Essentials of Ecology: Malden, Blackwell, 530 p.

Trichet, J., and Defarge, C., 1995, Non-biologically supported organomineralization: Bulletin de I'Institut oceanographique Monaco, v. 2, p. 203-236.

Trorey, A. W., 1970, A simple theory for seismic diffractions: Geophysics, v. 42, p. 1177-1182.

Tubman, K. M., and Crane, S. D., 1995, Vertical versus horizontal well log variability and application to fractal reservoir modeling, in C. C. Barton, and P. R. La Pointe, eds., Fractals in Petroleum Geology and Earth Processes: New York, Plenum Press, p. 279 -293.

Tucker, M. E., and Wright, V. P., 1990, Carbonate Sedimentology: Oxford, Blackwell, 496 p.

Turcotte, D. L., 1997, Fractals and Chaos in Geology and Geophysics: Cambridge, Cambridge University Press, 396 p.

Vail, P. R., 1987, Seismic stratigraphic interpretation using sequence stratigraphy. Part 1: Seismic stratigraphy interpretation procedure, in A. W. Bally, ed., Atlas of Seismic Stratigraphy: American Association of Petroleum Geologists Studies in Geology, v. 27-1, p. 1-10.

Vail, P. R., Audemard, F., Bowman, S. A., Eisner, P. N., and Perez-Cruz, G., 1991, The stratigraphic signature of tectonics, eustasy, and sedimentation, in G. Einsele, W. Ricken, and A. Seilacher, eds., Cycles and Events in Stratigraphy: Berlin, Springer, p. 617-659.

Vail, P. R., Mitchum, R. M., Todd, R. G., Widmier, J. M., Thompson, S., Sangree, J. B., Bubb, J. N., and Hatlelid, W. G., 1977, Seismic stratigraphy and global changes of sea level, in C. E. Payton, ed., Seismic Stratigraphy -Applications to Hydrocarbon Exploration: American Association of Petroleum Geologists Memoirs, v. 26, p. 49-212.

Vail, P. R., and Todd, R. G., 1981, Northern North Sea Jurassic unconformities, chronostratigraphy and sea level changes from seismic stratigraphy: Petroleum Geology of the Continental Shelf of North-West Europe, Conference Proceedings, London Institute of Petroleum, p. 216-235.

Van Buchem, F. S. P., Chaix, M., Eberli, G. P., Whalen, M. T., Masse, P., and Mountjoy, E., 2000, Outcrop to subsurface correlation of the Upper Devonian (Frasnian) in the Altberta Basin (W Canada) based on the comparison of Miette and Redwater carbonate buildup margins, in P. W. Homewood, and G. P. Eberli, eds., Genetic Stratigraphy on the Exploration and the Production Scales: Centre de Recherches Exploration-Production Elf-Aquitaine Memoirs, v. 24, p. 225-267.

Van Buchem, F. S. P., Razin, P., Homewood, P. W., Oterdoom, W. H., and Philip, J., 2002, Stratigraphic organization of carbonate ramps and organic-rich intrashelf basins: Natih Formation (middle Creataceous) of northern Oman: American Association of Petroleum Geologists Bulletin, v. 86, p. 21-53.

Van Buchem, F. S. P., Razin, P., Homewood, P. W., Philip, J. M., Eberli, G. P., Platel, J. -P., Roger, J., Eschard, R., Desaubliaux, G. M. J., Boisseau, T., Leduc, J. -P., Labourdette, R., and Cantaloube, S., 1996, High-resolution sequence stratigraphy of the Natih Formation (Cenomanian/Turonian) in North Oman: distribution of source rocks and reservoir facies: GeoArabia, v. 1, p. 65-91.

Van Hinte, J. E., 1982, Synthetic seismic sections from biostratigraphy, in J. S. Watkins, and C. L. Drake, eds., Studies in Continental Margin Geology: American Association of Petroleum Geologists Memoirs, p. 675-685.

Van Loon, H., ed., 1984, Climates of the oceans: Amsterdam, Elsevier., 716 p.

Van Waasbergen, R. J., and Winterer, E. L., 1993, Summit geomorhology of western Pacific guyots, in M. S. Pringle, W. W. Sager, W. V. Sliter, and S. Stein, eds., The Mesozoic Pacific: Geology, Tectonics, and Volcanism.: American Geophysical Union Geophysical Monographs, v. 77, p. 335-366.

Van Wagoner, J. C., Hoyal, D. C. J. D., Adair, N. L., Sun, T., Beaubouef, R. T., Deffenbaugh, M., Dunn, P. A., Huh, C., and Li, D., 2003, Energy dissipation and the fundamental shape of siliciclastic sedimentary bodies: American Association of Petroleum Geologists Search and Discovery, Article #40080.

Van Wagoner, J. C., Mitchum, R. M., Campion, K. M., and Rahmanian, V. D., 1990, Siliciclastic sequence stratigraphy in well logs, cores, and outcrops: concepts for high-resolution correlation of time and facies: American Association of Petroleum

Geologists Methods in Exploration, v. 7, 55 p.

Van Wagoner, J. C., Mitchum, R. M., Posamentier, H. W., and Vail, P. R., 1987, Seismic stratigraphy interpretation using sequence stratigraphy. Part 2: key definitions of sequence stratigraphy, in A. W. Bally, ed., Atlas of Seismic Stratigraphy: American Association of Petroleum Geologists Studies in Geology, v. 27-1, p. 11-13.

Van Wagoner, J. C., Posamentier, H. W., Mitchum, R. M., Vail, P. R., Sarg, J. F., Loutit, T. S., and Hardenbol, J., 1988, An overview of the fundamentals of sequence stratigraphy and key definitions, in C. K. Wilgus, B. S. Hastings, C. G. S. C. Kendall, H. W. Posamentier, C. A. Ross, and J. C. Van Wagoner, eds., Sea-level Changes: an Integrated Approach: SEPM Special Publications, v. 42, p. 39-45.

Veizer, J., Godderis, Y., and Francois, L. M., 2000, Evidence for decoupling of atmospheric CO_2 and global climate during the Phanerozoic eon: Nature, v. 408, p. 698-701.

Veizer, J., and Mackenzie, F. T., 2004, Evolution of sedimentary rocks, in F. T. Mackenzie, ed., Sediments, Diagenesis, and Sedimentary Rocks: Treatise on Geochemistry: Amsterdam, Elsevier, v. 7, p. 369-407.

Vogel, K., Kiene, W., Gektidis, M., and Radtke, G., 1996, Scientific results from investigations of microbial borers and bioerosion in reef environments: Goettinger Arbeiten zur Geologie Palaeontologie, v. special volume 2, p. 139-143.

Wallace, M. W., Holdgate, G. R., Daniels, J., Gallagher, S. J., and Smith, A., 2002, Sonic velocity, submarine canyons and burial diagenesis in Oligocene-Holocene cool-water carbonates, Gippsland Basin, southeast Australia: American Association of Petroleum Geologists Bulletin, v. 86, p. 1593-1608.

Wanless, H. R., and Dravis, J. J., 1989, Carbonate Environments and Sequences of Caicos Platform. Field Trip Guidebook T374: 28th International Geological Congress, Washington, D. C., p. 75.

Warrlich, G. M. D., Waltham, D. A., and Bosence, D. W. J., 2002, Quantifying the sequence stratigraphy and drowning mechanisms of atolls using a new 3D forward stratigraphic modelling program (CARBON-ATE 3D): Basin Research, v. 14, p. 379-400.

Watts, A. B., 2001, Isostasy and Flexure of the Lithosphere: Cambridge, Cambridge University Press, 458 p.

Watts, A. B., Karner, G. D., and Steckler, M. S., 1982, Lithospheric flexure and the evolution of sedimentary basins: Philosophical Transactions Royal Society London, v. A305, p. 249-281.

Webb, G. E., 1996, Was Phanerozoic reef history controlled by the distribution of non-enzymatically secreted reef carbonates (microbial carbonate and biologically induced cement)?: Sedimentology, v. 43, p. 947-971.

Webb, G. E., 2001, Biologically induced carbonate precipitation in reefs through time, in G. D. Stanley, ed., The History and Sedimentology of Ancient Reef Systems: New York, Kluwer, p. 159-203.

Wendt, J., Belka, Z., and Moussine-Pouchkine, A., 1993, New architectures of deep-water carbonate buildups: evolution of mud mounds into mud ridges (Middle Devonian, Algerian Sahara): Geology, v. 21, p. 723-726.

Wendt, J., and Kaufmann, B., 1998, Mud buildups on a Middle Devonian carbonate ramp (Algerian Sahara), in V. P. Wright, and T. P. Burchette, eds., Carbonate Ramps: Geological Society London Special Publications, v. 149, p. 397-415.

Wendte, J., and Muir, I., 1995, Recognition and significance of an intraformational unconformity in Late Devonian Swan Hills reef complexes, Alberta., in D. A. Budd, A. H. Saller, and P. M. Harris, eds., Unconformities and Porosity in Carbonate Strata: American Association of Petroleum Geologists Memoirs, v. 63, p. 259-278.

Wendte, J. C., Stoakes, F. A., and Campbell, C. V., 1992, Devonian-Early Mississippian carbonates of the Western Canada sedimentary basin: a sequence stratigraphic framework: SEPM Short Course Notes, v. 28, 255 p.

West, B. W., and Brown, J. H., 2004, Life's universal scaling laws: Physics Today, v. 57, p. 36-42.

West, G. B., and Brown, J. H., 2002, Allometric scaling of metabolic rate from molecule and mitochondria to cells and mammals: National Academy of Sciences Proceedings, v. 99, p. 2473-2478.

Weyl, 1970, Oceanography: New York, Wiley, 535 p.

Whitaker, F. F., and Smart, P. L., 1990, Active circulation of saline ground waters in carbonate platforms: evidence from the Great Bahama bank: Geology, v. 18, p. 200-203.

White, W. B., 1984, Rate processes: chemical kinetics and karst landform developments, in R. G. LaFleur, ed., Groundwater as a Geomorphic Agent: Boston, Allen Unwin, p. 227-248.

Williams, D. F., 1988, Evidence for and against sea-level changes from the stable isotopic record of the Cenozoic, in C. K. Wilgus, B. S. Hastings, C. A. Ross, P. H., J. C. Van Wagoner, and C. G. S. C. Kendall, eds., Sea-level Changes -an Integrated Approach: SEPM Special Publications, p. 31-36.

Williams, T., Kroon, D., and Spezzaferri, S., 2002, Middle and upper Miocene cyclostratigraphy of downhole logs and short-to long-term astronomical cycles in carbonate production of the Great Bahama Bank: Marine Geology, v. 185, p. 75-93.

Willis, B. J., and Gabel, S. L., 2003, Formation of deep incisions into tide-dominated river deltas: implications for the stratigraphy of the Sego Sandstone, Book Cliffs, Utah, U. S. A.: Journal of Sedimentay Research, v. 73, p. 246-263.

Wilson, J. L., 1975, Carbonate Facies in Geologic History: New York, Springer, 471 p.

Winker, C. D., and Buffler, R. T., 1988, Paleogeographic evolution of early deep-water Gulf of Mexico and margins, Jurassic to Middle Cretaceous (Comanchean): American Ssociation of Petroleum Geologists Bulletin, v. 72, p. 318-346.

Winterer, E. L., 1998, Cretaceous karst guyots: new evidence for inheritance of atoll morphology from subaerial erosional terrain: Geology, v. 26, p. 59-62.

Winterer, E. L., Van Waasbergen, R. J., Mammerickx, J., and Stuart, S., 1995, Karst morphology and diagenesisof top of Albian limestone platforms, Mid-Pacific Mountains, in E. L. Winterer, and W. W. Sager, eds., Proceedings of the Ocean Drilling Program, Scientific Results: College Station, Ocean Drilling Program, v. 143, p. 433-470.

Wolanski, E., 1993, Water circulation in the Gulf of Carpentaria: Journal of Marine Systems, v. 4, p. 401-420.

Wolf, K. H., 1965, Gradational sedimentary products of calcareous algae: Sedimentology, v. 5, p. 1-37.

Wood, R. A., 1999, Paleoecology of the Capitan Reef, in A. H. Saller, P. M. Harris, B. L. Kirkland, and S. J. Mazzullo, eds., Geologic Framework of the Capitan Reef.: SEPM Special Publications, v. 65, p. 129-137.

Wortmann, U. G., and Weissert, H., 2001, Tying platform drowning to perturbations of the global carbon cycle with a delta 13C-curve from the Valanginian of DSDP Site 416: Terra Nova, p. 289-294.

Wright, V. P., and Burchette, T. P., 1996, Shallow-water carbonate environments, in H. G. Reading, ed., Sedimentary Environments: Processes, Facies, Stratigraphy: Oxford, Blackwell, p. 325-394.

Yang, W., 2001, Estimation of duration of subaerial exposure in shallow-marine limestones-an isotopic approach: Journal of Sedimentary Research, v. 71, p. 778-789.

Yates, K. K., and Robbins, L. L., 1999, Radioisotopic tracer studies of inorganic carbon and Ca in microbially derived $CaCO_3$: Geochimica et Cosmochimica Acta, v. 63, p. 129-136.

Zampetti, V., Schlager, W., Van Konijnenburg, J. H., and Everts, A. J., 2004, Architecture and growth history of a Miocene carbonate platform from 3D seismic reflection data, Luconia Province, Malaysia: Marine and Petroleum Geology, v. 21, p. 517-534.

Zankl, H., 1969, Der Hohe Göll. Aufbau und Lebensbild eines Dachsteinkalk-Riffes in der Obertrias der nördlichen Kalkalpen.: Abhandlungen der Senckenbergischen Naturforschenden Gesellschaft: Frankfurt, Waldemar Kramer, v. 519, 122 p.

Zühlke, R., Bechstädt, T., and Mundil, R., 2003, Sub-Milankovitch and Milankovitch forcing on a model Mesozoic carbonate platform-the Latemar (Middle Triassic, Italy): Terra Nova, v. 15, p. 69-80.